装配式住宅建筑
设计与建造指南

著作权合同登记图字：01–2017–0592 号

图书在版编目（CIP）数据

装配式住宅建筑设计与建造指南：工艺流程及技术方案 /（德）
尤塔·阿尔布斯著；高喆译 . —北京：中国建筑工业出版社，2019.9
书名原文：Prefabricated House
ISBN 978-7-112-24091-3

Ⅰ. ①装… Ⅱ. ①尤…②高… Ⅲ. ①装配式单元—住宅—建筑
设计—指南②装配式单元—住宅—工程施工—指南 Ⅳ. ① TU241–62
② TU745.5–62

中国版本图书馆 CIP 数据核字（2019）第 166259 号

Construction and Dseign Manual Prefabricated Housing, Volume l: Technologies and Methods, by
Jutta Albus

本书由DOM Publishers授权我社翻译出版

责任编辑：段　宁　姚丹宁
责任校对：张　颖

装配式住宅建筑设计与建造指南
——工艺流程及技术方案
[德]尤塔·阿尔布斯　著
高　喆　译
*
中国建筑工业出版社出版、发行（北京海淀三里河路 9 号）
各地新华书店、建筑书店经销
北京雅盈中佳图文设计公司制版
深圳市泰和精品印刷厂印刷
*
开本：965×1270 毫米　1/16　印张：19³/₄　字数：555 千字
2019 年 9 月第一版　2019 年 9 月第一次印刷
定价：248.00 元
ISBN 978-7-112-24091-3
（34270）

装配式住宅建筑
设计与建造指南
——工艺流程及技术方案

[德]尤塔·阿尔布斯 著

高 喆 译

中国建筑工业出版社

目录

中文版序

建筑业是我国国民经济支柱产业,对建立国民经济体系,加强城乡住房和公共基础设施建设,带动众多关联产业发展,吸纳大量农村转移劳动力就业,作出了重要贡献。2018年我国国内生产总值突破90万亿元,其中建筑业总产值23.5万亿元,占比约26%,建筑企业8万多家,从业农民工5300多万人,彰显了支柱产业的重要作用。

中国政府一向重视学习和引入国外先进技术和建造方式,加快建筑业创新发展。早在建国初期,随着国民经济恢复和大规模经济建设的开展,就从苏联等国家引入了工业化建造方式。1956年国务院发布了《关于加强和发展建筑工业的决定》,首次明确了建筑工业化发展方向,提出了设计标准化、构件生产工厂化、施工机械化,逐步开启了装配式建筑的发展步伐。

改革开放以来,随着科学技术的快速发展和建设规模的持续扩大,建筑工业化体系日趋完善,技能水平大幅度提升,建造方式逐步得到创新。在国务院相继颁布的《我国国民经济社会发展十二五规划纲要》和《绿色建筑行动方案》中,明确提出要推进建筑业结构优化,转变发展方式,推动装配式建筑发展,要着重研究以住宅为主的装配式建筑的政策和标准。

近年来,国家相关部门对装配式建筑相关政策也密集出台,为装配式建筑发展提供了明确的政策导向和有力的政策支持。2016年2月,中共中央、国务院发布《关于进一步加强城市规划建设管理工作的若干意见》(中发〔2016〕6号),明确提出大力推广装配式建筑,建设国家级装配式建筑生产基地,加大政策支持力度,力争用十年左右的时间,使装配式建筑在新建筑的比例达到30%。同年3月,十二届全国人大一次会议《政府工作报告》中,进一步强调了大力发展装配式建筑,加快标准化建设,提高建筑技术水平和工程质量。之后召开的国务院常务会议,决定大力发展装配式建筑,推动产业结构调整升级。国务院办公厅印发的《关于大力发展装配式建筑的指导意见》,系统提出了装配式建筑发展的指导思想、基本原则、工作目标、重点任务、政策支持与队伍建设等总体要求,这是指导我国装配式建筑持续健康发展的一个纲领性文件。

当今世界已进入数字时代。以数字信息技术和人工智能为基本特征的新一轮世界科技革命和产业变革,加快了我国建筑业转型升级和创新发展,开启了建筑产业现代化新征程。当今,中国住房和城乡建设的主流趋势是数字建造和绿色发展,数字技术与绿色建筑深度融合,助推数字建筑、智能建造和智慧城市联动发展,促进了建筑业数字化、智能化智慧化转型。2017年,国务院办公厅印发了《关于促进建筑业持续健康发展的意见》(国办发〔2017〕19号),进一步强调:推广智能和装配式建筑,坚持标准化设计、工厂化生产、装配化施工、一体化装修、信息化管理、智能化应用,推动建造方式创新,完善智能化系统运行维护机制,实现建筑舒适安全,节能高效。智能和装配式建筑已成为新时代推动中国由建造大国向建造强国演进的主导方向和强大助推器。

在我国加快推进建筑产业现代化,大力推广智能和装配式建筑的大背景下,中国建筑工业出版社通过国际海选,选择了翻译出版德国莫伊泽(Philipp Meuser)教授和阿尔布斯(Jutta Albus)教授共同编写的《装配式住宅建筑设计与建造指南》这套书,向中国同行热情介绍世界发达国家大力发展装配式建筑的技术路径和经验做法,顺应了中国政府战略选择和政策导向,真是恰逢其时,具有很好的借鉴意义和助推作用。

本套书分两卷。第一卷为"工艺流程及技术方案",以重要时间点和重要建筑为轴线,勾画了预制装配式建筑的发展历程,对预制装配式建筑的建筑设计、施工技术、建造工艺、生态评价和经济效益等方面进行了深入探讨与分析,评估了预制装配建筑体系中各要素的优缺点,指出了运用这些要素在创造有品质建筑及建造过程中的作用,介绍了装配式建筑体系的工艺流程和技术手段,为装配式住宅建筑的设计和建造指出了方向。第二卷为"建筑与类型",论述了随着家庭组成结构的变化和数字化、信息化时代的来临,未来住宅建筑的发展趋势,概述了工业化建造方式从"基础材料——施工技术——建筑体系"的发展历程及理论,描述了工业化预制装配式建筑从建筑整体到建筑个性化构件的发展轨迹，阐述了工业化预制装配式建筑的木构件、混凝土构件、钢构件和混合材料组成的四种结构系统，又通过展示近三年来涵盖欧美国家的工业化预制装配式建筑的优良案例和设计理念，为读者全方位、多视角打开了解预制装配式建筑现状的窗口，向建筑设计师们提出了基于历史发展脉络的专业化建议，为未来的城市建设提供了前瞻性的思路，值得深入学习借鉴。

我所在的华汇工程设计集团是一家以城市建设事业为发展领域，以工程设计咨询为核心，从事工程建设全过程服务和投资的平台企业，是首批国家装配式建筑产业基地、国家高新技术企业，开发了自有的装配式建筑结构体系，拥有该领域 30 多项专利，在建筑产业化领域辛勤耕耘十余年，颇有一些感悟。借此方寸之地，愿结合书中所鉴和近年所悟，以绿色发展为时代背景，就推进建筑产业化发展，谈点责任担当肺腑之言。

一、建筑产业化发展要彰显绿色建造观。正如书中所指出："要实现绿色建造，在研发、设计、生产、施工等环节，充分考能能源消耗、生态保护、垃圾排放、循环利用等因素"，我们在大力推进装配式建筑与建筑产业化过程中，必须始终以绿色建造引领创新发展。

大力推进绿色发展，走绿色低碳循环发展之路，形成绿色发展方式和生活方式，已纳入国家战略，成为当今中国城市和乡村建设的主流趋势。中国政府高度重视和大力推进城乡建设的绿色发展，陆续出台了《关于加快推动我国绿色建筑发展的实施意见》《绿色建筑行动方案》《关于构建市场导向的绿色技术创新体系的指导意见》等一系列指导性和政策性文件，深入开展绿色建筑行动，进一步以绿色低碳理念指导城乡建设，加快发展绿色建筑，转变城乡建设发展方式，促进城乡建设转型升级，提高城市与乡村生态文明水平，改善人民生活质量。

显而易见，绿色、低碳、环保、可持续本就是国家推动建筑产业化的初衷，必须溯本清源，将单位建筑面积碳排放降低比率作为装配式建筑评价的重要指标，真正促进绿色环保的建造技术、可反复周转利用的建筑材料、可有效减少建筑垃圾的施工工艺等的应用发展。浙江省是绿色建筑大省，新颁布的《装配式建筑评价标准》，关于现场采用高精度模板、现场采用成型钢筋等一系列规范性要求，引领绿色建筑发展，就是一条成功的做法和经验。

二、建筑产业化发展要彰显协调发展观。建筑产业化不只是建造部件构建的产业化，还应包括建筑材料生产、机械设备加工、施工工艺技术、质量验收方法等产业链的整体产业化联动，以及与之相关的政策法规、人才培训、市场监管等配套措施，缺了任何一项环节，都会产生短板效应，影响整个产业的良性发展。因此，建筑产业化发展必须坚持新材料、新工艺、新技术、新设备统筹兼顾，综合平衡、补齐短板、缩小差距、协同配套发展。

绍兴市是全国知名的建筑强市，积累了一些经验，如针对装配式建筑技术技能人才缺乏的状况，政府组织华汇、中成、宝业、精工、环宇、绍职院、浙工院等 12 家企业、高校开展课题研究，提出了"分散培训，统一考核"、"重实效，短时间，低收费"的培训考评原则和方法，使装配式建筑专项业务能力人才培训考评得以持续深入和卓有成效的开展。实践证明，"政、产、学、研"共同参与，协同发力，是建筑产业化得以持续协调发展的成功之路。

三、建筑产业化发展要彰显社会责任感。《装配式住宅建筑设计与建造指南》书中指出："21 世纪的住宅产业将不再仅仅追求数量，而是更关心质量的提升，人性化的设计和建造，使人与住宅、环境深度融合，将是对未来建筑品质的要求"，无论是当下还是未来，建筑产业化必须以提高建筑品质、建筑质量为根本，提升绿色建筑内涵、建设满足人民需要的美好建筑为目标。我们在实际工作中也不断遵循上述理念，以示范工程展示社会担当，如华汇工程设计集团以装配式建筑、绿色建筑、智能建筑等集成技术，设计建造了浙江省首幢绿色三星运行标识的办公大楼，并创立了浙江省首家以"绿色、低碳、环保"为主旨的公益基金会，践行与绿色发展同行的理念，引领和推进绿色装配式建筑创建新天地。

纵观中国建筑业创新发展的历史进程，很重要方面得益于学习和借鉴国外先进技术和建造方式，时至今日更彰显了这一路径的正确和重要。借此，谨对本书的两位作者，以及对中国建筑工业出版社编辑们的辛勤工作和所做出的贡献，致以崇高的敬意。华汇工程设计集团许溶烈院士工作站专家团队，为本书的翻译和后续活动作了大量组织协调工作，院士工作站成员、德国注册建筑师、德国柏林工业大学高喆博士，承担了本书的翻译工作，付出了艰辛的劳动，一并表示衷心的感谢。

中国勘察设计协会民营设计企业分会会长
华汇工程设计集团股份有限公司董事长
袁建华
2019 年 6 月 24 日于上海市

内容摘要

本书通过对工业制造体系中，预制装配式建筑系统及其建筑部品和预制构件的深入研究，详尽介绍了适用于住宅建筑的预制装配式建筑工艺流程及技术措施。评估了预制装配式住宅建筑体系各组成要素的优缺点，以及这些组成要素在进一步提升建筑空间质量、创造高品质建筑、优化城市形态进程中发挥的重要作用。

在过去的 20 年间，伴随着全球范围人口的持续增长，城镇化和城市现代进程的快速发展，能源与资源不足的矛盾越发凸显，生态建设和环境保护的形势日益严峻，随之而来的居住空间持续短缺的问题，成为各国政府亟待解决的重要社会问题。特别是在住宅领域，除了采取积极的政策引导和调整市场开发策略外，为本国民众寻找能够承受的住宅解决方案，成为各国政府需要面对的涉及国计民生的重大问题。

基于上述背景，本书首先对预制装配式建筑领域的发展和现状进行了梳理和分析，研究并评估了适用于住宅建筑领域的预制装配建筑体系，提出了与之相适应的解决方案。本书对于预制装配式建筑相关的诸多领域，例如：建筑设计、施工技术、建造工艺、生态评价、经济效益等方面进行了深入的探讨和分析，特别是对于可持续的建造流程、市场接受度方面，通过建造过程策略的分析，以及代表未来发展趋势的优秀项目的展示，为读者打开了全方位、多视角了解预制装配式建筑现状的窗口，同时也为预制装配式住宅建筑的设计和建造寻找切实可行的策略指明了方向。

众所周知，建筑设计理念的连贯性，建筑设计整体把控能力以及建筑完成度的控制是影响建筑成败的重要因素，而施工方法的确定和建筑材料的选择，对于项目的实施具有重要的意义。高性价比的预制装配式住宅解决方案作为一种新型建筑生产方式，将使建筑业从分散、落后的手工业生产方式，跨越到以现代技术为基础的社会化大工业生产方式，有利于提高劳动生产率，改善作业环境，降低劳动力依赖，减少建筑垃圾排放和污染，促进建筑业绿色发展，对于未来建筑业的发展有着至关重要的意义。考虑建造时间及建设周期的成本效益，推广预制装配式解决方案对于提高建筑部品的装配率，改善建筑部品和构件的质量，减少建筑废弃物和垃圾的产生具有重要意义。在这种背景下，建筑构件或建筑材料的循环重复利用，建筑部品性能的提升，及建筑整体品质的优化，都将得益于体系化标准化的研究，以及对于建筑材料和建筑系统的合理应用。

序

居住空间的营建与人口、社会、文化、政治等方面因素密切相关，也对城市的存在与发展具有深远影响。随着全球人口的不断增加，持续加速的工业化、城市化进程，使得人口快速集聚，建设用地迅速扩展，城市体系、城市形态不断发展演化，城市功能日趋复杂。集中式、综合性的居住区建设，和不断提高的人均居住面积的需求，都促使我们对居住空间的规划设计、建造策略进行深入探讨和研究。这也是创造人类宜居环境，保障未来社会平稳有序发展的重要工作。

在发达国家和地区，建造生态环保、低造价、高品质、可负担的居住空间解决方案变得尤为重要。本书主要通过梳理与评估预制装配式技术及自动化建造方法，在西半球国家住宅建筑领域的研究及应用状况，提出了通过提高技术和质量标准，促进自动化建造方法的普及，推广预制装配式系统，更新和改善装配工艺等措施，来提高建筑活动的经济效益。当然也对目前预制装配技术和自动化建造方法存在的缺陷和不足，进行了深入剖析和探讨。只有对预制装配技术的潜力和问题有清醒认识和深入了解的基础上，才能制定出指向明确、内容具体、途径明确的推广战略，才能将预制装配式建筑的发展与信息化进程、节能环保需求，以及人口社会等多要素有效融合，形成一套完善的实施体系，并互为补充，共同推动以未来建筑行业发展趋势为导向的总体发展战略目标

施工现场的配置：预制装配式住宅安装前的准备工作

资料来源：Lustron 房屋构件，S·基兰和J·提姆布莱克，2004 年

的顺利实施。目前这项工作主要是基于西半球国家住宅建筑
领域预制装配式建筑体系所进行的探索，而发展中国家和地
区的建筑解决方案必须因地制宜，采取具体问题具体分析的
解决方法。

　　本书通过采用预制装配式住宅建筑领域总览概述和分类
研究的方式，主要聚焦规划设计和施工建造过程中预制装配
技术和自动化建造的应用状况，并对涉及的相关领域和特定
内容进入了深入探讨和研究。

1. 绪论

1. 绪论

绿色低碳、节能环保、可持续发展等现代建筑发展理念的实现，不仅对建筑材料和建筑体系提出了新要求，也对建造方法和施工环节提出了更高的目标。实现建筑业的可持续发展，要改变传统行业思维方式和生产组织模式，以产业化思维推动专业化协同，是预制装配式建筑项目发展过程中最重要的因素，而这些都需要在建筑项目初始环节通盘考虑。

在项目实施过程中，明确部品/构件生产企业和施工建造单位的分工协作，使研发、设计、生产、施工等环节形成一套完整的协作机制和工作流程。通过预制装配和自动化建造技术的应用，使建筑部品、建筑构件具有比传统建材更高的产品质量和制造精度。批量化建筑部品/建筑构件的生产不仅可以提高工作效率，也可以提升建筑部品/建筑构件的

品质，提高产品质量和稳定性。康拉德·瓦西斯曼在他的著作《建筑业的转折点》一书中着重地强调了这些优势。瓦西斯曼先生是位德国犹太裔的著名建筑师，被公认为建筑领域应用工业化建造方法的先驱，他的论断和思考，为他所处的时代以及行业的发展注入了新动力，推动了现代预制装配式建筑及结构的发展（瓦西斯曼和格鲁宁，2001）。

本书评估了自动化建造和预制装配技术在住宅建筑，特别是多层住宅建筑的应用情况。除此之外还对工业领域的制造策略和工艺流程，特别是数控制造领域，运用现代工业生产设备，采取工业化生产方式和管理模式，提高产品质量的生产模式进行了研究。通过将这种产业化的思维引入建筑行业并进行转化，调整和改变固有的行业思维模式，整合设计、生产、施工、运营等全产业链，实现建筑业生产方式变革与

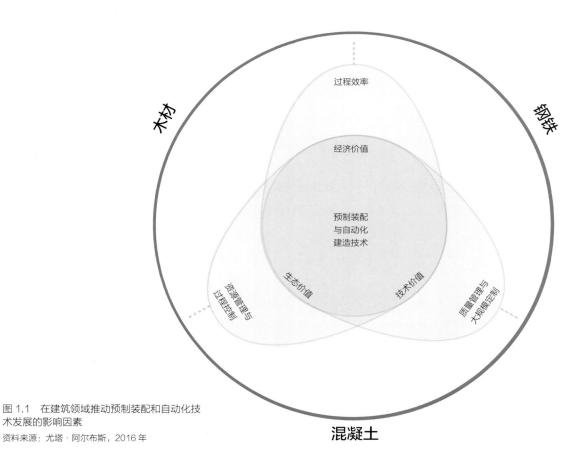

图 1.1 在建筑领域推动预制装配和自动化技术发展的影响因素

资料来源：尤塔·阿尔布斯，2016 年

产业组织架构模式创新，对于推动建筑业发展和施工技术进步具有重要意义。

特别是引入工业化的生产思路，以先进的工业化、信息化、智能化技术为支撑，通过技术集成和管理集成，采用非现场预制的工作方式，加速建造流程，提高工作效率，避免工期拖延带来的成本增加。此外，流程控制又有助于提高材料利用率，避免材料浪费，对于进一步提高经济效益、充分发挥资源优势起到重要的作用（瓦西斯曼，1989）。

1.1 背景

在建筑领域积极推进预制装配和自动化技术的过程中涉及技术、经济、生态等多方面的相关因素，以及需要解决过程效率、过程控制、资源管理、质量管理、大规模定制等多方面的问题，这些都会对现在及今后社会的发展产生影响（图 1.1）。预制装配式建筑的发展，首先要考虑建筑材料的应用，同时考虑建筑部品／建筑构件之间的依赖关系。通常在住宅建筑领域，很少生产超过工厂制造尺寸限度的预制构件。因此，预制装配式建筑领域的工业化批量生产，推动了住宅建筑领域的创新发展。通常情况下，住宅的建筑跨度在 6 米到 8 米之间，当然也会出现特例，需要具体问题具体分析。"……居住空间的开间和进深要有合理的尺寸。在住宅建筑中，如果建筑的开间太大，人们在户内行为的私密性将不复存在，则该空间将具备公共建筑的特点"（施密特，1966，p. 8）。因此，建筑结构的尺度、建筑材料的选取及材料性能的发挥，在预制装配式住宅建筑实施阶段非常重要，也在规划设计阶段扮演重要角色。在彼得·冯·塞特莱因和克莉丝缇娜·舒尔茨 2001 年共同撰写的《框架结构——建筑构造方案》（塞特莱因和舒尔茨，2001）一书中，进一步强调了如下原则：

- 结构的尺寸和建筑面积
- 选择适当建筑材料
- 建筑材料性能及应用潜力

1.2 相关情况

在许多国家住宅问题是涉及社会生活诸多层面的公共话题，也是重要的政治议题。住宅建筑作为社会物质存在，是社会生活的组成部分，"存在－需求－实现"的过程充分体现了住宅与外部因素的关系，住宅问题的妥善处理不仅是为解决过去、现在和未来的社会需求，同时也是为解决社会平稳有序、可持续发展的重大议题。随着城市化进程的加剧、居住区的集中化、人口数量的不断增加、人均居住面积的不断提高，寻找城市化发展的住宅解决方案是推动建筑业持续发展的重要驱动因素（《2013 年德国联邦人口调查报告》）。

莱昂纳多·贝内沃罗（1983）认为，人口激增以及对于新的生存空间的渴求，是 19 世纪与 20 世纪之交，促使建筑业迅速发展的重要原因（贝内沃罗的著作《世界城市史》，1983，p. 781）在当今很多发达国家和地区，随着社会经济的发展和生活水平的提高，住宅建设也在经历着由"量"到"质"的转变。低碳宜居、低成本、高品质的预制装配式住宅方案，在预制装配技术以及自动化施工技术等工业化建造手段的辅助下，对于提高建造效率，提升建筑品质，解决住宅需求具有特殊的意义。目前在西半球国家的住宅建筑领域中已经进行了很多成功的尝试，通过总结和整理这些成功经验，逐步将这些经验分享给其他国家的建筑行业从业者，帮助这些国家提升建筑工业化水平。

背景资料

据联合国的研究表明，到 2050 年，随着全球城市化的发展，人口迁移将持续加速，届时将会有 75% 的世界人口居住在城市。因此，建筑行业需要认真考虑，如何在未来高密度的都市环境下，通过绿色环保的建造方式进行城市建设（臧格尔等，p.13）。人口迁移率的提高，将导致对城市住宅需求的增加。据统计，在过去 60 年间，德国住宅用地供应量和交通基础设施建设用地量翻了一番，约为 42000 平方公里。如果按照目前的情况发展下去，势必会进一步侵占农

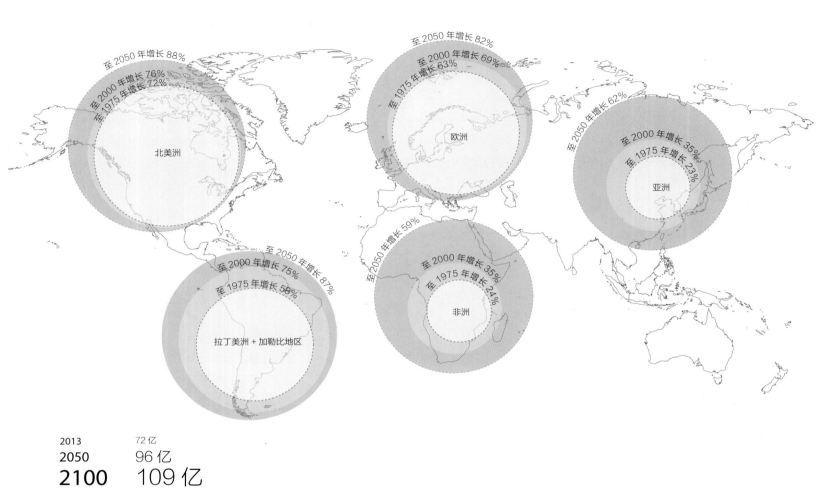

至 2050 年增长 88%
至 2000 年增长 76%
至 1975 年增长 72%

北美洲

至 2050 年增长 82%
至 2000 年增长 69%
至 1975 年增长 63%

欧洲

至 2050 年增长 62%
至 2000 年增长 35%
至 1975 年增长 23%

亚洲

至 2050 年增长 87%
至 2000 年增长 75%
至 1975 年增长 58%

拉丁美洲 + 加勒比地区

至 2050 年增长 59%
至 2000 年增长 35%
至 1975 年增长 24%

非洲

2013   72 亿
2050   96 亿
2100   **109 亿**

图 1.2 各大洲人口增长率和增长预期
资料来源：尤塔·阿尔布斯，2016 年。根据联
合国调查报告，2013 年，p. XV

业用地或改变农业用地属性，破坏生态环境，造成过度建设的局面。因此德国政府制定的目标，在 2020 年前不得超过每日 30 公顷的最高建设用地限额，尽可能保护土地资源（魏格恩尔等，2009，p.3）。

另据联合国《世界人口展望》（2012 版）报告显示，2013 年世界人口将达到 72 亿，同时预测未来十二年内，世界人口将继续增加近十亿，2025 年全球人口将会突破 81 亿，2050 年将会达到 96 亿。按照这种趋势，2100 年全球人口将会再创新高，达到 109 亿。图 1.2 展示了这些预测的增长率，同时对比了发展中国家与发达国家之间的情况。这些数据是在某些大家庭盛行的国家生育率出现下降，同时某些妇女平均生育率不足 2.0 的国家生育率出现提高的情况下做出的预测（联合国调查报告，2013，pp. XV-XVI）。

人口变化的另一个现象也非常值得关注（德国联邦移民和难民局的相关报告，2015）。随着全球移民数量增加以及大都市扩张，性价比高且负担得起的住宅成为建筑行业发展的重点。因此，解决住宅短缺问题，加速施工建造的需求，以及制定行之有效的建筑行业中长期发展规划，在全球范围内都是相当急迫的。随着未来人口不断增长，与住宅短缺之间的矛盾加剧，亟须寻找资源节约型建筑解决方案应对这一问题，同时在快速建设的过程中不断改善目前状况。预制装配和自动化建造技术将有助于缓解这种状况，并为未来建筑业的发展提供新的发展思路，按照可持续建筑发展的需求，为当前和未来创造有价值的生活空间。

动机诱因

在西半球很多国家，由于城市人口密度不高，低层住宅作为主要的建筑形式，散布在城市和郊区的各个角落，这些住宅占用了大量的土地资源。在全球化浪潮席卷世界的今天，人口增加带来的城市扩张，土地将成为稀缺资源。这就要求改变以往的居住模式，提高开发强度，增加建筑密度，以应对日益增加的住宅需求。通过城市空间结构的再组织，充分发挥城市功能，促使城市朝着"紧凑型城市模式"发展，才

是化解这一问题的最佳途径。

预制装配式多层住宅建筑的推广和应用，为城市混合功能的发展提供了解决方案，避免了城市的无序蔓延。本书选取的预制装配式住宅研究成果和相关案例，为未来城市提供了前瞻性的发展思路。而在广大发展中国家，目前正处于城市化发展的进程中，建筑市场的情况比较复杂和多样，不同的建筑形态和建筑类型，如雨后春笋般涌现。但相当多的建筑项目仍然采用以现场施工为主的传统建造方式，这也导致了建造速度慢、建材损耗多、建筑全寿命周期能耗高等诸多问题。这些国家作为未来世界建筑业发展的"后起之秀"，如果在建筑业高速发展期，大力推进建筑行业现代化发展，转变建筑行业发展模式，积极采用预制装配技术以及新型建筑工业化的建造方法，将会极大地提高工程质量、缩短建设周期、节约成本支出，同时改变现有的建筑市场面貌，推动建筑行业转型升级及可持续发展。在城市规划设计中，采取积极的规划策略，采用多样化的建筑解决方案，应对城市土地资源短缺和发展空间有限的不利因素，防止城市的无序蔓延。在居住区建设中，推广预制装配式建造模式，在现有的城市基础设施和城市服务设施的基础上，提高土地的利用率和居住密度，增加住宅数量，应对未来城市需求与社会发展挑战。

实施策略

预制装配式建筑是采用工业化方式开展建造活动，即在快速建造和预制装配原则的基础上，将部分建筑或全部建筑部品／构件在预制工厂进行生产，然后通过相应的物流网络运到施工现场，并采用相应的施工机械，以及可靠的施工方式将建筑部品／构件组装起来。一般来说，预制装配式建筑的建造工作由施工现场以外和施工现场内部两个部分组成。施工现场以外预制的建筑部品／构件的尺寸，取决于运输和吊装设备所能容纳和承载的最大尺寸，而在施工现场内部主要是生产大尺度或自重过重的预制构件。无论采取何种方式，预制装配式建筑的组装及最终建造环节都是在施工现场完成。

预制装配式建筑施工具有施工便捷、建造迅速、环境影响小，

且建筑质量容易保证等优点。预制装配式建筑对于减少现场施工量，降低施工环节不可控因素具有重要意义。由于建筑部品／构件在工厂预制生产过程避免了天气因素的影响，部品／构件质量完全按照工业产品的质量控制体系进行生产，保证了产品质量。此外，与采用传统建造方法的建筑相比，预制装配式建筑具有设计模数化、建造精细化、生产一体化等突出特点，代表着未来建筑工业化的发展方向。

同时，预制装配式建筑的发展顺应了当今全球化浪潮和城市发展的需要，为城市提供多种混合业态的建筑类型，有助于增加城市形态的多样性，促进经济社会的发展。

1.3 术语释义

"预制装配"和"自动化建造"的概念

预制装配式建筑的发展历程和"预制装配"与"自动化建造"的发展密切相关，因此有必要对这两个概念进行阐述。

"预制装配"描述的是建造方式，并未提供加工过程的任何信息。一般而言，预制场所指的是在工厂内开展生产活动，而非施工工地。预制装配生产方法则强调在专业化生产设备的前提下，遵循标准的工作流程进行生产活动，既能保证产品质量，也能对生产过程的时间管理和成本控制进行精确测算。但是，这个术语指的既不是具体的制造方法，也没有明确所使用的工具或手工劳动量。

与之相比，"自动化建造"描述的是使用自动化生产工具，建造过程中采取的数字化控制手段。在这里，是指以机器设备为基础（以机器作为生产的载体）采用数控技术开展生产，一般只需最少人力，采用不同的工具和设备，高效地生产和制造出，结构及造型独特的产品。

技术是否在施工现场应用并不是关键，建造的位置和建造的时间也与"自动化建造"分离。经研究发现，现代计算机模拟技术与自动化建造技术的结合，对于未来建筑技术的应用和发展具有非常重要的意义。

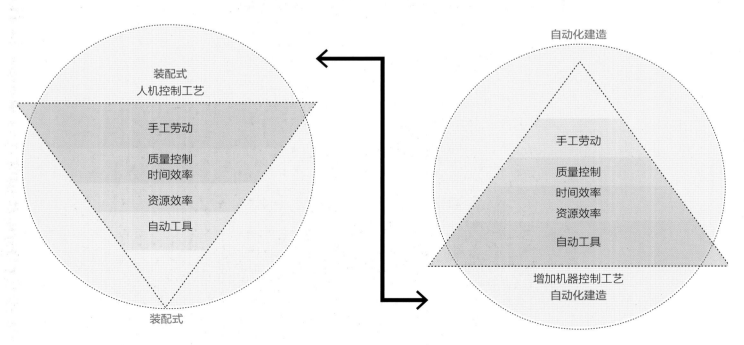

图 1.3 左：定义"预制装配"与"自动化建造"标准
资料来源：尤塔·阿尔布斯，2016 年

右：半成品的预制混凝土构件
资料来源：德国巴伐利亚州魏勒－锡默贝格的混凝土生产企业，2015 年

2. 研究综述

2. 研究综述

2.1 研究目标

相较于传统的施工方式，采用预制装配生产技术可以缩短现场施工时间，加快建造速度。同时可根据项目规模、项目类型及材料需求，将建筑构件在工厂进行批量化生产，减少气候条件制约的同时，提高预制装配式建筑质量。据詹姆士·G·巴洛（英国工业化建筑研究学者——译者注）等人研究表明，在日本积水海慕住宅株式会社的模块化生产线流程中，典型的装配式房屋通常由5000个预制构件组装而成，其中百分之八十的产品在施工现场以外的八个预制工厂生产制造（巴洛，2003，p.140）。由于建筑类型和建造方式的不同，通常将其定义为"组合式"建筑或"模块化"建筑。

为了保证批量化生产流程制造的众多预制产品达到最佳的组合使用效果，建筑组件、建筑构件、建筑部品，以及建筑子系统等预制产品的相互关联，是保证建筑一体化顺利实施的关键因素，积极推广一体化集成策略有利于提高项目效率。因此，预制装配式建筑的设计方案与结构体系，不仅决定了建造方法，而且也决定了预制生产环节的技术策略和技术路线。

图2.1展示了建筑行业传统施工流程。该流程存在标准化程度低、信息化应用不足、产业链衔接不紧密等诸多问题。由于涉及多专业、多工种配合，因此在建造过程中存在一些潜在的质量缺陷。与之相反，右侧展示了预制装配式建筑施工流程。该流程通过工厂制造、现场装配，最终集成为一个有机整体。在整个预制生产及装配集成过程中，参与方极少，却能生产与开发出功能丰富、高度集成的建筑构件，甚至是完整的建筑产品。连贯的建造流程，不但提高了工作效率，也提升了项目质量。值得注意的是，在预制装配式建筑施工流程中，应以提高生产标准化和现场装配化为标准，将设计、生产、建造等各个环节的一体化衔接技术作为重点进行考虑。

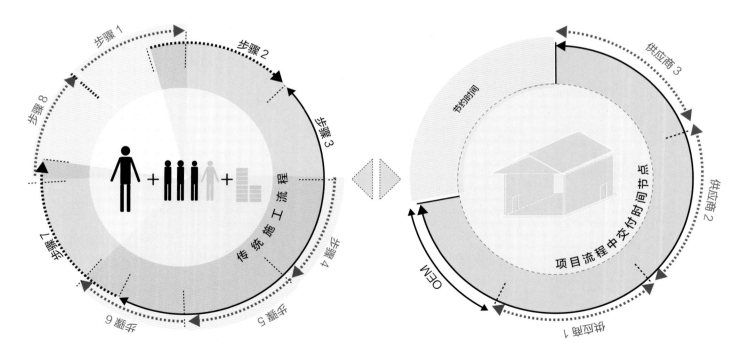

图2.1 传统施工流程与预制装配式建筑施工流程的比较
资料来源：尤塔·阿尔布斯，2014年

衔接技术应以最简易和有效的工序为原则，通过模数化、标准化、通用化设计方法，尽可能减少"接口"数量与"接口"变化，提高组装效率和建筑品质。一般来说，建筑组成部分越少，越容易避免缺陷出现。随着计算机辅助设计（CAD）和计算机辅助制造（CAM）等手段的应用，建筑构件标准化、模数化可以在建造过程发挥最大效用。这样，既能给予设计人员更大的创作自由，又能满足构件／部品的规模化、标准化以及小批量定制生产的需求，从而彻底改变传统建造模式所依赖的"人海战术"和规模经济。

精益建造

通常情况下，建筑业供应链随着项目规模的扩大而逐步增加（沃马克等，2007）。虽然建筑业与制造业是差异性较大的不同行业，但它们之间却有共同之处，制造业供应链管理的思想和运作模式值得建筑业借鉴。如果把预制装配式建筑视作一个建筑产品，虽然产品形式是固定不变的，但建造过程仍然采用流水线作业方式，遵循工业化生产的基本规律，只不过这种流水线作业产生的是"相对运动"，是以不同的工种和设备的移动，替代了传统制造业产品的流动。在这种情况下，减少外部供应商数量，将有助于提高生产效率，把控项目质量。此外，建造地点，运输距离、物流能力都需要进行评估。因此，建筑产品的有序生产，及工作流程的优化更新，对于建筑业供应链管理意义重大（沃马克等，2007）。供应链网络服务于预制装配式建筑建造全过程，在项目建造过程中，根据实际需求，将供应商组合连成整体的功能性网络，对其产品和服务进行评估，优先选择施工现场周边的供应商，可以有效降低物流距离。有效的供应链管理可以降低预制装配式建筑成本，提高建造效率，缩短项目交付期。

制造精度和质量控制

预制装配式建筑的构件生产离不开自动化生产设备，随着自动化技术及工业化建造手段的应用，将提高制造精度和

产品质量（瓦西斯曼，1959，p.11）。标准化的制造可以节省建筑材料，提升建筑性能。与传统施工方式相比，自动化技术和高性能建造工具，在项目全周期的应用，可以确保连续建造精度，以及较高质量水平，同时提升建筑品质。

在预制工厂生产过程中，实现从"施工现场制造"到"非施工现场制造"的转变。在保证预制构件的标准化生产流程连贯性的同时，也能有效控制构件质量，避免在未来施工建造过程中出现潜在危害。在采取这种生产方式之前，评估自动化技术的适用性，以及整合预制装配技术对于建筑质量至关重要。

预制装配式建筑的连接部位，是质量监控体系中的重要环节，为了保证预制构件生产和组装的高效便捷，连接部位的节点构造和性能，对于提高预制构件质量、提升制造精度具有重要的意义。瓦西斯曼（1959）特别提到，连接方式对预制装配式建筑的重要意义。节点构造研究的重要意义在于可降低标准构件容差值，丰富建筑空间与建筑造型的表现力。同时节点施工方法的研究，对于简化预制装配流程，提高施工组织管理效率，具有极大的促进作用。相较于传统湿作业施工对施工图纸的依赖，加强节点研究可以增加现场施工的灵活度（瓦西斯曼，1959 年，p.76）。虽然优化装配方式，采用标准节点可以加快施工进度，但过多的节点，也会影响一体化集成设计和建造的实施，对预制装配建筑的完成度产生影响。图 2.2 展示了与传统建造方式与预制装配式建造方式的施工效率对比，通过一体化的建造整合建筑构件，减少节点变化和连接部位数量。

2.2 研究课题

首先对建筑业建造技术进行评估，同时分析和研究制造行业相关技术特点，借鉴制造行业成熟的工艺流程和工业化制造经验，提出相应的技术路线和方法论，同时提出类比转化建议，并对其可行性进行了深入的分析和研究。对于制造行业的研究，主要分析汽车工业、船舶制造业、航空制造业

中自动化生产和制造方面的操作方法和工艺流程，着重研究适用于预制装配式建筑的生产方式，以及与之相适应的建筑体系和通用部品体系的研发工作。通过上述研究，整理并提炼出适合预制装配式建筑发展的技术路线，特别是针对标准化设计、工业化生产、批量化制造、信息化管理、智能化应用等方面进行探讨，寻找预制装配式建筑业的实施策略和发展途径，提高生产效率，促进预制装配式建筑业与信息化工业化的深度融合和发展。

将对如下的问题展开探讨：

1.1 如何通过自动化流程在预制装配式住宅建筑领域的应用，提高建造灵活性和设计自由度？

1.2 如何制定适合的设计建造策略，增加设计自由度，丰富建筑造型？

这两个问题之间的关系揭示了建造效率、技术路线和生态因素之间的相互影响和相互关联。由此引出了进一步讨论：

2.1 生产技术是如何影响建造策略，以及它们如何影响施工方法和建筑系统？生产技术的变革带来了什么优势？通过新技术新工艺的应用，对节点的应用和研究带来了哪些好处？

2.2 制造技术对于可持续发展以及生态环保等方面带来了什么好处？智能建造技术如何能够得到更好的应用？

研究方向

预制装配技术和自动化建造技术，可以显著提升住宅建筑的品质，实现绿色建造和精益建造。这些技术和方法的使用，是否能进一步提高建造灵活度和设计自由度？如前文所述，建筑业的革新与建筑工业化的发展，需要采用产业化的思维，重新确立企业之间的分工合作，特别要在生产制造环节和组合装配策略上，将研发、设计、生产、施工等环节组成全过程完整的一体化产业链。充分考虑到能源消耗、节能环保、全生命周期维护等方面问题，积极推动建筑业可持续发展，为保障建筑业转型升级提供重要途径。

在预制装配式建筑发展过程中，建筑材料扮演非常重要

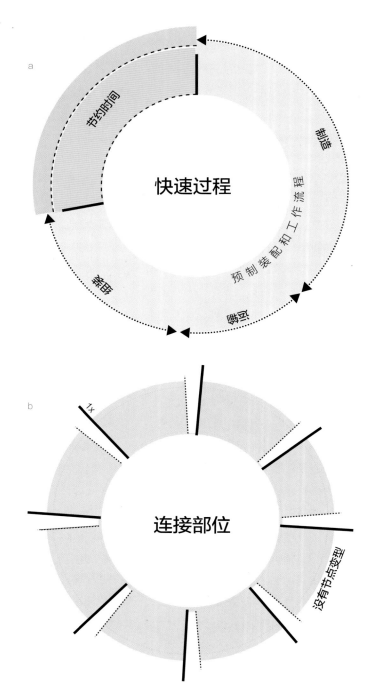

图 2.2 （a）传统建造方式与预制装配建造方式的施工效率对比；
（b）通过减少节点变型数量提高质量
资料来源：尤塔·阿尔布斯，2014 年

的角色，对于节能环保目标的实现具有重要意义。本书将对预制装配式建筑常用的木材、钢铁和混凝土等传统建筑材料的性能进行介绍，同时也对木结构体系、混凝土结构体系和钢结构体系的技术特点进行分析和研究。通过对这些建筑材料和结构体系，在预制装配式建筑项目中应用研究，提出现行建造方式的优缺点及改进意见。本书旨在为预制装配式住宅建筑领域，寻求面向未来的技术解决方案，通过相关标准和技术规程的制定，实现技术进步和品质提升的目标。在传统的建筑业发展领域中，施工环节的自动化制造和批量化生产相对较少，本书将关注工业化施工技术在预制装配式领域的应用潜力，以及新型工业化建造方式对施工建造方式带来的转变。总体目标是转变现行的施工建造方式，使用合适的建筑材料、建筑体系，以及最优的工作流程，建造装配式住宅建筑，同时推动整个建造流程系统化发展。当然这些经验和方法也适用于其他建筑类型值得借鉴和推广。

2.3 研究方法

文献综述

本书的参考文献涵盖了建筑技术、预制装配及制造行业等多个领域。随着对文献资料的进一步挖掘整理，拓宽了我们的研究视野，并延伸到汽车工业、船舶制造业、航空制造业等其他相关行业的生产制造过程。

建造和其他行业的方法论

通过对相关制造行业专家和学者的采访，增加了对方法论理解的深度。通过与专业人士的交流，寻找了深入研究的理论依据，这也有助于我们清醒地认识到预制装配式建造方法的优缺点，促进技术进步和提升，寻找新的思路和有价值的切入点。

优秀案例分析

通过优秀案例分析，研究这些典型案例的建造策略与技术方案，提出指导性意见和建议。同时通过"材料－结构"体系化研究思路和类型学研究方法，有助于对建造策略和技术方案的特点进行剖析和研究，为实现技术先进、绿色环保、经济高效的一体化集成建造技术方案奠定基础。

整合学术成果

在相关行业有许多潜在应用价值的领域，为研究工作的开展，提供了广阔的研究视角、深入的理论依据和实践经验。通过对最先进的建造方法、施工工艺和结构体系的梳理，以及对于总体规划、项目需求、工作流程、材料选择、预制加工、装配组合、构件节点、专业协同等多方面的分析和研究，将该领域的研究成果进行定量和定性的总结。

这些成果涵盖了预制装配建筑结构体系中，特别是装配式住宅结构体系中建筑组件、建筑构件，以及建筑部品子系统等相关内容。通过对设计要点、技术方案、连接方式、结构优化、参数化应用等内容的总结，为改进设计方法、实现快速建造提供了新的可能性。

研究思路

要建造体型复杂的建筑，必须深入了解建筑结构体系的组成部分、连接方式、连接技术。规划设计和结构体系要符合施工要求和技术条件，同时满足结构体系进一步发展的需求。因此，要遵循"一体化集成设计"理念，从建筑整体到局部逐步开展研究工作。

第一阶段，分析和评估简单几何造型建筑的设计方法和建造流程。

第二阶段，通过适当的参数转化和体系化二次开发，针对重点问题展开研究。在此过程中将运用计算机辅助设计手段，同时借鉴其他工业领域的智能建造思路，最后，综合分析影响建筑的诸多因素，譬如技术要求、材料性能、装配方法等，为进一步研究和深化设计奠定基础。

2.4 相关研究

该部分内容将介绍当今建筑工业化领域和工业化建筑体系中的重要研究成果。介绍采用工业化生产技术制造建筑产品，重点关注在建筑行业中可应用自动化生产技术的领域或部门。这些研究将从建筑、功能、技术、经济、生态等多方面，全面论述装配式住宅工业化建造的方法。为了强调上述因素的相互影响，本节将探讨预制装配式住宅建筑的质量标准，并将其推广和应用于当代及未来的住宅建筑中。

以下列举的文献，将在随后的本书其他章节中介绍，在这里先简单概述一下主要内容。

弗兰克·普西讷（Prochiner，工业化建筑研究学者——译者注）于 2006 年发表的"面向未来的工业化住宅的预制和装配"文章中，介绍了住宅建筑领域中应用的工业化建造方法。文中，作者着重介绍了新型预制技术在住宅建筑预制装配过程中的发展轨迹，回顾了最先进的建造技术及其发展历程，提出了在批量化建造概念的基础上，实现工业化住宅的建造策略。

基兰和廷伯莱克（Kieran and Timberlake，美国建筑师——译者注）联合撰写的著作《建筑再预制：如何借鉴制造业方法在建筑施工过程中进行转化和应用》（2004 年）中，呼吁建筑师在设计实践中积极借鉴制造业的思路和策略。这本书将建筑业发展水平与汽车工业、船舶和航空制造业等其他制造业进行了横向比较，对这些产业的制造及生产模式进行对比。明确指出了当代建筑业发展中的缺陷，突出了工业化建造方式和工业化建筑体系的巨大潜力，以及随着这些建造方式的逐步推广，对现行的设计及施工流程产生颠覆性的变革。为了分析先进设计理念和制造领域的成功经验对预制装配式建筑的影响，借鉴了罗伯特·科瑟（Corser，工业化建筑研究学者——译者注）2010 年在其著作《建筑制造》写道"数字设计与制造领域的创新之路，新兴技术创新过程中存在的机遇与挑战。"

托马斯·博克和托马斯·林纳（Bock and Linner，德国建筑师、学者——译者注）在 2015 年联合撰写的著作《面向机器人的设计：自动化和机器人技术在施工中的应用》一书中，提到可通过自动化技术和机器人技术的应用实现智能管理，以此来优化施工建造过程。除了重点介绍在施工环节中的应用外，还描述了在其他行业推广应用的潜力。

格哈德·格姆施耐特和弗里茨·绍布林（Girmscheid and Scheublin，瑞士工业化建筑研究学者——译者注）于 2010 年编写出版的《国际建筑研究与创新研究委员会第 57 次建筑工业化研讨会摘要〈建筑工业化的新视角：最新技术报告〉》中，介绍了该领域的最新研究成果，将其分为四个主题："背景，策略，方法与工具，产品"进行介绍。首先阐述了研究的背景，随后详述工业化建造适用的策略、方法与工具，最后展示了部分建筑工业化的成功案例。

布朗·皮欧兹法和弗兰克·T·皮勒（Piroozfar and Piller，英国工业化建筑研究学者——译者注）于 2013 年编写出版的《设计与施工领域的项目定制与个性化产品》著作中，介绍了"与建造环境相匹配的规模化定制与个性化产品的最新案例，同时指出大规模定制是应对建筑业生产方式转变，带动建筑业升级创新的重要战略"。这两位作者均是该领域的专家，提出了多种概念，并针对这些概念提出研究策略，推动研究成果在建筑领域的应用和推广。

詹姆士·G·巴洛（Barlow；英国工业化建筑研究学者——译者注）等在 2003 年撰写的文章"住宅建筑选择与交付：英国建筑商要向日本学习"中，重点介绍了日本预制装配式住宅建筑的发展情况以及日本建筑商的建造策略和制造方法。该文重点介绍钢材和钢结构在住宅建设中的应用，并介绍了多种建造方式，同时在工艺改进和提高效率方面提出了不少建议。

以上所述的研究成果涉及预制装配建筑许多领域，其中包括建造材料研究、自动化技术应用、工业化制造、预制装配技术等，同时也涉足了系统化施工方案。相比之下，本书研究范围不能同时兼顾如此多领域，因而将关注重点放在全面评估预制装配和自动化建造技术在住宅建设领域的应用部分。根据研究重点逐步深入，同时针对下列的相关主题展开讨论：

- 建筑类型学
- 建筑材料
- 结构体系
- 建造和施工工艺
- 实施方案
- 一体化集成设计
- 潜在经济效益
- 潜在生态效益
- 技术体系和质量控制

通过文献综述和专家访谈获得第一手资料，在系统梳理和汇总前期研究成果的基础上，对相关建筑案例进行调查研究。通过质量评估体系和检验方法的引入，得出详尽的数据和研究成果，并将这些成果与前期的理论研究进行对比分析。此外，通过和德国高校和相关研究部门的合作，对预制装配式建筑领域发展前沿和研究热点进行探讨，从中找出预制装配式建筑未来研究的方向和突破点，进一步拓宽了研究的深度和广度。

2.5 研究内容

本书第一部分阐述了预制装配式工业领域的重要制造方法，突出自动化建造技术在施工过程中的重要作用。针对住宅建筑领域的应用，着重强调建筑材料和建筑体系，对装配式住宅的重要价值。第一部分按照木材、钢材、混凝土等类别对建筑材料进行研究，对材料特性、适用范围及相应的结构体系进行分析和评估，以满足材料在装配式建筑中的适应性要求。本书第一部分共分为八个章节，在内容编排上，循序渐进，逐步深入，既重点关注施工建造及相关行业的工艺流程和制造过程，又提出系统化解决方案和建造策略。首先通过介绍研究主题及相关背景，为研究工作的开展奠定基础；在明确研究目标和研究方法后，将研究工作聚焦在当前及未来预制装配建筑领域技术革新及推动建筑工业发展策略，最后总结研究成果。

第 1 章，首先提出研究主题，概述研究工作的背景和动机，重点介绍选题的价值和意义。

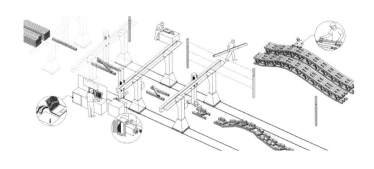

图 2.3 基于多轴门式机器人的大型桁架梁自动化制造流程图
资料来源：埃内公司，© 吉多·克勒

图 2.4 基于多轴门式机器人的大型桁架梁的自动化制造实例
资料来源：埃内公司，© 吉多·克勒

第 2 章，对研究主题进行深入挖掘，以综述的方式探讨建造流程，材料性能和工作方式之间的关联。本章提出了研究的问题和假设："预制装配和自动化建造技术的应用在显著提高住宅建筑的经济性、生态性和技术性的同时，也使建筑具备更大的自由度和设计灵活性。"通过扩展研究视野，开展跨领域的对比研究，以及相关文献和信息搜集，其中包括书籍、期刊论文、会议论文、报纸文章、论文、网站或多媒体文件等多种参考资料，丰富研究成果。最后通过明确建筑领域相关部分之间的相互依赖关系，确定研究方向，划定研究主题所涉及的范围，并围绕主题逐步展开介绍相关内容。

第 3 章，"预制装配式建筑原理及评价"。介绍了适用于多层预制装配住宅建筑的建筑材料和建筑系统。针对住宅类型学，重点强调了材料性能，结构体系，设备系统之间的相互关系，同时对其应用状况进行全面概述。

第 4 章，"预制装配式建筑的历史发展及未来展望"。介绍了历史上采用工业化建造方法的实例。按照建筑材料和建造方法分类介绍，分析这些建筑案例的历史影响，并介绍了过去两个世纪内预制装配技术的演化过程。由于受篇幅所限，每个类别中只选取了三到四个案例进行详细分析。

第 5 章，"建筑施工中的预制技术"。首先对先进的建造方法，以及相关的技术细节和工艺流程进行介绍，同时对适用于不同材料类型，具有代表性的预制装配技术评估的基础上，针对装配式住宅结构体系的应用情况进行研究，并评估了预制装配技术和自动化建造技术的发展潜力。

第 6 章，"先进的生产工艺"。介绍了其他相关行业生产和组织模式，以及工业化生产方式和产品制造过程，重点介绍了适用于建筑业的方法。该章通过技术转化和横向对比，提出相应的建造策略，以达到缩短工期，提高效率，提升品质的目标。该章第 2 节，重点介绍目前在学术界和工业界对于工业化建造策略在建筑业中应用的探索，进一步分析了先进技术和建造体系在建筑业的作用。这些具有划时代意义的方法和理论，必将充分发掘未来住宅建设的潜力，或将为未来建筑业的发展开辟一条全新的道路。

第 7 章，"技术转化"。根据装配式住宅建筑建设过程中相关技术思路的可行性和适用性，并对研究结果进行评估，包括总体概念、建造策略和技术流程等方面。在强调技术解决方案关联性的同时，突出技术思路和解决方案的价值。

第 8 章，"结论与展望"。基于前面章节的研究成果，为先进建造策略和材料体系，在当今和未来住宅建造领域的应用奠定了坚实的基础。与先进建造策略相结合的技术方案，丰富了设计手段，并为施工建造的顺利实施提供保障。

第 9 章，"附录"。介绍了该领域的专用术语。其中包括预制装配和自动化建造中常用的典型缩写和术语。

图 2.5　用常规电锯修整木构件
资料来源：芬格豪斯公司

3. 装配式建筑原理及评价

3. 装配式建筑原理及评价

3.1 装配式建筑市场概况

据目前的研究报告显示，预制装配式住宅大多出现在城市郊区。美国国际市场研究机构—"市场研究"（Markets and Markets）2015 年的调查报告指出，2020 年之前预制装配式建造方法将应用到建筑行业的所有领域。然而，在不同的国家和地区，得到的调查结果和统计数据也不尽相同。就美国来说，预计 2015 年至 2020 年，装配式建筑市场将达到 6.5% 的复合年增长率（"市场研究"，2015）。亚洲太平洋地区的增长非常强劲，将占到全球市场份额的 50% 左右，其次是欧洲，将占全球市场份额三分之一，最后是北美及加勒比海地区。欧洲等发达国家的装配式建筑市场已经趋于成熟，而中国、印度等发展中国家预计在 2015 年至

2020 年之间将迎来爆发式增长，届时市场增长率会更高。这主要是由于发展中国家的高人口增长率以及当地居民不断增长的可支配收入（"市场研究"，2015）。

装配式建筑市场份额

图 3.1 展示了 2014 年度全球范围预制装配式建筑市场份额。从市场占有率分析，亚太、欧洲、北美（美国）三个区域的份额已经占了全球的百分之九十五以上，而区域预制装配式建筑市场份额已达到创纪录的百分之四十八。国际市场研究机构—"市场研究"的研究报告指出，在全球预制装配式建筑市场中墙面外挂类产品增长最快，模块化体系可能是众多建筑体系中，对这类产品需求最大的建筑体系（"市场研究"，2015）。类似的需求状况也将在住宅建筑、公共

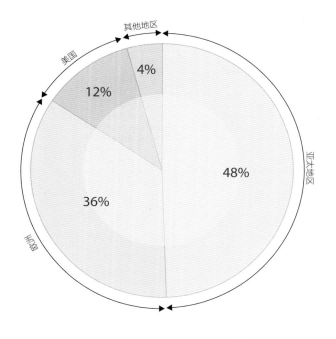

图 3.1　2014 年度预制装配式建筑全球市场份额
资料来源：尤塔·阿尔布斯，"市场研究"，2015 年

建筑、基础设施等所有建筑领域出现。研究报告同时指出，过去几年中预制装配式建筑的增长速率稳中有升，预计将在未来几年持续增加。随着城市人口的不断增长，基础设施投资的不断加大，人们对生态环保和可持续发展等建筑理念的认同，这些因素共同推动建筑行业产业升级，以智能、绿色、低碳为目标，促进可持续施工建造方法的推广应用（"市场研究"，2015）。因此，只有根据建筑用途，建造方法和产品类型进行分类，同时明确划分预制装配式建筑行业产业链各个环节，才能精确定义其应用领域。

在2011年美国麦格劳·希尔建筑集团的一项调查中，进一步明确了预制装配式建筑的参与主体，如建筑承包商、建筑师、工程师、制造商等（麦格劳·希尔建筑集团，2011，p. 4）。这份报告显示了生产方式的变革和全产业链

合作的重要性，通过搭建分工协作的网络，整合产业链各个环节，从而实现最佳效益。图3.2显示了2015年度预制装配式建筑的预期市场份额和2020年的预测数据，该数据包括所有建筑产品类型。

研究报告进一步指出，随着人们对健康生态的关注，对节能环保的新技术、新产品的巨大需求，预制装配式建筑市场将呈现百花齐放的蓬勃发展局面。预制装配式建筑的行业巨头们，将通过洽谈合作、收购股份、组建合资企业等方式，以合作伙伴关系或收购兼并方式，来获得更大的市场份额。估计在不久的将来，全球范围内领先的预制装配式建筑产品和服务提供商，将主要集中在具备一定工业基础和发展潜力的新兴国家。收购兼并、建立合作伙伴关系等策略的成功实施，将有助于预制装配式建筑公司在新兴市场国家和发展中

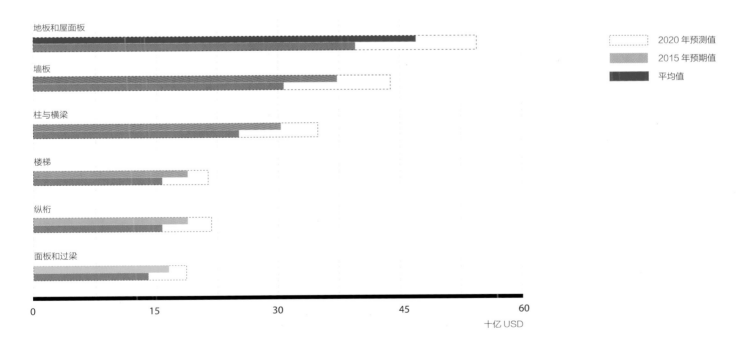

图 3.2　按产品类型分类的2015年度装配式建筑市场预期，以及2020年的市场预测数据
资料来源：尤塔·阿尔布斯，"市场研究"，2015年

国家占据大量市场份额，并在这些关键市场快速成长。随着全球经济增长重心的转移，在关键市场国家，根据该国建筑规范调整改进的建筑解决方案，将应对不断变化的预制部品或预制构件需求，和不断提升品质、降低造价，以及环保低碳的要求，这些都对该领域的服务商和专家们提出了持续寻找创新解决方案的要求（"市场研究"，2015）。

德国装配式住宅现状

在经济全球化的今天，美国麦格劳·希尔建筑集团的研究报告，也将关注点转移到提高经济效益这个主题上来。通过定量研究指出，"客户群体正在各种商业项目中积极采用预制装配式建筑解决方案"（麦格劳·希尔建筑集团，2011，p.4）。在预制装配式建筑方案越来越受到重视的背景下，多层住宅建筑体系中，装配式建筑方案带给客户经济收益的同时，是否能通过相应的建筑材料和结构体系，实现绿色节能、品质提升等多方面的需求。带着这个问题，让我们把目光投向德国预制装配式住宅市场。

在德国预制装配式住宅建筑领域，大部分仍然是木结构的家庭住宅。图 3.3 展示德国住宅建筑领域，在 2000 年至 2013 年间建筑材料使用情况的统计数据。虽然木材的使用率增加到了 15.75%，但常规施工方法中，砖、石、混凝土等传统建筑材料的使用仍占据主流，约为 84%，而钢材的使用率仅有 0.01%，可忽略不计（德国联邦统计局 2014 年数据，pp. 3-7）。图 3.5 展示 2009 年度德国部分已竣工住宅使用的主要建筑材料。图中表明，使用砖、石、混凝土等建筑材料的传统施工方式仍在广泛应用。

如果将预制装配式建筑和传统建筑进行综合比较，就需要对施工建造过程和建筑材料进行评估。传统建筑的建造过程采用传统建材，以传统的低水平、低效率的手工业施工模式开展工作，建筑工业化程度较低，设计与建造速度慢。预制装配式建筑的建造采用生态环保、质量稳定、价格适中的建筑部品和建筑构件，可直接使用或进行预制组装，这都有

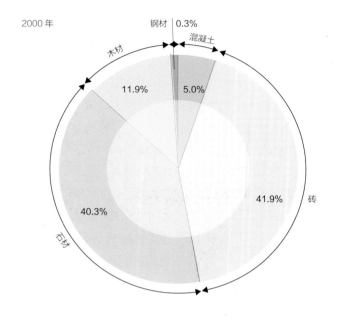

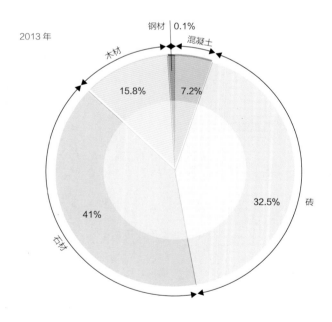

图 3.3　住宅建筑中常用的建筑材料
资料来源：尤塔·阿尔布斯，数据来源于 2014 年德国联邦统计局

助于建筑施工的优化和建筑品质的提升。当然传统建筑和预制装配式建筑各有优缺点，就建筑材料来讲，传统建筑中砖石结构房屋价格比使用木材或钢结构低约10%至15%（达姆施塔特ITL公司，2014）。而对于预制装配式建筑来讲，讨论建筑材料的时候，就需要根据制造过程和建造方式对建筑材料的使用，展开更深层次的探讨（约亨·普福，轻型结构研究所，2014）。从这个观点来看，建筑材料、建造方式与建筑物之间存在紧密的关联。

在预制装配建筑行业，首选结构体系是框架／骨架结构体系。该结构体系在低层和多层建筑的应用比较广泛，高层建筑的应用正在积极展开。就建筑材料而言，由于木材本身具备的优良物理特性，使其在低层和多层建筑中应用广泛。目前，对于木材的研究主要集中在探寻更好实现材料性能的方法上。德国预制装配式建筑发展历史上，有使用木材作为基础结构材料的传统。在过去60年间，许多公司将重点从手工制造方式转变为到工业化机器制造，着力研发木工或细木工设备。由于木材本身的硬度、柔韧性、保温性能和可再生性的特点，使其成为建筑活动中使用最频繁的建筑材料。根据德国国家统计局2014年的统计数据显示，木材是德国住宅建设中第三类最常用建筑材料，约占13%~14%。

3.2 装配式建筑系统分类

对建筑组件、构件、部品，以及不同建筑类型进行分析，是开展研究的前提。在对建筑类型、结构体系、建造技术研究的基础上，将依照系统分类法，建立相应的建筑评价体系，促进预制装配式建筑的标准化设计、批量化生产、装配化施工等环节的顺利实施，同时规范建造过程，保证项目质量。阿夫拉姆·沃索萨斯基（Warszawski 以色列工业化建筑研究学者——译者注）在1999年指出建筑系统是随着技术进步不断演化发展，生产厂家按照自身技术水平和建造水平采用不同的方式进行分类，以有利于生产活动的开展（沃索萨斯基，引自 W. A. Thanoon 等，2003）。

分类准则

通常是由建筑组件、建筑构件、建筑部品子系统三者相互关联组成。组件、构件之间通过直接或间接连接，对建筑部品子系统起到支撑作用，并增强了建筑系统的整体功能。建筑系统各组成部分的规格尺寸应符合模数规定，在功能性和经济性原则指导下，通过模数数列协调尺寸、次序编排和等级划分等方法，选取合适的尺寸体系，使所有组成部分的规格符合系列化、通用化、集成化的标准。M·罗莱特和D·N·泰克哈（Rollet and Trikha，工业化建筑研究学者——译者注）分别在1986年和1999年，提出了"工业化建筑系统（IBS）理论，提出将所有建筑构件，如墙壁、地板、梁、柱和楼梯都在工厂，或在有严格质量控制的施工现场批量化生产，以此将现场施工误差降到最低"（M·罗莱特和D·N·泰克哈，引自 W. A. Thanoon 等，2003，p. 283）。托马斯·施密特和卡罗·特斯塔在1969年撰写的《建筑系统》书中指出，"建筑系统的性质和内容可以从三个不同的角度描述：组织结构，技术体系和规划设计"（托马斯·施密特和卡罗·特斯塔，1969，p. 37）。厘清这些内容和前文观点之间的联系至关重要，它们之间相互对应并互为影响。

下一节将进一步介绍建筑系统分类。如图3.4所示。这些类型的划分是基于建筑类型学、建筑系统、建筑结构和建筑材料等多方面因素。

"封闭型"建筑系统

"封闭型"建筑系统是指在建筑项目开始初期，根据项目特点和项目周期，定制建筑解决方案，将建筑组件、建筑构件及相应的建筑部品纳入一套封闭的体系中。在组件和构件生产过程中，通过模数协调体系，确定项目的尺寸标准，并以此标准协调供应商的配套产品和服务。该系统相对于固定的体系框架，制约了建筑设计的灵活性，不同的建筑系统之间，建筑部件的替换工作相对复杂，并影响后期的设计修改或调整工作。但"封闭型"建筑系统也有其自身的巨大优势，由于在建筑系统中使用的建筑部件类型有限，规格明确，兼容性好，可实现大批量预制生产。在施工过程中容易开展一体化施工建造，具有组装效率高、施工质量好、建筑稳定性强等特点（托马斯·施密特和卡罗·特斯塔，1969，p.39）。

"开放型"建筑系统

"开放型"建筑系统是指在建筑项目初期阶段，建立

包括产品标准化分类、产品规范、产品数据标准等，开放性框架体系，以便供应商能够提供适用的产品和服务。"开放型"建筑系统，通过开放性模数系统将不同类型供应商、不同级别模数方案涵盖其中，以便供应商能够按照各自分工完成生产，并按照预制装配方案组装。由于不同供应商的产品可以实现相互兼容，组件和构件的替换相对较为便捷，通过连接节点的设计和开发，能够提供多种建筑解决方案，给建筑设计带来较大的灵活性，也使建筑展现出多样化的面貌。为了将组件和构件的替换潜力发挥到最大，

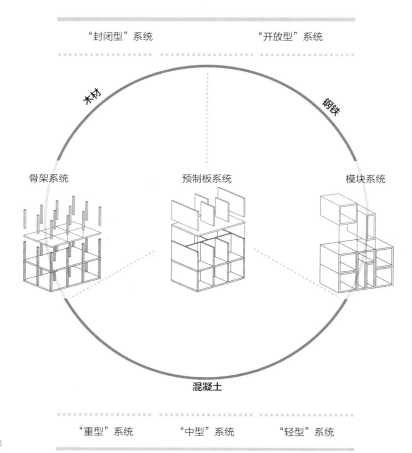

图 3.4 建筑系统的分类
资料来源：尤塔·阿尔布斯，2015 年

通过标准化设计将已在建筑市场上广泛使用的半成品或批量化生产的构件，例如预制混凝土构件等纳入到整个建筑系统中，统一规划设计，开放模块化生产，统一信息与商业网络，可以降低成本，缩短工期（托马斯·施密特和卡罗·特斯塔，1969，p. 41）。

"构件组合"建筑系统

在预制装配式建筑领域，由于使用的建筑材料不同，导致了建造方式和建筑解决方案存在差异。按照构件／部品的形式和建造方式的不同，可分为框架／骨架结构、板式结构、空间模块结构等几大类。建筑的构件／部品系统也随着建造方式和结构体系的不同，在相应的结构体系下进行细分。预制装配式住宅建筑中结构类型的详细描述，参见"3.3 预制装配式多层住宅建造"，该章节将详细介绍由于建筑材料的不同，带来的构件／部品体系的差异，以及建造方式的差别。在第5章"建筑施工中的预制技术"中将对建筑材料和构件／部品系统做进一步详细的阐述。

"重型"建筑系统

该建筑系统是按建筑单位体积和质量进行划分。通常情况下，用预制的块状材料，或大型预制墙板、楼板、屋面板等"重型"板材进行预制装配的建筑，由于体积和重量都很"庞大"的系统被称作"重型"建筑系统。预制构件的尺寸和重量，对物流运输和现场施工产生一定影响，导致现场装配方法和施工组织模式较特殊（Thanoon et al，2003，p. 284）。"重型"建筑系统的原材料一般采用砖、石或混凝土等传统建筑材料，在预制过程中需要一定固化和养护时间，现场施工时需要进行湿作业配合。该系统的主要缺点对建筑物造型和布局有较大的制约性，小开间横向承重的建筑内部分隔缺少灵活性，建筑材料的预制水平也会影响建筑的结构承载力和抗冲击能力。

"中型"建筑系统

该建筑系统是指使用木材、木材制品、钢铁，以及钢－木复合材料、钢－混凝土复合材料、木－混凝土复合材料的系统。由于材料重量适中，尺寸适当，可实现加工、运输和组装的最佳化，因此该系统相较于"重型"系统具有较大灵活性，几乎可以应用到所有的预制装配式建筑类型。构件和部品装配方式一般同建筑规模、生产方式、施工条件以及运输能力有关，同时根据不同的承载要求，构件的组合、部品的组装和结构体系也随之发生变化（Thanoon et al，2003，p. 286）。

"轻型"建筑系统

该建筑系统是指适用于框架结构或空间模块结构的轻型木结构、轻型钢结构，或者钢木混合结构的建筑系统。该系统通常由两部分组成，内层为核心结构层，通常用型钢或木材制成骨架结构，或由型钢或木材制作桁架，再组成骨架结构，还有采取这两种方法组合而成的骨架结构。外层则是符合美学结构要求的附加层。"轻型"建筑系统自重较小，便于工业化生产，施工方便、组装快捷，特别适于要求快速建造和需要移动的建筑。

预制构件和部品的体积和重量对施工过程有较大影响，再加上预制加工、批量生产、物流运输等环节相互制约，共同影响施工现场的建造连续性。如上所述，按照单位体积和重量进行分类有助于明确预制结构的适用范围，并且据此来确定与之相适应的建筑材料，当然还要依据建筑项目的具体情况和施工条件进行调整。

建造模式

为明确预制装配式建筑领域相关概念，将介绍一些与建造模式相关的术语。这些术语，通常是为了区分施工状态和施工类型，并在合同中明确强调最终建筑交付状态。

"自建房"模式

该模式是提供给客户最具成本效益的预制装配式建筑解决方案，通常出现在私人住宅建造领域。客户向预制构件供应商订购相关产品，施工单位在施工现场根据图纸，完成预制产品组装和整体建造，其余环节都需要客户自己来完成，当然这也给客户提供了更大的选择余地。客户可根据自己的需求和喜好，决定建筑外观、设备系统、室内装潢等方面的建造环节。(芬格豪斯公司网页，2014)。这种模式，多采用"轻型"建筑系统中的轻型木结构或轻型钢结构，当然由于建筑项目所在地的情况有所不同，因而在施工方式和建筑体系的选择上，仍可能会有所不同。

"毛坯房"模式

该模式是上文讨论的为自建房模式的升级版解决方案。为降低预制装配建筑的建安成本，预制建筑制造商负责生产和组装"毛坯房"，客户根据自己的需要选定相应的设备系统和室内装潢。与自建房模式类似，客户可根据经济状况对房屋成本进行有效控制（芬格豪斯公司网页，2014 ）。在这种模式下，预制建筑制造商将整个房屋建造过程的重心放在预制构件或预制部品的生产加工，以及房屋组装环节。

"交钥匙工程"模式

该模式是指预制建筑制造商或房地产开发商，对整个建筑项目进行全周期的管理和运营，最终将完整的"建筑产品"交付给客户。该模式仅指处理和执行项目，并且不决定施工类型。(屈尔曼，2006，p. 179)。预制建筑制造商或房地产开发商，决定采用何种施工模式，所有的施工和产品质量问题都由总承包商负责。"交钥匙工程"一词目前尚未有法律明文规定。该模式下预制装配建筑的完成程度，将取决于预制建筑制造商或房地产开发商的服务内容及与客户签署的合同。

3.3　装配式多层住宅

住宅建筑中的建筑材料

在德国住宅建造使用的建筑材料中（图 3.3），砖石等传统材料在住宅市场占据了主要份额，约占总量的 73%（2014 年统计数据）。与使用预制轻型钢结构、木结构的骨架结构或框架结构相比，传统砖石结构体系在施工建造时，

通常会用到结构梁和柱、屋面板、楼梯等少数预制构件，因而造价更低，比骨架结构或框架结构低约 10% 至 15%（达姆施塔特 ITL 公司，2014 ）。

本书其他章节将在预制建造方面，比较以木材和钢材为建筑材料的轻型结构体系，和以混凝土或钢筋混凝土为建筑材料的传统建造方式的差异。由于预制砌块和预制加气混凝砌块的数量相对较少，因此可以忽略不计。在随后的章节中，将会介绍预制装配式建筑发展历程中重要案例，重点是住宅建筑的一些经典案例。届时将会按照建筑材料和结构体系对这些案例进行分类，同时按照由远及近的时间顺序进行排列，全面展现建筑工业化发展历史。在回顾了相关案例的同时，还对预制装配式建筑中应用的新材料、新技术进行介绍。在第 4 章"预制装配式建筑的历史发展及未来前景"中，将按照木材、钢材、钢筋混凝土等建筑材料分门别类地进行介绍。同时为了满足低碳环保、高品质、低成本的需求，将对上述建筑材料进行材料性能，及适应性评估和拓展，最后通过经典案例分析研究，以及预制建造和自动化技术的应用，为装配式住宅寻找最佳解决方案。

"组合结构"类型

在住宅建筑领域，区分"一般"建筑体系和多层建筑体系尤为重要。多层建筑体系可以被视作特殊的"组合"体系。按照托马斯·施密特和卡罗·特斯塔的分类，建筑系统可以被细分为"封闭型建筑系统，封闭型建筑子系统，开放型建筑系统，组合式系统和开放设计系统"等几大类（托马斯·施密特和卡罗·特斯塔，1969，pp. 37 ff. ）。

建造方法、建筑系统与部件

随着建筑技术的不断发展，建筑术语日益丰富，为满足国际学术交流活动的需求，术语的规范化问题显得越来越重要。术语的错误使用，将导致严重的后果，因此建筑术语的

定义至关重要。接下来将对预制装配式建筑的相关术语进行解释。

建造方法是指在预制装配式建筑活动中，具体的施工方式、施工流程以及相关建筑工作程序（彼得·谢雷，2015，p. 146）。建造方法一方面概述了工作流程和建造顺序，另外一方面也明确了建筑材料使用方式。彼得·谢雷（Cheret，德国建筑师、学者——译者注）提出需要与传统建筑方式加以区分。在传统的砖木结构或砖混结构的施工过程中，需要大量劳动力同时参与。在骨架或木框架施工过程中，除了较多劳动力参与外，还需要较多的机械设备同时参与施工过程。相比之下，"组合结构"的建筑是由多种建筑部品或子系统组合而成。

施工时将建筑构件/部品有机组合，形成封闭或开放的建筑系统，再根据建筑类型和功能需求进行设计整合，从而形成多功能的建筑系统。这样，不仅增加了应用灵活性，而且扩大了应用范围。当代大部分木结构系统，均是在开放系统原理的基础上开展设计。同时需要兼顾建筑其他组成部分，例如技术系统，内部装饰和装修都是必不可少的。

部件是基于封闭型建筑系统的设计原则，组成住宅建筑结构系统的所有预制构件的统称。这些构件虽然数量有限但却相互依存、相互制约。为实现完全适应和兼容，构件需要进行深化设计并保持协调一致。这种情况下，部件是高水平构件的组合产品（彼得·谢雷，2015，p. 145）。预制构件是建筑系统的基础，也是最小的组成部分。预制构件的完整程度将决定是否能立即装配或使用（瓦西斯曼，1959）。

图 3.7 以木结构建筑的发展演变为例，分析了建造原理的差异，并对相关建筑类型和建筑系统术语进行解释。下面的小节将重点探讨多层住宅建筑与相应结构体系的关系，从而加深对上述分类的思考和理解。

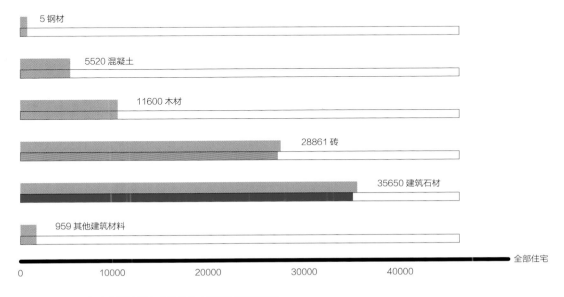

图 3.5　2009 年度德国竣工完成的住宅中建筑材料示意图
资料来源：尤塔·阿尔布斯，2013 年

3. 装配式建筑原理及评价

建造方法

欧洲 19 世纪和 20 世纪前期使用传统建筑方法，钢筋混凝土等现代建筑材料日益取代传统材料。

美国 19 世纪初，随着铁路建设和西部新殖民地开拓的热潮，推动了木材应用以及木结构标准化发展，板式和气囊式结构得到了规模化应用。促进了结构木材和木材的标准化，使用板式和气囊式结构。

德国 20 世纪末，板式木构件在典型的木框架结构中得到广泛应用。

德国、奥地利、瑞士针对木材制造、木材性能以及木材结构等方面的深入研究和技术进步，推动了木结构建筑系统相关产品的发展。

木建筑系统
木材产品和制造商的选择

应用领域

产品类型

产品质量和要求

最大构件尺寸

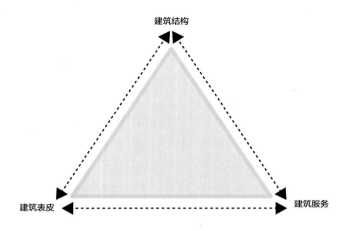

图 3.6　建筑结构、建筑表皮和建筑服务的一体化设计过程。

资料来源：尤塔·阿尔布斯，2012年。依据彼得·冯·塞特莱因和克莉丝缇娜·舒尔茨的相关理论，2001 年

图 3.7　建筑中木结构产品的发展轨迹。
资料来源：尤塔·阿尔布斯，2016 年。依据彼得·谢雷的相关理论，2015 年

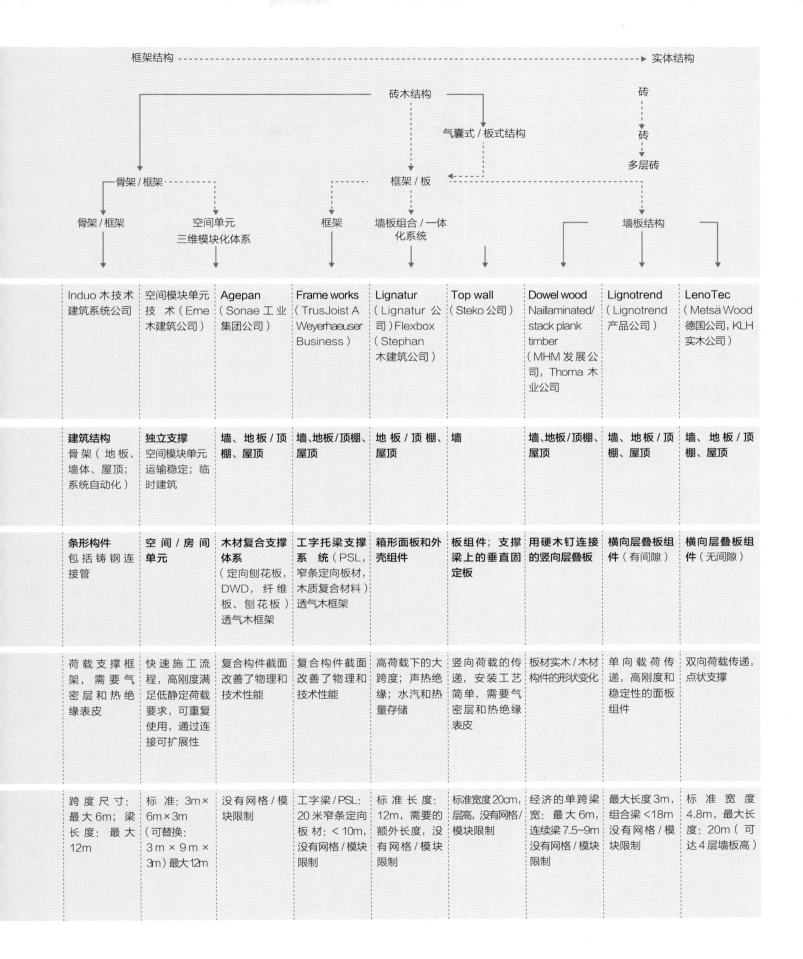

框架结构 --→ 实体结构

砖木结构　　　砖
气囊式/板式结构　　砖
　　　　　　　多层砖
骨架/框架　　框架/板
骨架/框架　空间单元三维模块化体系　框架　墙板组合/一体化系统　墙板结构

Induo 木技术建筑系统公司	空间模块单元技术（Erne 木建筑公司）	Agepan（Sonae 工业集团公司）	Frame works（TrusJoist A Weyerhaeuser Business）	Lignatur（Lignatur 公司）Flexbox（Stephan 木建筑公司）	Top wall（Steko 公司）	Dowel wood Naillaminated/stack plank timber（MHM 发展公司，Thoma 木业公司	Lignotrend（Lignotrend 产品公司）	LenoTec（Metsä Wood 德国公司，KLH 实木公司）
建筑结构 骨架（地板、墙体、屋顶；系统自动化）	独立支撑 空间模块单元 运输稳定；临时建筑	墙、地板/顶棚、屋顶	墙、地板/顶棚、屋顶	地板/顶棚、屋顶	墙	墙、地板/顶棚、屋顶	墙、地板/顶棚、屋顶	墙、地板/顶棚、屋顶
条形构件 包括铸钢连接管	空间/房间单元	木材复合支撑体系（定向刨花板，DWD，纤维板、刨花板）透气木框架	工字托梁支撑系统（PSL，窄条定向板材，木质复合材料）透气木框架	箱形面板和外壳组件	板组件；支撑梁上的垂直固定板	用硬木钉连接的竖向层叠板	横向层叠板组件（有间隙）	横向层叠板组件（无间隙）
荷载支撑框架，需要气密层和热绝缘表皮	快速施工流程，高刚度满足低静定荷载要求，可重复使用，通过连接可扩展性	复合构件截面改善了物理和技术性能	复合构件截面改善了物理和技术性能	高荷载下的大跨度；声热绝缘；水汽和热量存储	竖向荷载的传递，安装工艺简单，需要气密层和热绝缘表皮	板材实木/木材构件的形状变化	单向载荷传递，高刚度稳定性的面板组件	双向荷载传递，点状支撑
跨度尺寸：最大6m；梁长度：最大12m	标准：3m×6m×3m（可替换：3m×9m×3m）最大12m	没有网格/模块限制	工字梁/PSL：20米窄条定向板材：<10m，没有网格/模块限制	标准长度：12m，需要的额外长度，没有网格/模块限制	标准宽度20cm，层高，没有网格/模块限制	经济的单跨梁宽：最大6m，连续梁7.5~9m没有网格/模块限制	最大长度3m，组合梁<18m没有网格/模块限制	标准宽度4.8m，最大长度：20m（可达4层墙板高）

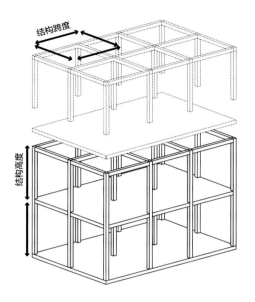

图 3.8　框架／骨架建筑系统的结构原理
资料来源：尤塔·阿尔布斯，2014 年

框架／骨架结构

一般来说，框架／骨架结构多用于多层办公及混合功能建筑类型。框架结构为房间布置和平面布局带来了高度的灵活性。在住宅建筑中，框架／骨架结构系统和结构墙体的结合有利于满足隔声防噪与防火标准，在增加建筑套内净面积的同时，降低承重结构的宽度和重量。此外，还可以实现大跨度的"开放空间"和较大范围的"自由"建筑立面。图 3.8 展示了梁和柱之间的结构跨度，以及空间规划布局的灵活性。

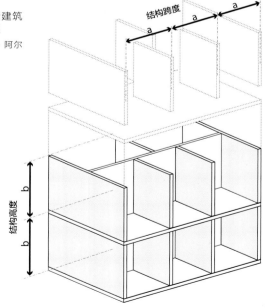

图 3.9　承重墙建筑系统的结构原理
资料来源：尤塔·阿尔布斯，2014 年

交叉承重墙

托马斯·施密特（1966）指出，早期多层住宅建筑由于木梁的性能导致结构跨度受限，最大跨度仅为 4.50 米。因此在进深约为 10 米的建筑中，需要通过设置中央承重墙体来解决建筑跨度问题，从而使得住宅两侧的建筑进深相当，从而限制了建筑的纵向扩展。但交叉承重墙的位置可灵活处理，而且可以在外部承重墙上开尺寸较小的窗洞，对结构体系的稳定性不会产生影响（托马斯·施密特，1966，p. 11）。在住宅建设中，混凝土预制的大型内外墙板、楼板和屋面板增加了建筑的跨距，也改变了原来住宅建筑的平面布局。开放的平面布局造就了多样的建筑外立面效果，交叉承重墙体系增加了开窗尺寸，从而优化了建筑空间设计（托马斯·施密特，1966，pp. 11 ff.）。图 3.9 展示了系统的结构关系。预制板的应用不仅推动了建筑技术和建筑功能的进步，同时也提高了经济效益，特别是大跨度建筑项目中对建筑成本的控制起到重要作用。

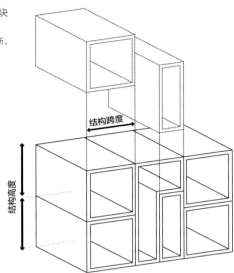

图 3.10　三维空间模块
建筑系统的结构原理
资料来源：尤塔·阿尔布斯，
2014 年

结构跨度

结构高度

空间模块单元

通常情况下，如果没有辅助支撑结构，采用模块化单元模式的建筑物，建筑高度可达到四层或五层；在辅助支撑结构的协助下，可以建造体量更大、层数更高的建筑。通常，基本模块尺寸决定了空间模块单元的尺寸，同时也决定了标准化建筑网格的尺寸（克里斯蒂安·考夫曼；考夫曼建筑系统，2014）。预制空间模块单元可最大限度地实现异地安装，大大节省了时间和施工成本。可根据施工现场的进度，合理安排进场时间，简化施工现场工作，同时优化装配施工流程。然而，空间模块单元的规格必须满足运输车辆的尺寸和载重要求。尽管空间模块单元有诸多优点，但却降低了建筑设计的创造性和灵活度，导致单调的建筑外观和平淡无奇的设计的出现。

4. 装配式建筑的历史发展及未来前景

4. 装配式建筑的历史发展及未来前景

4.1 导言

　　19 世纪开始的第一次工业革命，迅速地改变了世界的面貌，改变了社会生活的方方面面，促进了经济、社会和文化的发展。新技术的产生，开拓了新的科学领域，颠覆了人们对科技发展的传统认识。这场世纪之交的大变革，不仅对工业发展产生了深远的影响，也对建筑领域带来了巨大的冲击。发端于 20 世纪初的第二次工业革命，向人类展示了新的发展前景，在一系列新的科学理论和技术创新的驱动下，生产力获得突飞猛进的发展。亨利·福特和弗雷德里克·温斯洛·泰勒创造并发展了工业化生产和标准化制造流程的新方式、新思路。泰勒通过优化工作流程，提高了生产力水平，福特通

过自动化工业生产的革新，使大规模生产方式成为可能，他们开创并推进了工业领域的高速发展。随着工业化程度的不断深化，人们逐渐萌发了"工厂制造住宅"的想法。受福特和泰勒思路的启发，建筑的工业化生产方式被越来越多的人所接受，通过大规模生产来提高效率的策略，也在建筑领域取得了广泛共识。现代主义建筑先驱们秉承着理性主义的原则，朝着工业化建造目标不断探索，并将梦想付诸实践。

　　追溯建筑工业化历史渊源，以时间为轴线，采用编年体方式，将重要建筑以年代顺序串联，贯穿其中的线索和脉络，勾画出建筑工业化发展的曲折道路。如图 4.1.1 所示，展现了从 1494 年最早记录的建筑案例开始直到现代，建筑工业化发展过程中的重要事件。

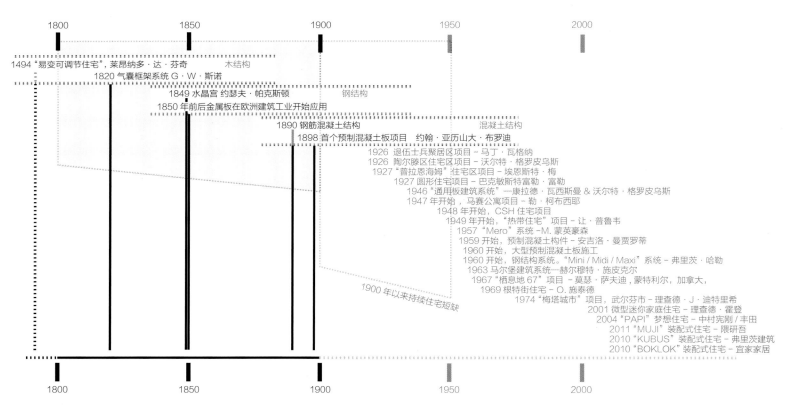

图 4.1.1　建筑工业化发展过程中重要建筑案例（基于不同的材料和结构分类）
资料来源：尤塔·阿尔布斯，2014 年

4.2　木材与木结构

　　人类使用木材作为建筑材料已有数千年历史，世界各地都有大量的木结构建筑。从装配式建筑发展的历史视角观察，生产加工简单、装配安装便捷、拆卸运输方便的木结构体系，满足了预制装配的基本要求。木结构，不仅便于加工成合适的尺寸，而且自重较轻，参与施工的工人数量有限。

　　荣汉斯在他的书中介绍了 12 世纪日本 Ho-Djo-Ki 的建筑案例。该建筑是一个尺寸仅为 3 米 ×3 米的轻质装配式日式小木屋，墙板和屋顶结构通过钩环固定连接，只用两个手推车就能将其随意移动。欧洲预制装配式建筑的起源，可以追溯到 1494-1497 年间，意大利文艺复兴的先驱达·芬奇，为公爵夫人伊丽莎白·斯福尔扎设计的一座可拆卸的花园凉亭，这是最早采用板式结构的装配式建筑（图 4.2.1）。1575 年，英国淘金者用帆船将一座可容纳 100 人住宿的大型预制装配式木屋，从英国运到冰岛附近的巴芬岛。大约 50 年后，即 1624 年，这座木屋又被拆卸，长途跋涉运到美国西海岸，重新组装，用作马萨诸塞州安角地区的宿营地（荣汉斯，1994，pp. 10 ff.）。

　　就在同一时期，大约在 1551 年前后，最早的预制装配式住宅小区的雏形出现在俄罗斯莫斯科。在当时涂布纳雅广场的木材交易市场上，展示不同价位的木制房屋。顾客在购买房子之后，可将其轻易地拆解、运输，并重新安装在任何地方。当时俄罗斯刚刚在伊凡四世沙皇强力推动下实现了独立和统一，俄罗斯的经济社会步入快速发展阶段。由于城市的极速扩张，在莫斯科形成了最原始的预制装配式的聚居区，面积几乎和克里姆林宫一样大。预制构件是用木材和泥土的混合物制成，便于装配、拆解和运输。这些原材料和构件，经由伏尔加河下游的乌格里奇市附近用船只运送到斯维亚日斯克，完成最后的组装（布宁等，1961，p. 53，123；奥尔贾瑞尔斯，1959，p. 79）。随着欧洲诸强国的军事扩张和战争需要，推动了预制装配建造方式的发展。简易的木结构预制建筑被广泛用于战地

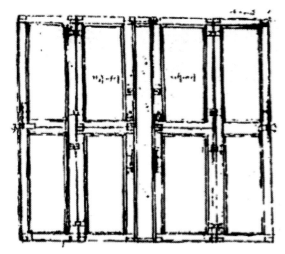

图 4.2.1　"易变可调节住宅"，莱昂纳多·达·芬奇，1494 / 1497 年
资料来源：大西洋古抄本（达·芬奇手稿集），1508 年

医院，其中最重要的建筑案例是"普鲁士野战医院临时板房"。该建筑于 1807 年被设计和建造出来，被公认为世界第一个集成化的装配式建筑系统。

　　随着时间的推移，结构体系和预制装配技术的不断进步，带动了建筑的发展。由于建筑尺寸的增加，内部空间分隔成为可能，使建筑内部分区和走廊一体化设计得以实现。这样，不仅改善了室内空间，也提升了建筑内部使用效率。19 世纪初期，德国在进行易于装配和运输的临时军用医院和营房设计时，由于缺乏目标明确的发展策略，因而导致战争时期出现了严重短缺。随后德国人一直致力于集成化营房系统的发展，但直到 1864 年这种技术才得到了第一次长足发展。发展的契机源自国际红十字会针对预制装配军用营房开展的国际竞赛，这次竞赛是在国际红十字会创建的第一年发起的。来自尼斯基市的"克里斯托弗＆温玛克"公司以其出色的设计方案赢得了国际竞赛一等奖（荣汉斯，1994，p. 11 ff.）。

　　随着德国对外军事活动的加剧，提高了临时军用建筑的需求，也促进了结构技术的提升和建筑材料的更新换代。1878 年对波黑和黑塞哥维那战争期间，预制装配军用营房

完全取代了以往使用的军用帐篷，并在 19 世纪 80 年代末期达到了顶峰。

　　荣汉斯（1994）在书中，展示了"德克尔"营房系统（图 4.2.3）。该系统由仅在使用功能和应用范围上有所差别的相似建筑构件组成，并可根据实际需要以结构单元的形式，在木制基座上进行扩展，以满足不同使用环境和功能需求。书中还展示了 1900 年前后，德国汉堡的石棉和橡胶工厂建造的名为"战争房"的临时军用建筑原型。在中国义和团运动期间，这座房子尺寸为 11.30 米 × 17.00 米，由石棉板密封的木框架单层建筑，被用作德国远征军的办公地点。该建筑的安装和拆卸过程仅需三到八天时间，说明当时这种临时军用建筑的设计和生产已相对成熟（荣汉斯，1994，pp. 11 ff.）。

　　而在大洋彼岸的美国，始于 18 世纪末的"西进运动"中随着大规模的殖民迁移，以及新增居民对于住宅的需求，导致大批殖民聚居区建造起来。为解决住宅问题，急需快速施工和装配化建造方法。由于缺少熟练的技术工人，当装配式建筑体系从欧洲引入后，催生了当地新兴的建筑市场，也刺激和推动了北美住宅建筑业的发展，以木材和木材制品为主的工业化生产随即遍及北美。工业制造的钉子可以增强木构件之间的连接，以及结构交接处力的传递，这也带动了装配式住宅的普及，特别在北美地区的波士顿和纽约等地，变得非常普遍。当然，随着欧洲装配式建筑的输入，在加勒比海岸、美国南部，甚至在大洋洲和非洲也出现了相同类型的建筑。

　　远洋船运和陆路远距离运输，都需要轻便灵活、尺寸适宜的建筑解决方案，和简单易操作的装配流程，便于快速建造和施工。大约 1830 年，伦敦的约翰·曼宁公司研发了双人间模块单元建筑系统。如图 4.2.4 所示，该建筑是由木质结构框架和嵌入式木隔板构件组装而成，可在一天内完成建造（赫伯特，1984，p. 15）。在接下来几年里，通过引入高强度板材，推动了木框架建筑的进一步发展，满足了装配式房屋快速建造的需求。

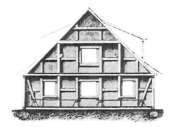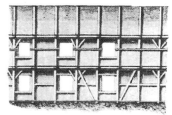

图 4.2.2　普鲁士医院营房，1887 年
交叉和部分纵剖面
资料来源：兰根贝克 / 冯·福尔勒 / 维尔纳，《荣汉斯》，1994 年，p. 11

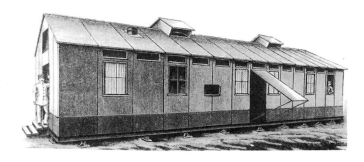

图 4.2.3　"德克尔"营房系统　1887 年
资料来源：兰根贝克 / 冯·福尔勒 / 维尔纳，《荣汉斯》，1994 年，p. 12

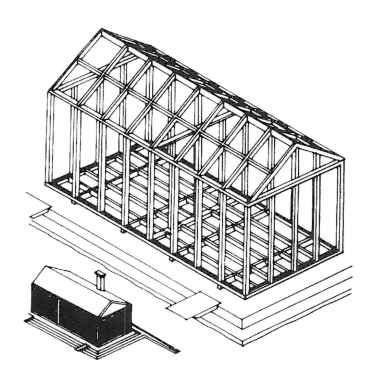

图 4.2.4　预制的木构件双人间住房，约翰·曼宁公司，1830 年
资料来源：赫伯特，1984 年，p. 15

轻型框架结构系统
乔治·W·斯诺，芝加哥（美国），1850 年

大约 1850 年，乔治·W·斯诺（George w. Snow）研发了一种用铁钉连接条形木构件的结构系统。为保持结构的稳定性，在结构系统被垂直固定在水平基座上之前，需要对竖直木梁进行准确定位，以确保后续安装精度。在轴向间距为 16 英寸（约 40.64 厘米）的结构构件内，允许在构件之间直接嵌板，用以支撑内外墙板。图 4.2.5 展示了这套系统的结构组成，其中包括作为建筑基础的地下室墙体和外部饰面层。

尺寸介于 2-4 英寸间（约 5.08-10.16 厘米）的结构梁，采用美国木制构件的典型尺寸。竖向木制构件贯穿整座建筑，在楼板和天花板处使用了水平支撑梁。水平梁的截面尺寸为 1~4 英寸（约 2.54-10.16 厘米），通过铁钉固定在垂直结构系统上，便于后期铺设楼板及屋面板。

图 4.2.6 展示了 19 世纪移民美国的斯堪的纳维亚人桑福德·奥尔森设计建造的装配式房屋装配流程，该建筑在十三年间分三个阶段逐步完成。他采用了典型的 T 型平面布局，第一建造阶段始于 1881 年，首先完成建筑主体施工，在他结婚后的 1890 年开始了第二阶段建造，扩建了一个厨房和第二个卧室。在 1894 年第三阶段的建造中，通过向外延伸加建的门廊，将南向的建筑主入口调整为北向（彼得森，1992）。

该建筑标志性特点是采用了预制叠合墙板作为建筑外围护结构。通常情况下，对角斜向固定的墙板，通过为建筑提供斜向支撑力，抵抗了建筑横向和剪切荷载，增强了整体结构的坚固度。屋面板的铺设过程中也依循相同的原理，在固定椽子之后，屋面结构上安装加筋底板用来放置瓦片。该建筑的结构构件间距为 16-24 英寸之间（约 40.64-60.69 厘米）。

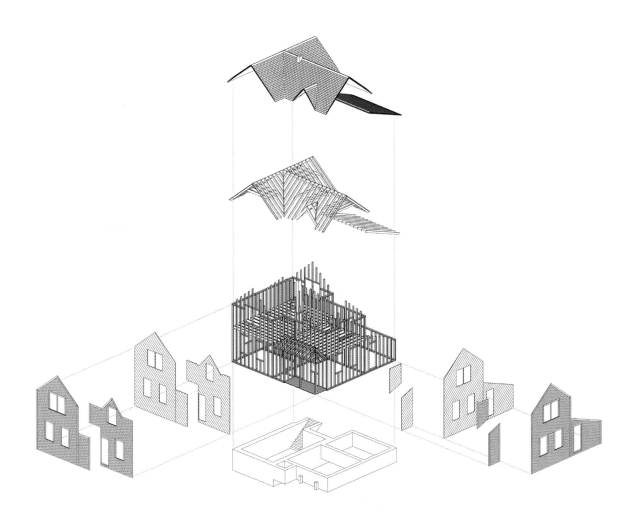

图 4.2.5 "桑福德·奥尔森"建筑系统—轻型框架结构建造与预制墙板组装的等轴测图

资料来源：福斯，2012 年，© 斯图加特大学建筑结构研究所

图 4.2.6 （a-c）步骤 1-3：地下室和首层地板包括角部支撑结构的安装
（d-e）步骤 4-5：水平和竖向结构安装
（f-g）步骤 6-7：斜向支撑和屋面结构安装
（h-i）步骤 8-9：屋面板和外墙板安装

资料来源：福斯，2012 年 © 斯图加特大学建筑结构研究所

为提高建筑外围护结构热工性能，在外围护墙板和结构墙体之间放置绝缘纸板。所有的建筑构件和窗洞尺寸也同样对应于 16 英寸的建筑网格。

随着殖民聚居区居住条件改善的需求，或受到经济条件制约，将建造过程拆分成不同阶段，在不同的时间段完成的施工方式，已在殖民聚居点得到了广泛的实践。同时该建筑系统也能适应建筑加建的需求。

通常情况下，建筑活动中生产、建造以及装配，均属于劳动密集型的体力工作。但木框架结构系统，以其出色的

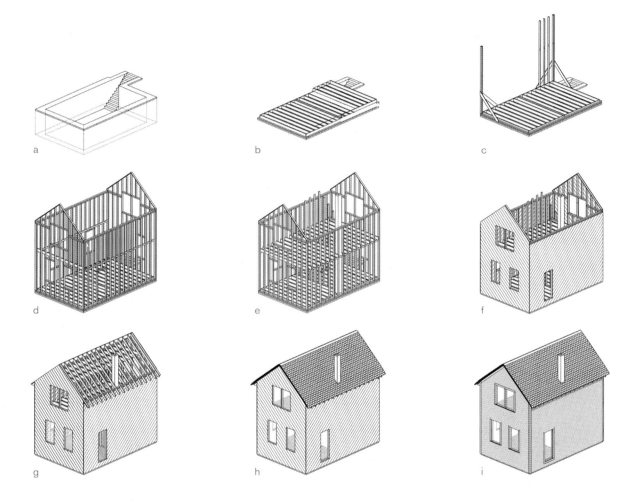

结构性能和突出的经济效益，在美国得到了广泛的推广和应用。直接的结果是，当地锯木厂的生产量大幅增加。据纪录显示，1876 年在怀俄明州的首府夏安市的锯木厂满负荷运转，在 3 个月内完成了 3000 套轻型木框架房屋的建造（拉贡，1971）。

据估计，轻型框架结构占到了当时住宅建筑市场份额的 60%-80%。由于住宅用户的偏好以及经济条件的差异，住宅在建筑外观和结构体系上存在很多不同，从而形成了多样化的建筑面貌和不同的建造解决方案。随着过去一个世纪的

发展，木框架结构在美国得到了广泛认同，逐渐适应了美国人生活的需求。时至今日，仍然是美国主要的建筑类型之一（荣汉斯 1994，p. 15）。

19 世纪末期，德国住宅建造使用的材料逐渐从木材转向了砖石，青睐以砖石砌筑为主的建造方式。荣汉斯在书中概述了这种建造方式的转变。他指出，当时的人们认为木结构虽然造格低廉，但稳定性和耐久性差，防火性能有限，希望住宅建筑能更加坚固耐用。另外，木结构房屋较高的保险或抵押费用，也导致该类型建筑不易被广泛推广。直到

1914 年，木结构房屋只作为部分特定功能的建筑使用，例如周末度假房和娱乐场所。尽管如此，还是有一些特定类型的建筑受到追捧，并得到普及与推广，受到市场的关注。随着人们对传统建筑风格兴趣的增加，促进了"瑞士房屋"或者"瑞典房屋"建筑类型的发展，形成了当今德国及欧洲大陆典型的民间建筑。

　　1868 年，位于德国东部伏尔加斯特的一家造船厂开始从事木制建筑的生产。他们从独栋住宅的生产起步。1884 年改组后的伏尔加斯特木建筑公司，开始致力于住宅建筑构件的生产与制造（荣汉斯，1994）。由于在生产过程中使用了松脂和人造沥青，一座 1890 年由该工厂生产制造，在柏林市万湖区附近建造的木制建筑，时至今日仍保存完好。随着技术的发展，该工厂开始涉足较复杂的预制装配建筑系列产品的研发。他们生产的建筑构件遍布整个德国，最远甚至运到了阿根廷。随着实践经验的不断丰富，20 世纪初期该公司已具备了足够的技术能力和研发手段，产品序列也不断扩充。他们专注于木制住宅和木制构件的专业化开发和标准化生产，通过批量化生产来提高建造效率。例如在建筑外墙部分，该工厂通过减小木构件的截面尺寸（最小直径仅为 8 厘米），保留构件转角和内部构件，便于建筑外墙体的装配。图 4.2.7 展示了一座 20 世纪初期在柏林建造的木结构度假别墅。该建筑外立面木结构转角部位的处理方式，展现了第一次世界大战之前典型的预制建筑建造模式，以及建筑系统优化成果。

　　同一时期，德国尼斯基市的"克里斯托弗 & 温玛克"公司，以开发的预制装配营房系统赢得国际竞赛后备受关注。该公司在 1892 年重组后，专门从事基于木框架结构系统的预制单元模块生产，发展并完善了营房系统，推出类似"德克尔"类型的系列营房产品。这些早期的建筑产品相对简单，通常的做法是在木结构框架上直接嵌板，随后完成木框架整体组装。

　　20 世纪初期，随着技术水平的不断提升，在外墙构造

a

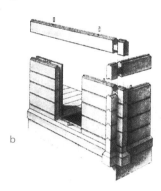

b

图 4.2.7 （a）柏林黑灵斯多夫的度假别墅
（b）典型的木块转角处连接
资料来源：1907/ 1908 年报纸刊登的广告，《荣汉斯》1994 年，p. 34

图 4.2.8 建造过程中的，已覆盖"佐林格建筑体系"屋顶部分半独立住宅
资料来源：温特和乌格，《建筑技术 69》，1992 年，p. 192

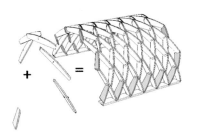

图 4.2.9 "佐林格建筑系统"屋顶结构的几何形状
资料来源：切卡和赫尔特，2015 年，© 斯图加特大学建筑结构研究所

中增加了隔离层和饰面层，在提高居住舒适度以及建筑性能的同时，也改善了建筑外观（荣汉斯 1994，p. 36 ff.）。

第一次世界大战给欧洲大陆带来了极大的破坏，随之而来的住宅匮乏带动了建筑工业的转变和创新。解决住宅问题，要通过易于装配、快速建造、时间和成本都能得到有效控制的建造方式来弥补。同时，随着第二次工业革命发明的大量机器设备的投入使用，提升了木构件的质量和性能，也推动了与木结构相关的先进设备系统的发展。在这个背景下，木建筑制造商和知名建筑师合作，专注于住宅系统的研究与设计，在不断提高木结构建筑舒适性和经济性的同时，也提高了人们对木结构住宅的认可度。但由于当时产业链尚未形成，物流运输成本抵消了相当大部分的利润，这对预制装配式建筑的发展造成了不利影响（荣汉斯 1994，p.146）。

佐林格建筑系统——弗里德里希·佐林格，德国梅泽堡市，约 1920 年

"佐林格建筑系统"是伴随着一战后住宅短缺的状况逐步发展起来的，该系统以其富有艺术感染力的造型和复杂精巧的结构体系而著称。与前文所述的"梁 - 柱"模式的轻型木框架系统相比较，佐林格建筑系统属于双层结构模式。弗里德里希·佐林格创新和发展了这套易于生产、运输、装配的轻质木结构屋顶系统。在建筑底部坚固的砖石结构基础上，通过高效系统化的建造方法，在装配楼板、墙体以后，最后安装拱形木结构屋顶完成整套施工流程。"佐林格建筑系统"拱形屋顶，由易于连接和组装的木框架组成。这些木框架，由相似长度木板拼接而成，木板交接处考虑了木板之间的摩擦连接力。为了更容易地使屋顶竖立起来，短的木板在接头处提前预留了接口（纳特尔，2000，p. 784）。

受到菲利贝尔·德洛姆（文艺复兴时期欧洲法国建筑师—译者注）1561 年发明的弧形胶合板结构"短板连接"技术的启发。佐林格创造性地使用短薄木板组装空间框架，

通过连接处的变形和折叠，实现菱形几何状结构造型。通常情况下，一组木框架需要四个变形构件。得益于小尺寸短薄木板灵活的结构，及材料的通用性特点，在施工时该结构可以节约建筑材料。"佐林格建筑系统"出现得到了建筑行业的广泛认可，并于1921年获得了木结构屋顶发明专利。

在随后的几年间"佐林格建筑系统"得到了进一步发展。随着跨度尺寸进一步增加，使其得以在学校、教堂、厂房、仓库等大型公共建筑的屋顶结构应用。该系统是一个单曲率的表面结构，佐林格设计了两种变形方案：由两个单曲面组成的尖拱，和连续单曲面组成的半圆形拱。尖拱屋面跨度为5-14米，主要用于民用住宅建筑。连续的半圆形拱的最大跨度可达到40米。在实际建造时需要根据所采用的方案考虑几何形支撑结构。如果建筑的高度超过其宽度的一半，使用尖拱屋顶；如果建筑的高度不超过宽度的一半，则使用圆拱屋面。薄板的几何排列方式，决定了连接处的构造，因此需要对结构构件进一步细化。华纳和提姆（Warner and Tim）通过研究在2011年提出，将结构夹角设定在38°到42°之间为宜。如使用可替换的矩形图案，则需要将结构夹角设定为45°。图4.2.10展示了尖拱结构几何形状确定建筑跨度（a）和薄板的角度和尺寸（b）。

薄板的几何形状对于设计来说很重要。通常情况下，薄板的长度要比宽度更长，使其表面能够弯曲。矩形薄板的弯曲并不具备结构功能，但是对于形成屋面整体形状是必不可少的。最佳的情况是，矩形薄板的截面高度是宽度的两倍时，能达到最佳的受力强度。薄板的长度由整体结构的几何形状决定。图4.2.10展示薄板的排列和结构设置，是按照连续构件的固定长度进行排布，只是边缘构件尺寸的一半。

三角形结构能够有效传递建筑荷载，对称的结构系统既能在建筑竖向受力时均匀抵抗弹性变形，又能满足较大的抗侧向力的要求。薄板排列方向彼此关联，共同保持整个系统

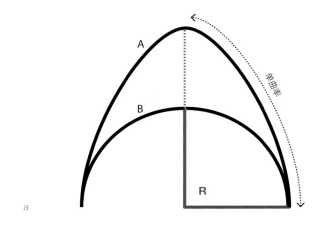

a

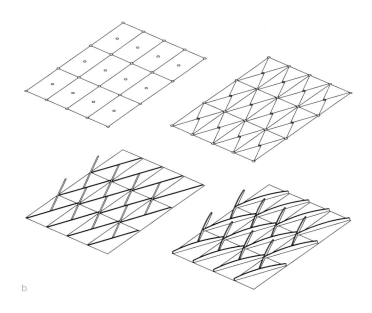

b

图4.2.10 （a）结构几何形状确定建筑跨度
（b）结构几何形状确定板的尺寸
资料来源：尤塔·阿尔布斯，2015年。根据维嘉·席尔瓦2013年的研究成果

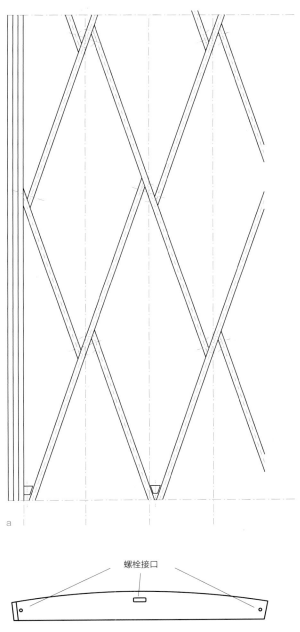

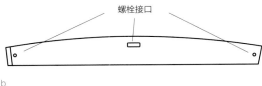

螺栓接口

图 4.2.11　建筑跨度和连接的几何关系
（a）构件的角度排布；（b）薄板的几何形状
资料来源：尤塔·阿尔布斯，2015 年。根据西奥多·若斯特希 1928 年的研究成果

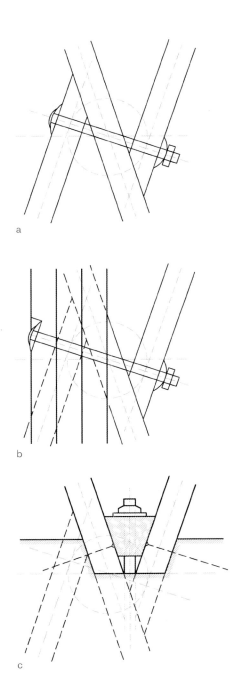

a

b

c

图 4.2.12　典型连接：（a）外围护结构中心位置；（b）墙板连接处；
（c）建筑基础连接处
资料来源：尤塔·阿尔布斯，2015 年。根据西奥多·若斯特希 1928 年的研究成果

的空间结构稳定性。因此，每块薄板的中心必须和屋顶平面垂直，同时，薄板末端被处理成斜角，便于相交构件进行精确连接。图 4.2.11 展示了薄板几何形体的支撑，跨度距离和构件连接。

考虑到结构几何形状以及荷载有效传递，构件连接部位的处理变得非常重要。为了达到最佳荷载传递效果，每块薄板的中心必须垂直于拱形表面布置，每个薄板要向下倾斜一定的角度。为了满足螺栓连接需要，在其两端开圆孔并在薄板中部开槽，在保证荷载顺利传递的前提下，开槽的位置可根据情况进行微调。典型连接节点由三块薄板组成：两块在两端、一块在中间。螺栓完全垂直于外面的薄板，从而确定了构件的距离和长度。图 4.2.12 展示了三种不同位置的连接情况，其中包括外围护结构中心位置、墙板连接处、建筑基础连接处。整系统由四种不同部分组成：边梁、基础底板、螺栓和薄板。

受到第二次世界大战结束后住宅危机的影响，轻量化结构设计和尽量节约建筑材料，对于建筑系统的推广和应用具有重要意义。采用"佐林格建筑系统"建造的轻型建筑结构，通常仅需三到四名工人，就能在短时间内搭建起面积70 平方米屋顶部分，满足了快速装配和施工需求，同时根据建筑的尺寸不同，某些情况下轻型脚手架也能被用做支撑结构。图 4.2.13 展示了 1953 年在捷克斯洛伐克的俄斯特拉发市，某项目装配施工时使用的可移动脚手架。该项目原计划覆盖体育馆的宽 32.2 米、长 41 米、高 12.4 米的钢结构屋顶，被"佐林格建筑系统"的轻质木结构所取代。铺在 17.8 米半径拱形屋顶上的薄板长 1.8 米，横截面是 27.5 厘米 ×4.5 厘米。

由于出现大量重复使用的标准尺寸构件，因而构件的替换变得相当简单。另外，在结构框架内允许开窗和预留洞口，只要保持在一定间距范围内就不会影响正常荷载传递，

"佐林格建筑系统"评价

该系统除了具备建造方便和装配快捷等优点外，造型简练、结构严谨的几何式构图也使其具备了让人耳目一新的结构美学特点。为了满足技术和功能需要，尽管大部分屋顶最终被覆盖起来，不能将其结构的美学呈现给使用者，但从预制装配式建筑发展的意义上来讲，该系统创造了独一无二的结构解决方式。相对于矩形结构，"佐林格建筑系统"构件之间精巧的搭接，和连接部位巧妙地处理，共同组合而成的高效建造体系，以相对简单结构方式和极具创意的设计构思，呈现出全然不同的建筑形态。

在同一时期，预制装配式建筑领域进入到开创性发展阶段。康拉德·瓦西斯曼（Konrad Wachsmann）作为工业化预制结构体系的开创者之一，也是一位极富创造力和艺术表现力的建筑师。他在 1926 年至 1929 年作为"克里斯托弗＆温玛克"公司首席建筑师期间，通过与生产厂商紧密

图 4.2.13　1953 年捷克斯洛伐克的俄斯特拉发市，某体育馆屋盖结构的装配顺序
资料来源：萨加克，1952 年

合作，积极改进制造方式，推动了施工建造和结构体系的创新。在公司的支持下，他完成了大量的建筑项目，获得了公众的广泛认可。1929 年他接受委托，负责设计阿尔伯特·爱因斯坦位于在德国波茨坦市卡珀斯的夏日住宅，这也是他早期的代表作品。在康拉德·瓦西斯曼作为建筑师执业的开始阶段，正值第一次世界大战期间，战争给德国经济社会带来巨大创伤，战后经济恢复非常缓慢。缓慢的经济增长制约了工业发展，但是，康拉德·瓦西斯曼仍以他的杰出创造力，克服各种困难，在非常不利的社会经济条件下，顺利完成大量不同尺度和功能的建筑项目，推动了木结构建造技术和预制木结构体系的发展。

"通用板建筑系统"——康拉德·瓦西斯曼 & 沃尔特·格罗皮乌斯，美国洛杉矶，1945 年

1932 年德国陷入社会动荡和政治混乱的漩涡中，康拉德·瓦西斯曼通过一项研究计划的经费资助移居意大利。在侨居意大利的六年间，他以超凡的设计才能和艺术表现力，游走于建筑与艺术的边界，同时也对预制装配式建筑有了新的思考和尝试。1938 年他离开意大利前往巴黎。

在法国居住的三年间，他的"板式建筑"综合解决方案问世，他将该系统命名为"法国计划"。该系统聚焦于装配与拆卸的创新策略研究，通过研发"Y"型金属连接构件，将三个构件或预制板进行有效连接。在建筑内部可以通过该连接构件，将相邻的预制墙板和楼板进行连接，共同组成完整的建筑空间。图 4.2.14 展示了这种连接装置的等轴测图，这就是著名的"通用板建筑系统"的早期原理。

为了解决连接构件交接部位搭接问题，墙体和楼板的边缘处被加工成 45° 斜角（图 4.2.14）。该连接构件由五部分组成，从而使该构件受力均匀、连接稳固。同时外围的木框架保证了荷载的均匀传递，当预制板作为墙板和屋面板使用时，需要附加保温层和防水层，同时进行相应的耐久性处理。

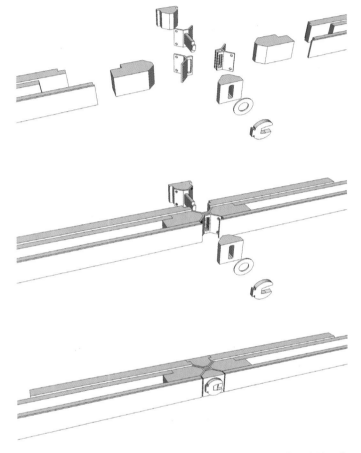

图 4.2.14 康拉德·瓦西斯曼于 1939 年设计的"法国计划"住宅体系中的主要连接部分
资料来源：格拉茨和海恩布赫，2014 年。根据瓦西斯曼 1959 年的资料，© 斯图加特大学建筑结构研究所

随着第二次世界大战在欧洲的逐步升级，瓦西斯曼离开巴黎来到美国。在美国期间和著名建筑大师沃尔特·格罗皮乌斯的合作，极大地影响了他之后的作品。在格罗皮乌斯的帮助下"法国计划"得到了进一步完善，同时也促进了更先进的"成套住宅系统"，及其随后的"通用板建筑系统"的诞生。瓦西斯曼在位于格罗皮乌斯住宅的地下室改造的办公室内，对原有方案进行了调整优化，针对相关技术难题进行超前研究的基础上，于 1942 年推出"法国计划"的升级版，并正

式命名为"成套住宅系统"。调整改进后的建筑系统，将预制楼板、墙体和屋顶进行有机组合，形成了完整的一体化集成方案。该建筑系统的连接方式与"法国计划"的连接方式相似，通过内置的金属连接装置实现预制构件的三维连接（赫伯特，1984，pp. 248 ff.）。1942 年 5 月，"成套住宅系统"获得专利认证。瓦西斯曼作为一位具有超前意识的建筑师，他敏锐地捕捉到技术进步和工业化发展对建筑业产生的深远影响，并坚信只有通过创新的技术思维，实现技术集成和一体化建造，才是未来建筑业发展的必由之路。

吉尔伯特·赫伯特（Gibert Herbert）在其著作《工厂制造家园的梦想》（The Dream of the Factory-Made Home）中，对"成套住宅系统"作出评价。他提出，要将"成套住宅系统"作为建造体系和设计体系加以区分的观点。从建造体系的角度来观察，它被视作一套完整的封闭体系。就是说，它的体系相对独立……，它不能……轻易地和标准门窗进行组合……，也不能适应当时工业规范……。例如，48 英寸宽的胶合板与 3 英尺 4 英寸工业标准模数是矛盾的（赫伯特，1984，p. 255）。

尽管该系统保证了经济高效的建造需求，并提升了构件和建筑性能，但从设计体系的角度来观察，"成套住宅系统"由于受到标准化模数网格和固定面板尺寸的限制，对设计自由度和用户接受度会有一定影响。最理想的预制装配式住宅系统，应该在多种构件类型可供选择的基础上，以实现灵活设计为前提，通过系列化标准构件的组合，满足不同客户对不同建筑产品的需求。瓦西斯曼的工作已经朝这个目标迈出了坚实的一步，当然在他所处的年代，有这样的成果已实属不易，他的开拓性工作为后来的研究者指明了方向。图 4.2.15 展示了"成套住宅系统"在施工现场的建造过程，由于大量使用轻型构件，通常只需两三个工人就可以轻松完成一座建筑的装配工作。

受到瓦西斯曼发展工业化建筑，积极转变建造模式信念的鼓舞，格罗皮乌斯也积极投身其中，并给予了他很大的帮

图 4.2.15 "成套住宅系统"的装配和建造
资料来源：未知

图 4.2.16 多角度预制板安装过程中金属连接构件的工作原理
资料来源：格拉茨和海恩布赫，2014 年。根据瓦西斯曼 1959 年的资料，© 斯图加特大学建筑结构研究所

助。1942 年 9 月两人携手在纽约皇后区成立了"通用板公司"，专门从事预制装配式建筑领域的研发工作。随着研究的深入，瓦西斯曼扩展了成套板式结构构件的产品体系，同时重新设计了楔形金属连接构件以提高预制装配效率（瓦西斯曼和格鲁宁，2001）。

该楔形金属连接构件是由四部分组成，两个完全相同马蹄形金属件和两个相互交替的固定挂钩，能同时实现水平和竖直四个方向连接，并能保证结构稳固。金属连接构件预埋在预制构件中，降低了施工现场装配工作的复杂程度，在不需要多余的安装材料和搭建脚手架的情况下，实现了快速装配和建造（瓦西斯曼，1959, pp. 136 ff.）。图 4.2.16 展示了预制板安装的金属连接构件的工作原理，可以实现不同方向的连接。

在瓦西斯曼的著作《建筑业的转折点》中，强调了建筑师、生产厂商之间联系的重要性，提出通过整合设计、生产、施工和运营等环节，实现建筑业生产方式的变革。在该书中，他也总结了相关经验，并将其理论和实践进行了系统化阐述。针对标准构件，瓦西斯曼提出在符合美国建筑产品标准和尺寸基础上，选用的板材尺寸参照英制度量衡。标准的板材选用 40 英寸 ×96 英寸（相当于 1.02 米 ×2.44 米），同时遵循尺寸为 40 英寸的模数网格。每个构件都根据美国标准单位 4 英寸（相当于 10.16 厘米）进行设计和生产。

金属连接件制造采用最新的铣削技术，将其在预制构件批量化生产过程中进行安装。标准化的尺寸，简化统一的连接技术，使建筑的开洞、组合、拆分等建造过程，具备相当大的灵活性。根据当时的建筑规范，管井要竖直设置并贯穿

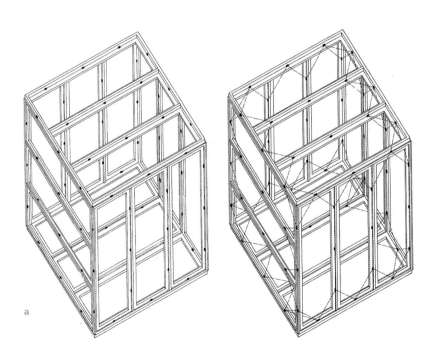
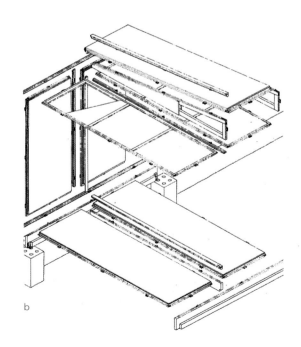

图 4.2.17 （a）展示了金属连接构件和连接位置的结构框架
（b）三维视图展示建筑构件的空间关系
资料来源：通用板公司，纽约，瓦西斯曼，1959 年

整个建筑，冷热水管及卫生间管道要在墙板安装的过程中一次性完成。因此，在预制构件加工过程中，不仅需要预留设备管线的位置，而且还需要考虑相关机械设备的安装条件。在预制装配式建筑中，尽量实现平面布局的多样化，以满足不同使用者的需求（瓦西斯曼，1989，pp. 140 ff. ）。

图 4.2.17 展示了立方体的木结构框架模型。左侧的轴测图展示了放置金属连接构件的位置，右侧的三维透视图展示了建筑构件的空间关系。

预制构件的生产需要新技术和新设备投入。在经过四年研究与试验的基础上，瓦西斯曼和格罗皮乌斯在外部投资的支持下，于 1946–1947 年间在加利福尼亚州洛杉矶附近的伯班克，开设了第二个预制构件工厂。最新铣削机械和先进配套设备的投产，不仅提高金属连接构件的生产效率，同时也提高了预制构件制造精度和生产速度。该工厂建成当年便具备了年组装 1000 套住宅的产能。

第二次世界大战结束后，美国新建住宅的需求量非常大，尽管通用板公司的生产和销售早已开始，而且也得到了国家资金的支持，但是通用板公司营业额增长有限。（赫伯特，1984，pp. 275 ff. ）。

位于伯班克的预制构件工厂，通过大型实验模型（测试样机）和展示原型（建筑原型）的建造，完成了生产线的调试。并于 1947 年 7 月开始了预制构件的生产工作。图 4.2.18 展示了当年加利福尼亚州伯班克工厂里的生产设备。

伯班克的生产线设计是经过缜密的构思和规划。在复杂的自动化生产线基础上，进行了很多具有争议性，但又极具创新精神的尝试。首先在高度自动化、集成化原则的指导下，将预制构件生产线根据需要，进行搭配组合，推动了标准化构件的生产。其次通过使用固定模具，提高了产品精度，同时保证技术标准的统一性。这座建立在自动流水线的工厂，具备的每年 10000 套房屋的产能是非常惊人的。

根据瓦西斯曼的设计意图，以及对于预制构件生产流程的看法，在预制构件生产过程中，特别注重预制构件局部和

图 4.2.18　通用板公司，加利福尼亚州伯班克工厂，1947 年
资料来源：通用板公司，纽约，瓦西斯曼，1959 年

装配式建筑整体之间的关系，将一体化建造的思路在构件生产过程中进行贯彻，同时将建造过程进行有机融合，使之成为一个整体（赫伯特，1984，p. 290）。

与同时代的施工现场状况相比，伯班克预制构件工厂仅需少量的工人就能完成生产。特别是随着先进机器设备的使用，自动化构件生产成为可能，从而减少了备料、加工、生产、仓储等环节的人工需求（图 4.2.19）。据估算，年产 10000 套房屋的生产任务仅需 500 名工人即可完成。

为了更好地指导现场施工，瓦西斯曼专门编写了建造指导手册，详细介绍施工建造环节的技术要点，以指导快速施工。预制构件在工厂生产完毕，运送到施工现场后，五名没有经过职业培训的工人，在建造指导手册的帮助下，可在一天之内完成装配工作。图 4.2.20 展示了 1946 年在纽约皇后区，通用板公司的预制房屋装配和建造过程。

图 4.2.19 （a，b）操作铣削设备的工人；（c）木板裁切工序
资料来源：通用板公司，纽约，瓦西斯曼，1959 年

当代影响和发展局限性

在 20 世纪 40 年代，创建一套完整的预制装配式建筑体系是一项极具挑战性工作。其难点不仅包括预制楼板、墙体、屋面板这些构件的生产，同时还包括了厨房、卫生间、设备用房等配套部分的生产与组装。虽然，生产设备的布置、生产过程的协调、构件部品的生产等环节，和其他工业生产领域的情况非常类似，但瓦西斯曼在创建预制装配体系的过程中，通过极具前瞻性的设计，将高效合理的机械化制造方法，同创新的建造方式进行融合，实现了重要的开创性突破。但是，当时的美国民众对于该系统的接受度仍然较低、需求量有限，导致生产设施并没有发挥应有的作用。究其原因，虽然该体系技术先进、构件质量很高，但没有办法给用户提供灵活多变、具有个性化定制的建筑方案。这是由于使用的材料对于生产方式的依赖，导致了预制构件生产不能超出 40 英寸 ×96 英寸的板材尺寸范围。

瓦西斯曼的预制构件产品系列具有一定的局限性，很多理念和设想在当时的条件下没办法实现，只能在相对有限的范围得到应用。尽管设计了三维构件，但是受到当时生产标准的限制，并没有充分发挥构件潜力。为了进一步提高该系统的适应性，增加建筑灵活度，需要对几何支撑体系进行深入研究，从而推进了建筑和建造方案的更新换代。为了深入分析和评判瓦西斯曼的设计特点，图 4.2.21 到图 4.2.25 展示了其他建筑师对于瓦西斯曼设计思路的分析和研究工作，以进一步扩展建造体系，增加建筑适应性，和建造过程的灵活度。

瓦西斯曼在属于他的时代，为预制装配式建筑发展开拓了一条新的道路。后辈的建筑师们沿着他的足迹，充分吸收其思想精髓，结合最前沿的设计手法，通过现代化的工具和制造设备，在瓦西斯曼成果的基础上，实现预制装配式建筑领域新的突破和创新。

安格洛娃和波伊内特（Anglova and Poinet，2014）进行了建筑围护结构与建筑网格变量的适应性研究。在曲面

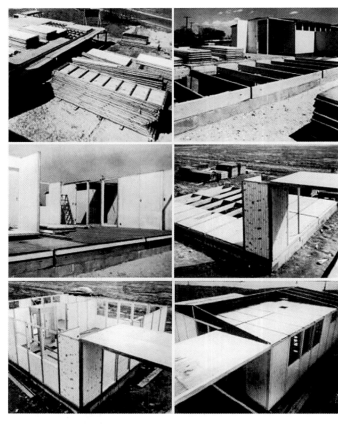

图 4.2.20　1946 年，纽约皇后区通用板公司的预制房屋装配和建造过程
资料来源：通用板公司，纽约，瓦西斯曼，1959 年

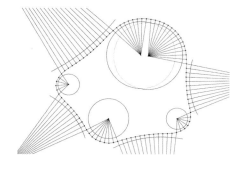

图 4.2.21　建筑围护体系的系统化研究；圆形网格尺寸变化的适应性分析
资料来源：安格洛娃和波伊内特，2014 年，© 斯图加特大学建筑结构研究所

幕墙结构体系的基础上，通过改变网格曲率半径使得构件排布与之相匹配。同瓦西斯曼的体系相比较，该方法在交接处使用了约束连接构件，可实现幕墙结构的多角度变化。

如果应用瓦西斯曼的体系来建造，例如，西班牙建筑师高迪"米拉之家"之类的异形平面的作品，意味着瓦西斯曼的体系必须重新定义连接部分。贝萨卢和布鲁尼亚罗（Besalu and Brugnaro）在瓦西斯曼经验的基础上，发展了一套既能保证建筑系统自由度，又能大量应用标准化构件的方法。和安格洛娃和波伊内特的方法类似，为构件交界处的角度变化提供较大的灵活性。同时为了减少误差，便于施工建造，通过设定角度变化的范围参数，来控制角度变化区间。范围参数的设定，需要借助计算机模拟手段，来研究建筑结构体系与空间结构的适应性变化。随着建筑平面的变化，带来连接构件的变化，周边预制墙板也随之变化，从而增加了建筑外立面多样性，但水平和竖直构件关系，以及整体建筑结构支承体系不发生变化。

该方法也衍生了一套构件产品（图 4.2.23），其中包括不同的预制板形状、特殊角度的连接构件，以及作为结构体系一部分的承重柱。通过限定角度变化范围参数，控制了构件数量和可能的变化区间，将有助于提高生产效率和改进装配方法，同时也将有助于增加结构体系的自由度和设计灵活性。

为了对比其他建筑材料在预制装配式建筑中的应用，下一节将介绍钢材和钢结构体系。与介绍木材和木结构体系的思路类似，届时将针对建筑方法，体系原理、构造方式和装配方法等方面内容展开叙述，同时也将对典型的建筑案例进行分析。

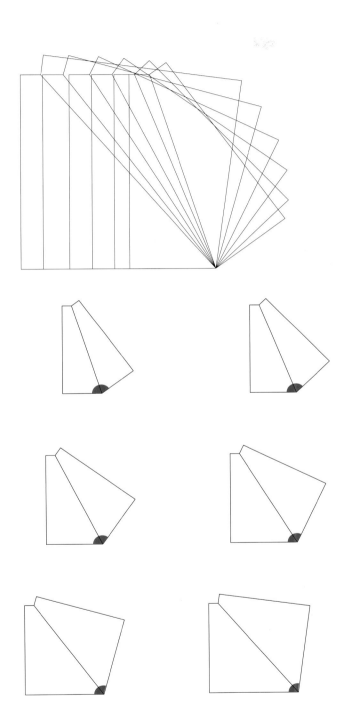

图 4.2.22　角度变化增加了设计自由度
资料来源：贝萨卢和布鲁尼亚罗，2014 年，© 斯图加特大学建筑结构研究所

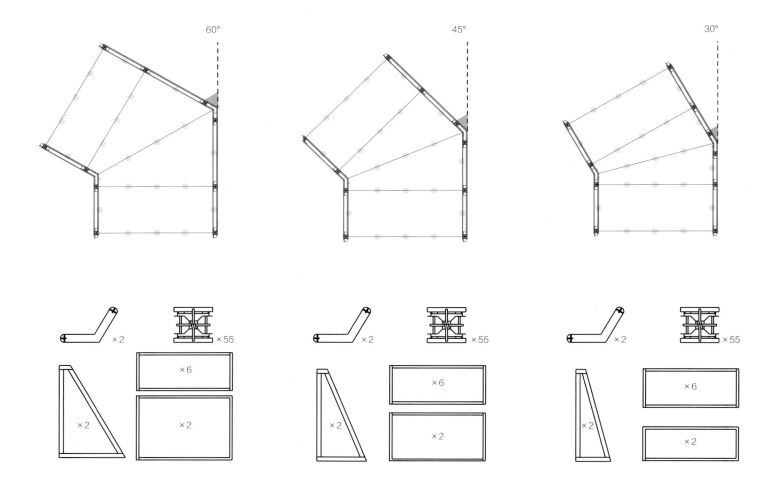

图 4.2.23　构件产品目录中的结构构件

资料来源: 贝萨卢和布鲁尼亚罗, 2014 年, © 斯图加特大学建筑结构研究所

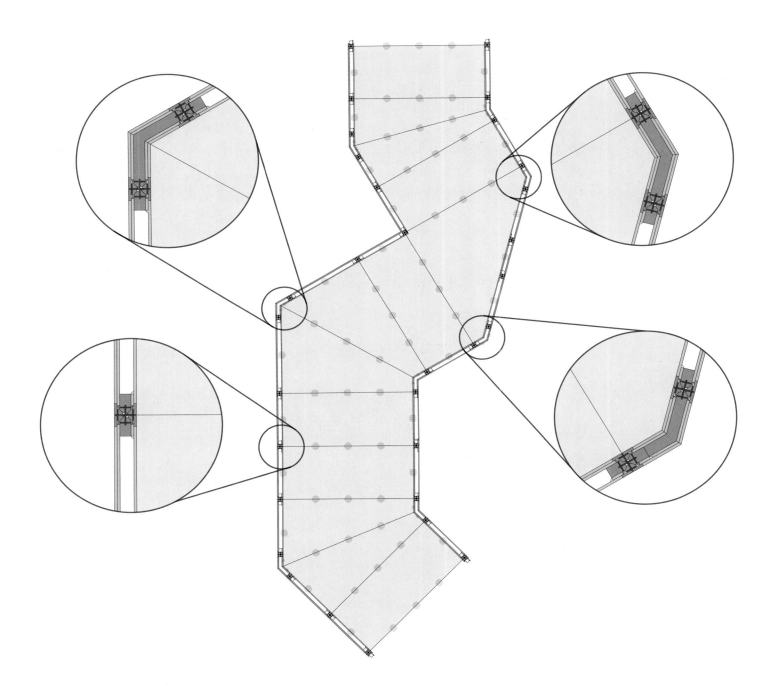

图 4.2.24 预制板的连接方式适应平面布局变化
资料来源：贝萨卢和布鲁尼亚罗，2014 年，© 斯图加特大学建筑结构研究所

4.3　钢材与钢结构

在第二次工业革命的推动下，20 世纪初期钢材和钢结构在住宅建筑领域得到了应用。不过，钢材的系统化应用，以及钢结构在公共建筑中的使用，则早在 1851 年约瑟夫·帕克斯顿（John Paxton）为世界博览会建造的水晶宫时就实现了（Lenze and Luig, p. 3）。该建筑作为现代建筑史的里程碑，标志着钢材作为新型建筑材料登上了人类建筑活动的舞台。钢材以其轻质高强、安全可靠的特性，大大加快了建造过程。

水晶宫——约瑟夫·帕克斯顿，英国伦敦，1851 年

水晶宫是在 19 世纪中期完成设计和建造的。尽管当时钢材和玻璃等建筑材料的质量，和今天还是有很大差距，但是这并不妨碍水晶宫，这座钢材和玻璃的"宫殿"，成为世界建筑史上具有划时代意义的著名建筑，直到今天看起来仍是极具感染力的作品。巧妙的设计、创新的材料、精确的装配，使这座大型建筑得以在伦敦海蒂公园世界博览会开幕之前，以最短的时间建造完成。这座建筑的出现超越了之前的其他建筑，除了超常的建筑尺度以外，在建筑设计中摈弃了古典主义建筑的装饰风格，展示了全新的建筑美学，以轻、光、透、薄的建筑特点开辟了人类建筑史的新纪元。

设计方法和结构材料

该建筑系统以重复的矩形网格为基础，采用铸铁柱和钢梁为主要结构材料，使用了大量重复生产的标准预制构件。由于考虑到博览会结束后，要进行整体搬迁并重新安装，因此快速装配和简便拆卸是设计时考虑的主要问题，这也是帕克斯顿赢得设计竞赛的决定性因素。

该建筑的结构体系有双重用途：一方面，钢结构支撑的刚性框架，便于博览会展品在楼板和顶棚间自由移动，方便布展；另外一方面，钢结构对于屋顶和外围护结构起到支撑作用。

在水晶宫建造时，英国钢材的生产规模非常有限，直到

1856 年贝塞麦炼钢法出现之前，碳钢生产一直维持在较低的水平，而且质量一般。因此，铸铁和锻铁作为常见的预制构件材料，在建筑工程项目中得到使用。在水晶宫建造过程中，通过人工挤压塑形的铸铁制品作为连接构件，将铸铁梁和铸铁承重柱进行连接，承重柱的底座经过处理，被固定在混凝土地面上。

该项目因其创造性的使用了玻璃和钢而著名，但建筑结构中也使用了大量木材。为了实现透明的屋面系统，木支撑梁架或桁架被广泛使用。在连接支架中使用了橡木片作为垫片，用来承受结构部件的扩张预应力。在现场切割、修剪、打磨和喷涂这些木结构材料过程中，也使用了特制设备，以提高制造质量和安装效率。

约瑟夫·帕克斯顿通过多年温室建造积累的经验，预见到以玻璃和钢铁为材料建造大型建筑的可能性。在水晶宫建造过程中，这些建筑材料的成功组合运用，出现了意想不到的建筑效果。简洁明快的造型、秩序井然的空间，预示着建筑设计向简洁性和功能性发展的新方向，直接推动了英国"工艺美术"运动的产生。除此之外，创新的建筑系统和高效的建造过程，也预示着工业革命将对建筑业带来的变化。

构件尺寸确定了建筑造型

在水晶宫建造过程中，大量运用了预制的标准构件，特别在屋顶系统进行了大胆的创新和尝试。通过大面积玻璃板的应用，确定了展馆结构的柱网分布，同时也确定了主支撑体系和辅助支撑体系的尺寸，从而对建筑比例与建筑造型产生了巨大的影响。在当时，尺寸超过 4 英尺的玻璃板，不仅制造成本高，而且安装困难，因而确定了 10 英寸宽，49 英寸长的玻璃板作为标准构件使用。因此，可以说整个建筑的造型和大小，是由玻璃板供应商和其提供的标准构件决定的。展馆建成之后，玻璃板屋顶共覆盖了 6.4 公顷的室内空间。玻璃板组合而成的"山脊和山谷"，以缓坡的形式镶嵌在屋顶上。位于"山谷"处预制屋顶和排水沟，与"山脊和

图 4.3.1　1936 年在伦敦南部重新装配建造的水晶宫
资料来源：帕克斯顿，1994 年

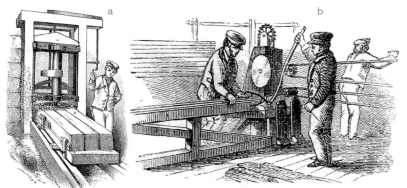

图 4.3.3　（a）使用蒸汽机驱动的铣床设备；（b）制作排水沟的切割设备
资料来源：弗雷梅尔特，1984 年，pp. 31 ff.

图 4.3.2　建造完成后的展厅内部
资料来源：麦基恩，约瑟夫·帕克斯顿出版物，1994 年

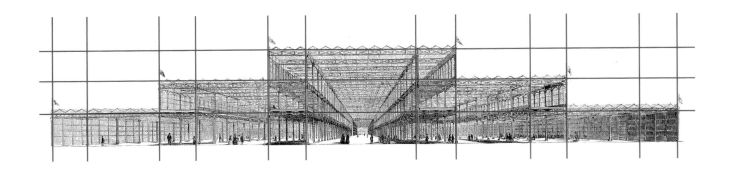

图 4.3.4　结构网格叠加而成的建筑立面
资料来源：帕克斯顿，1994 年

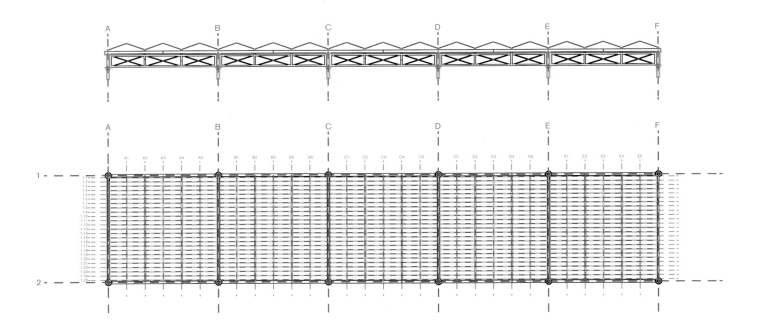

图 4.3.5　结构体系的立面图（上图）和平面图（下图）
资料来源：弗雷梅尔特，1984 年，pp. 31 ff.

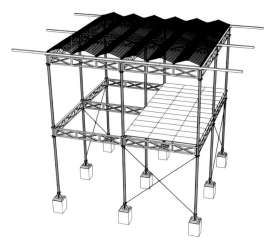

图 4.3.6　48 英尺 ×48 英尺的建筑局部的三维模型，及相关的结构构件，如柱、梁、基础、横向支撑、楼板和屋顶等
资料来源：鲁森奥瓦和沃尔科夫，2015 年，© 斯图加特大学建筑结构研究所

图 4.3.7　屋面结构体系安装工作：（a）玻璃窗的安装及屋顶排水沟的设置；（b）使用滑车系统进行梁柱结构的安装
资料来源：弗雷梅尔特，1984 年，p.30；19

山谷"共同组成了玻璃板标准模块。重复出现的组合标准模块使整体屋面系统，不仅造型美观，而且具有实际使用功能。屋面系统玻璃板的安装，对于展馆空间有重要的意义，除了根据玻璃板尺寸，可以确定屋顶其他部分尺寸的功能外，玻璃板的使用也保证了展馆室内的照明需求，开创了屋顶采光设计的新尝试。

受到当时机械设备和工艺水平的限制，承重柱等构件在预制加工方面受到较大制约，无法发挥钢构件的材料性能。水晶宫的建造过程中，将预制承重柱均匀分布在以 24 英尺（约合 7.32 米）为模数的轴网体系中，连系梁跨度为 24 英尺，48 英尺或 72 英尺（约合 7.32 米，14.63 米，或 21.95 米）。如图 4.3.4 所示，正交轴网体系的确定，创造了大跨度的展示空间。具体的跨度尺寸，取决于相应展厅的功能和使用面积。由于建造时间有限，预制构件的标准化和重复使用率，对于装配工作的效率变得非常重要。为了满足设计和建造周期不能超过 8 个月的要求，约瑟夫·帕克斯顿在水晶宫建造伊始就进行了有效的规划，并开展目标导向性明确的工程管理。事实证明，水晶宫作为世界上第一座由预制标准构件装配起来的大型建筑，预示着建筑业逐步走向工业化生产和装配化建造的道路。

图 4.3.6 展示了水晶宫建筑中 48 英尺 ×48 英尺的建筑局部。在这个矩形的网格范围内，可以清晰地看到相应的结构配置，展示了建筑荷载从屋顶通过承重柱传递到建筑基础的过程。设置交叉支撑以及铺设预制楼板，都增强了建筑结构抵御侧向荷载能力。

装配和性能

水晶宫建筑的预制构件，主要在工厂预制完成后运往施工现场。在构件预制同时，施工现场的准备工作也同步展开。与当时大多数建筑建造方式不同，在远离施工现场的工厂完成构件预制，本身就是一项具有开创意义的工作。约瑟夫·帕克斯顿根据需要，整合了与预制构件相关的铸铁工厂、玻璃工厂等。这些工厂提供的大量标准预制构件，加速了建造过程。还有部分的预制构件，如窗框和脊垫板等木制构件，是在施工现场通过便携式设备加工完成。在施工现场使用箱子和滑车系统，实现了轻质构件的快速运输，也为工人的装配工作提供方便。由于承重柱、梁这些预制构件的尺寸较大，为了便于运输和施工现场开展工作，在工厂将这些预制构件进行拆解，运达施工现场后进行组装，并完成最终装配程序。约瑟夫·帕克斯顿在施工现场，开创性地使用蒸汽机辅助构件生产和建造工作。蒸汽机的使用大大提高了生产效率，加快了施工进度。他的创举是建筑史的重大突破，为建筑工业化发展奠定了基石（图 4.3.7）。

　　拆解的梁柱构件在现场组装过程中大量使用了锚定螺栓和连接构件。在屋面系统建造过程中，工人乘坐定制的轮式拖车完成了玻璃板的安装工作。这种简单的现场装配工作，可以由经过简单培训的非专业技术工人完成，只有在用熔铅封埋天沟时，才需要专业的水管工来操作。

　　图 4.3.8 展示了柱与安装支架（a）、安装支架与梁之间（b）的连接原理。在现场施工时，首先固定支架，并将柱和支架一起抬升到相应高度，然后将梁吊装到位，固定在支架之间，最后在连接处用橡木作垫片加以固定。

　　为确保施工建造的顺利开展，预制构件在生产过程中必须严格把控，保证质量。梁、柱构件必须按照现场组装的顺序进行生产，并及时做好标记，以确保施工现场正确装配。相较于同时期其他建筑，这座建筑的尺度和规模都相当庞大，在施工组织过程中需要调配大量的预制构件和其他建筑材料，这就造成了施工过程中出现了很多问题。例如，在屋面系统的建造过程中，由于预备的合适木材数量不足，使用了部分质量一般的木材替代。结果导致施工质量出现问题，特别是出现了屋顶渗漏和玻璃窗框接缝开裂等问题。

　　图 4.3.9 展示了屋面系统中玻璃板组成的标准模块的等轴测图（上图）。该标准模块由结构框架、玻璃板、木窗框及密封门窗的腻子组成。玻璃板既满足了室内采光、又起到

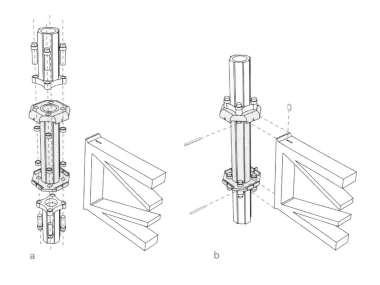

a　　　　　　　　　　　　　b

图 4.3.8 （a）柱与安装支架之间的连接原理；（b）安装支架和梁之间的连接原理
资料来源：弗雷梅尔特，1984 年，p. 30；19

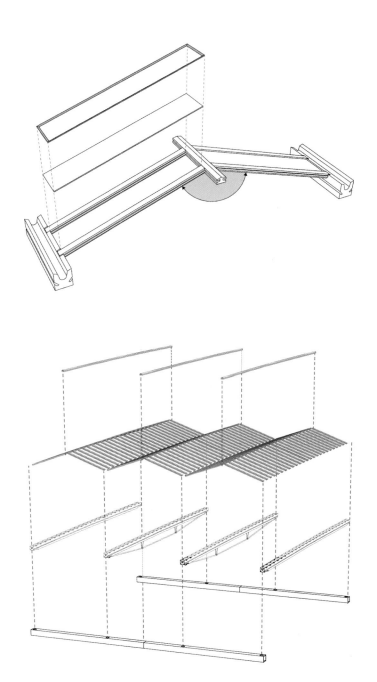

了屋顶加固和屋面排水两种作用。玻璃板斜下方的弧形水槽和预埋在空心柱内的排水管连接，通过有组织排水，及时地减少由于雨雪天气对屋顶系统的额外荷载。

回顾和总结

在 19 世纪的经济和社会条件下，能够克服建造过程的各种困难，顺利完成如此规模的建筑项目，本身就是非常了不起的成就。通过在水晶宫内成功举办当时世界上最大规模的博览会，同时安全可靠地接纳了史无前例的参观人流，使这座原本为展品提供展示空间的建筑本身，就成为第一届世界博览会上最成功的展品。该建筑结构体系的合理布置，实现了内部空间最大化，满足了展馆的使用功能。覆盖在屋顶的玻璃板，充分满足了建筑室内自然采光的需求。水晶宫的建造代表了当时建筑设计与工程领域技术创新的能力，也为大英帝国树立了艺术和工程技术完美结合的典范。当然，水晶宫并不是百分之百完美的建筑，它的规模与尺度也招致了公众的批评，指责这个巨大的玻璃盒子呈现的单调的外观和冰冷的质感。

围绕水晶宫的一系列话题引出了关于设计策略的讨论，例如：如何通过便捷的施工手段，最大程度提高建造速度？如何进一步增加建筑跨度和提高空间设计的灵活性？等等。纵观历史发展经验，建筑业的发展进步和建造过程的技术革新密不可分，并互相影响，施工过程中建造方式的优化，带来了建筑结构和技术性能的提升。约瑟夫·帕克斯顿积累多年"温室大棚"的设计经验，为他的建筑带来了技术创新，并将展览建筑的性能和功用发挥到了极致。

然而如此大体量的单体建筑，大量重复使用标准构件，在清晰传达设计理念的同时，也使建筑外观略显单调。为克服单调呆板的建筑形象，需要通过附加其他元素来提高建筑艺术性。

在随后的章节中，将介绍一个设计灵感源自水晶宫的案例。该案例中使用相同的构件完成了屋顶系统装配。在设计

图 4.3.9　屋面系统中玻璃板组成的标准模块等轴侧图（上图），包括结构框架、玻璃板、木窗框及密封的门窗腻子（下图）
资料来源：鲁森奥瓦和沃尔科夫，2015 年，© 斯图加特大学建筑结构研究所

图 4.3.10　20 世纪初重建的水晶宫的模型，强调了画廊延伸部分的拱形屋面

资料来源：水晶宫重建模型照片，德国法兰克福建筑博物馆举办的"从原始小屋到摩天大楼"展览

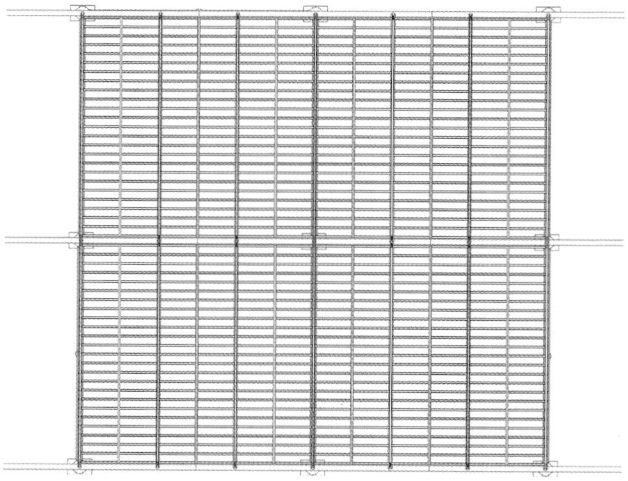

图 4.3.11　屋面系统模型突出了标准化模块设计，有助于优化设计和发挥结构性能

资料来源：鲁森奥瓦和沃尔科夫，2015 年，© 斯图加特大学建筑结构研究所

之初，根据功能需求和技术指标，采用模块化的建造方法，提高了屋顶系统的灵活度。该设计创意源自水晶宫造型优美的屋顶系统，旨在为使用者营造开放、灵活使用空间的同时，通过多种几何变形方案，展示屋顶系统设计的灵活度。该案例在优化结构系统的基础上，加强了侧向支撑，在完善屋面排水系统的同时，布置了相应的太阳能收集设备，通过应用太阳能将屋顶系统变成晶莹剔透的"水晶华盖"。

屋面系统的造型由构件尺寸决定，构件的预制和装配方法影响着方案的实施。在构件预制加工过程中，将构件制作成两种边长相同、顶角是 36° 或 72° 的菱形标准构件（图4.3.11）。"水晶华盖"是在这些标准构件的基础上，以五角形对称图案组合而成的双层复合球型几何造型。屋面系统的艺术造型既满足了结构设计要求，也限制了特殊规格部件和构件变体的应用。这样，在保证艺术造型完整性的同时，又增加了灵活性。图 4.3.14 展示了用透明玻璃板和不透明的铝塑复合板，以及相应连接构件组合而成的设计方案。

屋面系统是由鲁森奥瓦和沃尔科夫共同设计完成，在随后的图 4.3.16 至图 4.3.20 中，详细介绍该系统的实施细节，其中包括屋面系统的结构体系、支撑结构和玻璃面板的连接处理、混凝土柱基的节点构造和综合排水系统，以及详细的装配过程等。

为了提高预制装配的工作效率，所有结构构件和屋面预制构件均采用标准尺寸的常规建筑材料制作完成。这样，既保证预制生产工作效率，又保证了简便快捷的装配流程，同时还避免复杂结构体系和连接节点设计的出现，便于该系统的推广和应用。

最终呈现的屋面系统，在借鉴水晶宫设计思路的基础上，通过运用现代建筑材料和设计理念，将水晶宫造型优美、晶莹剔透的屋顶采光概念，用全新的方式进行诠释，实现了材料、功能、空间感的统一。考虑到目前的屋面系统，仅是建筑空间的组成部分，在未来应用的过程中，可根据实际需要进行深化设计，将多功能开放性的内部空间，通过附加外

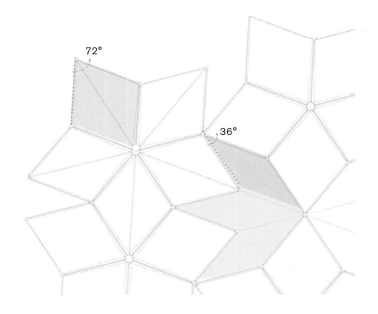

图 4.3.12 "水晶华盖"屋面系统模型
资料来源：鲁森奥瓦和沃尔科夫，2015 年，© 斯图加特大学建筑结构研究所

图 4.3.13 结构单元，用竖向支撑体系连接的玻璃构件
资料来源：鲁森奥瓦和沃尔科夫，2015 年，© 斯图加特大学建筑结构研究所

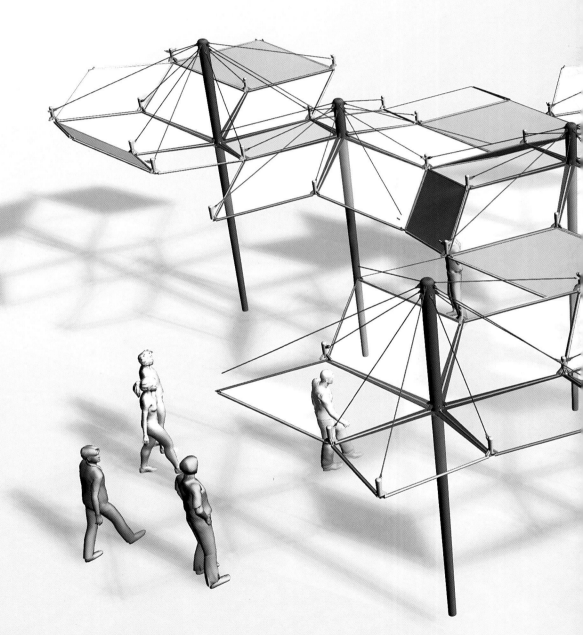

图 4.3.14　结构单元的有机组合，在实现最佳性能的同时，满足多种空间使用需求
资料来源：鲁森奥瓦和沃尔科夫，2015 年，© 斯图加特大学建筑结构研究所

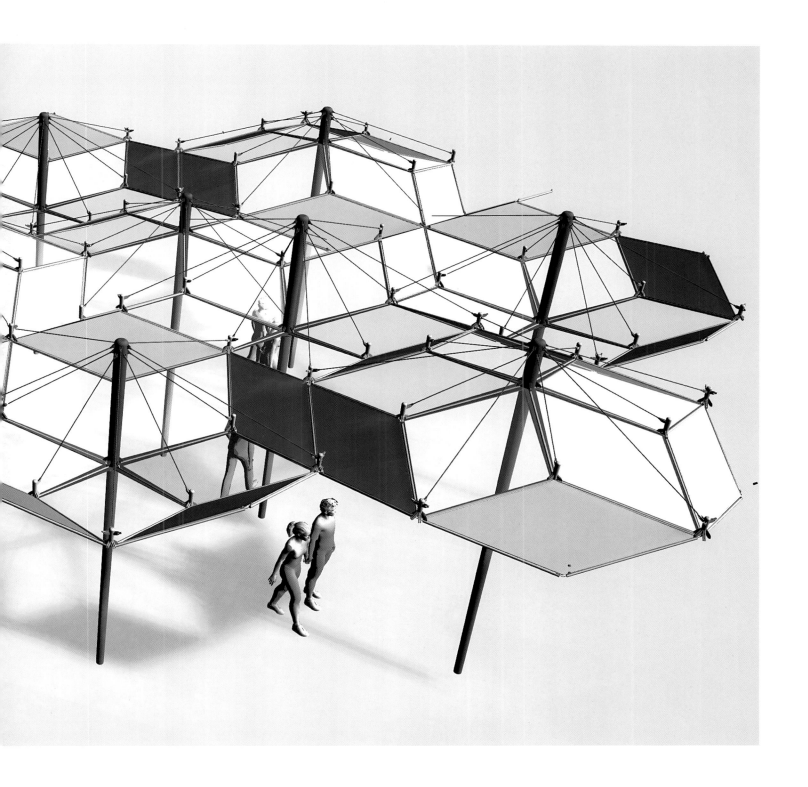

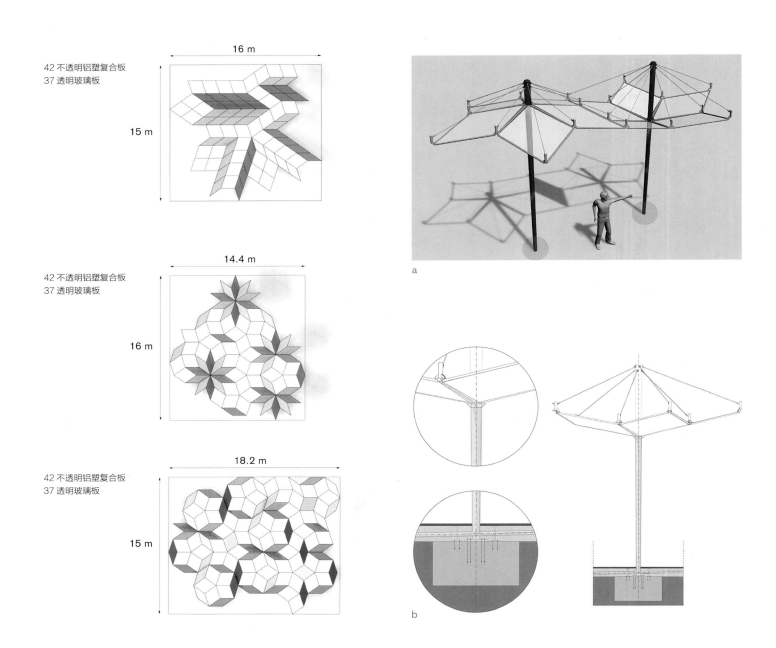

42 不透明铝塑复合板
37 透明玻璃板

42 不透明铝塑复合板
37 透明玻璃板

42 不透明铝塑复合板
37 透明玻璃板

图 4.3.15　多种几何变形方案，展示了屋顶系统设计的灵活度
资料来源：鲁森奥瓦和沃尔科夫，2015 年，© 斯图加特大学建筑结构研究所

图 4.3.16　（a）结构单元；（b）混凝土柱基的节点构造和综合排水系统
资料来源：鲁森奥瓦和沃尔科夫，2015 年，© 斯图加特大学建筑结构研究所

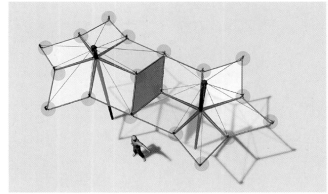

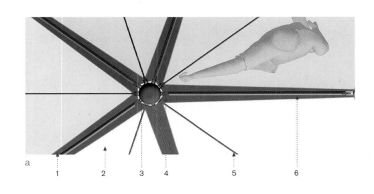

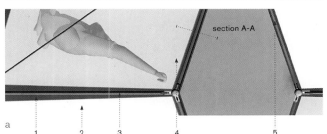

a

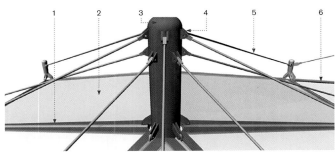

section A-A

a

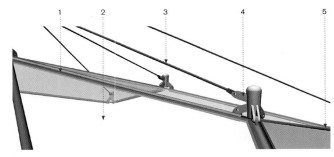

b

1. 框架
2. 玻璃
3. 柱子
4. 螺栓支架连接点
5. 直径 10 毫米的缆绳
6. 直径 42.8（无计量单位）的杆

图 4.3.17
（a）顶视图
（b）侧视图

资料来源：鲁森奥瓦和沃尔科夫，2015 年，© 斯图加特大学建筑结构研究所

b

1. 框架
2. 玻璃
3. 直径 10 毫米的缆绳
4. 螺栓支架连接点
5. 直径 42.8（无计量单位）的杆

图 4.3.18
（a）屋面结构的顶视图
（b）中间支撑的侧视图； 通过螺栓支架连接点支撑和缆绳的连接

资料来源：鲁森奥瓦和沃尔科夫，2015 年，© 斯图加特大学建筑结构研究所

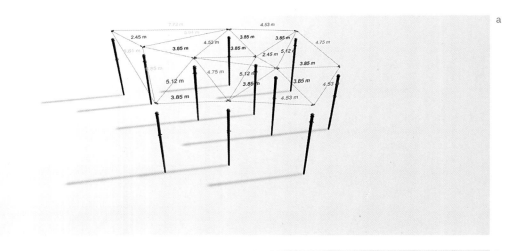

图 4.3.19　预制结构构件的装配流程
（a）安装主体支撑结构
（b）安装连接杆件
（c）安装螺栓支架
资料来源：鲁森奥瓦和沃尔科夫，2015 年，
© 斯图加特大学建筑结构研究所

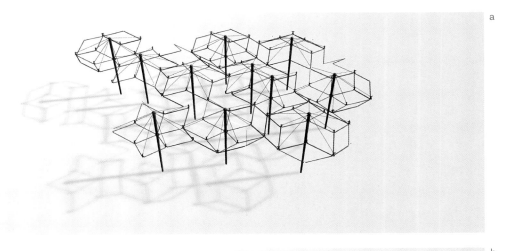

a

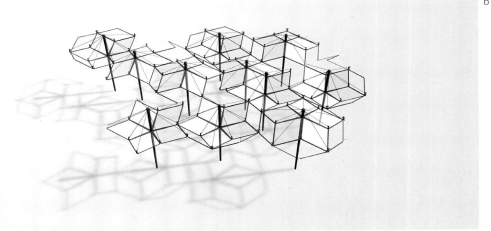

b

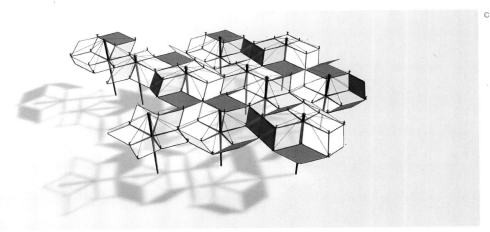

c

图 4.3.20
（a）安装支撑缆绳
（b）安装玻璃构件
（c）安装不透明铝塑复合板
资料来源：鲁森奥瓦和沃尔科夫，2015 年，
© 斯图加特大学建筑结构研究所

围护结构，从而形成一套封闭建筑系统。因此，"水晶华盖"设计方案，不仅可以独立应用，也可以通过结合其他结构系统，满足多种功能需求，具备相当大的设计扩展能力和方案灵活度。

19 世纪末钢在住宅建筑中的应用

由于建筑用途和建筑功能不同，因此在建筑材料运用和预制构件加工方面，在预制装配式住宅领域，水晶宫项目不能带给我们太多具有启发性的思路。然而水晶宫在建造过程中，系统化预制和装配流程的运用，显著提升了建造效率，拆解大型结构部件，通过工厂预制、现场组合装配的方法，至今仍然在预制装配式建筑领域广泛应用。

荣汉斯在其著作中指出，在 19 世纪初，铸铁和钢材开始作为建筑材料使用。最初主要集中在工业建筑领域，特别是作为承重柱和梁，以及大跨度厂房的屋面板或楼板等建筑构件应用。随着钢铁冶炼技术的提升，这种材料的优点开始显现，开始应用到其他建筑类型（惠特，引自荣汉斯 1994，p.16）。除了英国以外，美国也较早尝试把钢或铸铁应用到建筑中。早在 1848 年，詹姆斯·博加尔德斯就对铸铁在建造过程中的应用，产生了浓厚的兴趣，并将其应用于办公、商业和住宅等建筑项目中。随着铸铁应用范围的逐步扩大，铸铁和其他材料的组合使用，丰富了建造的手段，特别随着铸铁和玻璃的组合使用变得越来越普遍（吉迪恩，1965，pp. 151 ff.），推动框架结构和幕墙立面相结合的设计思路不断发展。

随着钢铁工业锻压工艺的发展，镀锌低碳钢薄片（俗称镀锌铁皮）的出现，加速了钢铁在建筑领域的应用。镀锌铁皮具有延展性较大、易于加工、不易生锈腐蚀等特点，因此在住宅建筑领域可直接用作外墙或屋顶的外侧保护层，也可以制成金属卷管和金属容器在住宅建筑中应用。最初，镀锌铁皮主要作为木制墙板保护层和饰面板使用，墙板和铁皮组合成型后安装在铸铁底座上使用，墙板的尺寸可根

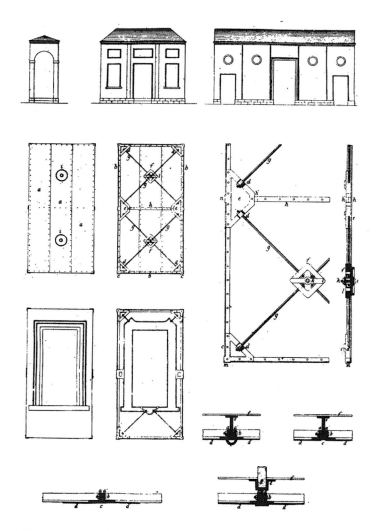

图 4.3.21　1845 年比利时工程师德拉维拉耶设计的金属板体系
资料来源: 瑞糟尔特；荣汉斯，1994 年, p. 18

据需要进行调整。这些墙板虽然加工制造简单，且运输方便，但在技术性能上存在缺陷，特别是外保温性能上的不足，阻碍了其在美国以及其他海外殖民地的应用（荣汉斯 1994，p. 17）。

轧制金属薄片首次在建筑领域中应用，出现在比利时。1845 年工程师德拉维拉耶在商业建筑和仓库的建造中

在德国，随着 19 世纪普鲁士王国的迅速崛起，实现了德意志民族的首次统一，带动了经济社会各方面的迅速发展，大规模兴建住宅成为当时最重要的建筑活动。但主要沿用传统的建筑材料，采用传统的施工方式进行建造，钢铁等新型建筑材料应用较少。据记载，在德国南部的纽伦堡，有少量使用传统材料和钢铁结合的建筑项目，这些建筑是在 1883 年完工的（荣汉斯 1994，pp. 27 ff.）。同一时期，在德国的海外殖民地也出现了少量应用钢或铸铁建造的住宅。

世纪之交

19 世纪末、20 世纪初，第二次工业革命的浪潮极大地推动了生产力水平的提高和科学技术研究的进步。在这一时期，预制装配式建筑领域迎来了许多突破性发展。德国著名的建筑工程师和社会活动家古斯塔夫·李林塔尔通过多年潜心研究，在其研发的模块化木构件于 1888 年获得专利授权后，将预制构件研究范围扩展到了砖、石、空心混凝土砖等领域。通过干法施工技术在建造过程中的实施，带动了预制装配式住宅的应用（李林塔尔，引自荣汉斯，1994 年，pp. 43 ff.）。古斯塔夫·李林塔尔创建的 Terrast 建筑公司，在他的领导下该公司完成了很多住宅项目，从轻型结构的度假别墅到砖石结构的传统住宅都有涉足。在这些类型众多，风格各异的项目中，他都尝试着将预制构件应用到建造过程中，积极推动建筑系统的发展进步，因此他设计建造的"Terrast"系列住宅，被公认为优秀的预制装配式建筑作品。在 20 世纪初，古斯塔夫·李林塔尔积极参与社会活动，在德国著名新教神学家弗里德里希·冯·博德施魏因的支持下，获得了广泛的社会知名度。他的公司积极参与解决低收入人群的住宅保障问题，积极研发能为社会底层民众所承受，以及满足迫于生计前往殖民地谋生的低收入人群需要的住宅。

古斯塔夫·李林塔尔研发的木框架建筑体系和美国的轻型木结构系统类似，但他将轻型结构和砖砌体为主的传统

图 4.3.22　古斯塔夫·李林塔尔研发的"Terramor"系统，由轻钢框架和钢筋混凝土柱组成。
资料来源：柏林州档案馆；荣汉斯，1994 年，p. 47-48

图 4.3.23　采用"Terramor"系统建造的独栋住宅
资料来源：柏林州档案馆；荣汉斯，1994 年，pp. 47-48

（图 4.3.21）将轧制金属薄片和木质结构墙板相结合。这些 2 米 ×4 米的"组合墙板"安装在铸铁底座的建筑基础上，通过结构墙体内部的缆绳张拉起到支撑作用。为提高墙体的保温隔热性能，黏土混合材料被用作保温材料填充在外墙板和内部结构的空腔之间（福斯特，1836-1918，pp. 110 ff.）。

结构进行了结合。同时积极寻找解决病虫害对建筑结构的危害，以及提高建筑结构抵御火灾的能力。这促使"钢柱+预制板"复合系统的研发，主要的做法是在钢柱内部填充砂浆，钢柱作为结构支撑体系，钢柱之间以固定间距前后设置两块预制板，保证预制板结构内的空腔（图4.3.22，图4.3.23）。1911年，该复合系统获得专利授权并被命名为"Terramor"建筑系统。该系统通过在巴西的测试，并进行了有针对性的改造和升级，可以在炎热的气候条件下，营造舒适宜人的室内环境。改进后的方案在1913年又获得专利授权。最终定型的复合系统方案，采用了轻钢框架结构内填充混凝土的方法，这也是德国建筑师在住宅建造领域首次尝试采用轻钢结构（荣汉斯，1994，pp. 47 ff.；"粉碎建造方式"，德国测量学协会，1919）。

随着巴黎世博会，法国工程师埃菲尔建造的著名铁塔惊艳亮相，建筑工程师们在目睹钢铁作为建筑材料，可以创造出如此震撼表现力的建筑之后，纷纷开始尝试将钢构件应用于商业建筑、办公建筑及仓库等多种类型的项目中。自此钢结构彻底改变了传统的建造模式，建筑设计的理念与方法亦随之嬗变。在当时的技术条件下，在低层或多层住宅建筑中，应用这种大体量的预制钢构件是不现实的，因而推动钢构件轻量化、标准化发展的过程中，如何将钢铁构件的材料优势在住宅建筑领域发挥变得尤为重要。德国建筑工程师海尔曼做了大量的尝试，研发了类似古斯塔夫·李林塔尔的"Terramor"预制板体系。该体系采用轻钢骨架作为承重结构，最初使用12-20厘米厚度的钢板作为面层材料。由于当时冶炼技术所限，钢板加工过程中混入的磁铁矿等物质无法去除干净，因而导致钢板严重翘曲无法使用（巴克豪森，1891，pp. 327 ff.）。为了解决钢板翘曲和面层保护问题，海尔曼于1888年使用轧制钢板作为面层材料，解决了这些问题，并将这个命名为"恒温系统"的建筑系统，开创了钢结构在低层住宅建筑中应用的先例。该系统的承重结构，采用结构柱和T型梁等轻钢材料通过螺栓连接而成，在轻钢

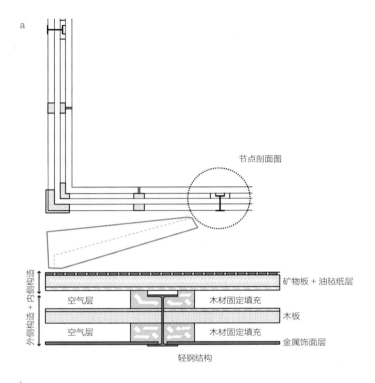

图4.3.24 （a）柏林魏森湖地区采用"恒温系统"建造的住宅结构横截面（b）柏林魏森湖地区由金属板材建造的半独立住宅

资料来源：（a）尤塔·阿尔布斯，2015年。根据荣汉斯，1994年；（b）荣汉斯，1994年，p. 51

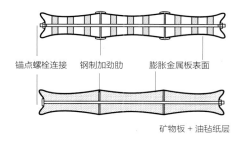

锚点螺栓连接　　钢制加劲肋　　膨胀金属板表面

锚点螺栓连接
膨胀金属板表面

钢制加劲肋
木板

矿物板＋油毡纸层

木板

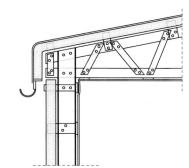

图 4.3.25 （a）墙板的水平／垂直横截面
（b）屋顶结构交接处
（c）独栋住宅，1931 年

资料来源：（a）尤塔·阿尔布斯，2015 年。根据荣汉斯，1994 年；（b）埃尔弗斯，根据荣汉斯，1994 年绘制，p.233

骨架结构之间，安装约 1 米宽的预制结构板。这种构造不仅具有优良的物理性能，而且保温和隔热性能也得到了大幅提升。该系统的墙体外侧由轧制钢板和内衬的硅藻黏土板结合而成，提高了建筑围护墙体的耐候性。墙体内双层木板之间有密闭的空气层，为了进一步提高绝缘性能，在双层板之间添加了一道纸毡层。为了防止热桥产生，结构柱的凸缘覆盖外墙板的连接部位，同时对结构柱做了相应处理，以防止冷凝与腐蚀（巴克豪森，1891，p.316）。

荣汉斯在其著作中指出，采用该建筑系统建造并保存至今的建筑案例位于柏林魏森湖地区，这座住宅建于 1888 年，目前状况良好。通过建筑外立面，可以清晰地看到预制金属板、结构柱、金属构件等明显的钢结构住宅的特点。该建筑目前还是使用中，内部空间还保留了当年的布局，例如画室或者阳台都朝向街道（图 4.3.24a，b）。

第一次世界大战给钢铁工业生产造成了很大的破坏，导致了在相当长一段时间内钢铁在住宅建设中的应用十分有限。大约在 1924 年，随着战后钢铁工业的进一步复苏，该类型建筑的研究得以继续，推动了钢结构建筑系统的发展。一方面，对预制板进行升级换代和性能优化，另一方面，随着预制框架结构研究的深入，扩大了钢铁的应用范围。钢铁冶炼和处理技术的改进，也使其作为外墙材料的性能得到进一步改进，墙体内侧填充的浮石、炉渣等轻质多孔材料提高了墙体的保温性能。战后，德国的预制装配式建筑得到大力发展，采用"交钥匙"建造方式，与传统建造方式相比，可节省 15% 到 20% 的造价。在西部的鲁尔区，当年由该地区住房协会建造的低层装配式住宅直到今天仍在使用。这些住宅的快速建造，极大地缓解了战后的住宅短缺（巴茨，1929，pp.415-417）。

钢结构不仅在预制住宅领域得到越来越多的应用，随着技术的发展，大跨度的空间结构也成为钢结构发挥作用的新领域。最著名的案例是，当时德国飞机制造行业，著名的领军人物雨果·容克，与包豪斯的建筑师合作，开发了类似"佐林格建筑系统"的屋顶结构系统，用于建造大跨度建筑和飞机库。该系统采用拱形结构，确保了支持系统具有足够的强度、刚度和整体稳定性，保证了结构体系的可靠性。1925 年左右，容克将他在飞机设计领域积累的经验进行转化，将飞机库设计建造过程中的材料组合、节点构造，以及一体化建造等内容归纳总结，并在民用建筑设计领域进行转化。1937 年他在建筑领域的设计专利面世。该专利实现了建筑一体化设计建造，支撑结构的梁、柱均采用钢材，建筑表面覆盖金属面板，为提高面板刚度和承载力，特殊处理而成的圆形凸起，成为该类型建筑最具标志性的外观特点。图 4.3.25 展示了该类型建筑的墙体结构和节点构造。目前现

存的唯一的该类型住宅建筑，是在 1931 年建造完成。该建筑在使用四年后，拆卸运至慕尼黑附近的阿拉赫区，重新装配起来并使用至今（荣汉斯 1994，pp. 229 ff.）。

钢结构建筑技术的进步以及工业化程度的提高，也吸引了包豪斯建筑师的关注。他们积极研究先进的建造方法对于建筑创新的影响，从中寻找规划设计和预制建造相结合的系统化解决方案。卡尔·菲格在 1923 年设计了圆形住宅方案。该方案实现了建筑面积和体积的最佳比率，在满足用户使用需求同时，将造价控制到可承受的范围。为便于施工建造和快速装配，建筑师设计了一套自承重的轻质墙板系统。承重柱与圆形环梁的组合能支撑这座 70 平方米住宅穹顶天窗（菲格，引自荣汉斯，1994，p. 251）。富勒等人在借鉴卡尔·菲格圆形住宅方案的基础上，提出了更激进的方案。该方案通过对建筑结构的优化设计，不仅能够提高建筑的安全度，而且能够满足建筑构件轻量化要求。该方案模拟轮胎原理，以中心柱作为主要承重构件，设置于结构体系的中心位置，环绕四周的水平支撑圆环的尺寸从底部向上依次递减，同时和交叉布置的钢缆编织成一座圆形穹顶。由于受早期飞机工业发展的影响，该方案选择了铝板和有机玻璃等轻质构件，因此，这座 97 平方米的住宅总重量仅为 3 吨（波利，1990）。图 4.3.26 展示了结构概念：横截面图（a）和承重构件等角视图（b）。

针对该建筑专门开发了类似货架的模块系统，来提高建造速度和装配效率，并通过室内功能分区，使室内空间得到合理利用。富勒的方案，借鉴了其他行业的成功经验，优化了能源管理及相关技术性能。为了改善密闭环境下的通风问题，借助屋顶的通风设施，将外部新鲜空气引入建筑中，实现了空气的持续交换。

虽然富勒的建筑理念仅停留在实验建筑的原型上，但他追求系统化设计和合理化建造的同时，践行了工业化生产制造的原则，对预制装配式建筑的发展具有积极的借鉴意义。

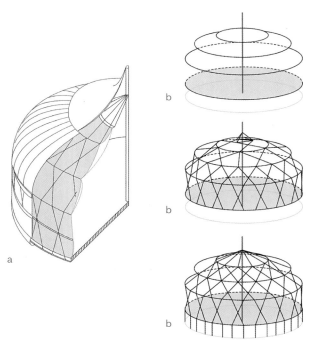

图 4.3.26
（a）结构横截面图
（b）主要承重构件：中心柱，水平支撑环，交叉布置的钢缆（从上到下）
资料来源：布拉斯贝格，2012 年，© 斯图加特大学建筑结构研究所

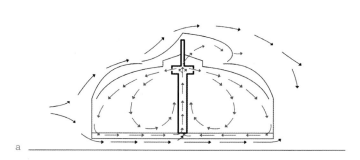

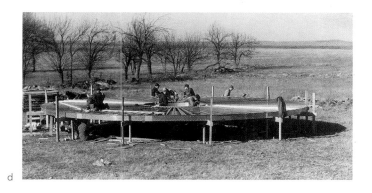

a

d

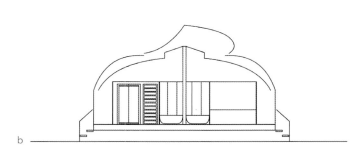

b

e

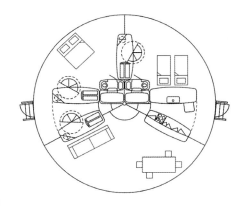

c

f

图 4.3.27

（a）室内空气交换示意图

（b）嵌入式家具模块

（c）室内空间分布的平面图

资料来源：（a-c）布拉斯贝格，2012 年，© 斯图加特大学建筑结构研究所；（d-f）富勒，1999 年，pp. 239-245

住宅工业化发展——让·普鲁韦，法国巴黎 1939 年

在装配式住宅发展历史中，让·普鲁韦（Jean Prouvé）是具有划时代意义的重要人物，他的出现标志着一个新时代开启。年轻时他是一名五金工匠，从 20 世纪 20 年代逐步进入家具设计领域，并涉足室内设计、建筑设计等相关领域。让·普鲁韦极具设计天赋，1929 年他就以自己的名字申请了第一个设计作品专利。同时他成功地将金属材料（钣金）的设计引入建筑领域，设计了如楼梯扶手、活动隔断、推拉窗、升降舱等一系列产品。1934 年，他设计的第一个标准化家具面世，这是由钢管和金属底座组装的椅子。从 1935 年他的第一个建筑作品面世以来，（帕特里克·赛金展览馆，2016），在随后的几十年职业生涯期间，他的设计涉及不同建筑类型，遍布不同建筑领域。他在寻找创新解决方案的同时，也推动了高科技材料的使用，和先进技术标准的推广。他的设计实践对预制装配式建筑领域产生了深远的影响。图 4.3.28 是按照设计和建造时间分类排序的，让·普鲁韦在不同时期设计的建筑作品。

让·普鲁韦在克利希地区设计的"社区之家"项目（社区活动和室内菜市场）始于 1935 年，经过四年设计深化和建造，于 1939 年竣工。1940 年，他又申请了门式钢架房屋设计专利。在同一时期，他设计的一系列"便携式房屋"获得一致好评。例如，1941 年的"可移动的屋子 BCC"和 1949 年的 8 × 8 的"可移动房屋"，以及在 1948 完成了第二阶段的"标准式房屋"，和 1949 年的"热带房屋"的设计（纳尔逊，2011）。

建筑设计起步阶段

在最初的设计阶段，他采用门式钢架作为建筑"标准配置"。门式钢架虽然是承重结构重要组成部分，却对建筑造型和外观有一定影响。从设计"便携式房屋"和"可移动房屋"开始，让·普鲁韦采用了创新的设计和装配方法，使用预制构件和简易连接方式，提高了预制装配效率满足了客户需求。

由于第二次世界大战之后钢材短缺，让·普鲁韦设计的"可移动房屋"墙板采用了木质外墙板。战后的能源短缺也带来了电力供应不足，这促使他与著名的瑞士建筑师皮埃尔·让纳雷（Pierre Jeanneret，即柯布西耶——译者注）合作研究如何最大限度地减少电力使用。

让·普鲁韦不断地对他的设计进行深化和改进，其中包括用金属面板替代木质外墙板。"可移动房屋 8×8"的复合围护结构，就是由外侧金属面板和内侧木结构框架复合而成。受到当时的压弯机设备（弯曲压力机）只能加工 4 米钢板的限制，让·普鲁韦将可移动房屋标准模块设计为 6 米 ×8 米或者 8 米 ×8 米（普鲁韦和胡贝尔，1971）。"默东房屋"系列也在同一时期推出结构系统更稳定，技术性能更加出色的升级版住宅，将其命名为"城市铝材房屋"。随后出现的"热带房屋"可以说是该类型建筑发展的顶峰。该住宅采用创新的设计手法，通过改进围护结构体系和承重结构体系，来提高建造水平、建筑性能和材料利用率。该住宅可以满足热带地区炎热和潮湿的气候环境下的使用需求，在建筑外立面设计中，通过引入标准化外墙板，在满足通风和制冷需求的同时，也使得住宅内部有充足的自然采光。图 4.3.29 展示了让·普鲁韦设计的住宅案例相关建筑构件等距视图，其中包括门式钢架、支撑梁、围护结构（木质墙板或者金属面板）、百叶窗、屋面板等部分。

"住宅工业化"设计转化和发展

在接下来 20 年间，让·普鲁韦专注于系统化建造原理研究，研发了预制装配式住宅建筑系列产品。1950 年，他开始研发"ALBA 系统—铝和混凝土组合系统"。之后，受客户委托，他在"ALBA"系统的基础上，陆续推出了"阿

1935 - 1944   1944 - 1949   1950 - 1954   1954 - 1969

图 4.3.28　让·普鲁韦的建筑作品，根据设计和建造时间进行分类

资料来源：© 帕特里克·赛金展览馆

贝·皮埃尔"系列住宅。第二次世界大战后，法国住宅需求较大，急需成本低廉、建造迅速的住宅解决方案，而"ALBA"系统设计较为成熟，可以根据客户需求迅速调整，设计与建造周期可缩减到六周（科雷森，1983）。

图 4.3.30 展示的"ALBA"系统的横截面，可以清晰地看到混凝土基础、楼板、卫生间模块、承重墙体、屋顶板，以及支撑屋顶系统的水平桁架等一系列建筑构件。该建筑系统，平面布局合理、功能分区明确，外立面设计采用了现代主义建筑设计手法，直线和弧线的造型变化，具有鲜明的时代烙印。该建筑系统建造过程中，首先在施工现场用起重机，将预制混凝土基础和金属面板围护结构进行吊装，接下来工人们可以在没有施工设备的条件下，完成包括整套卫浴设备的卫生间模块，和集成化厨房模块等室内设施的装配，最后安装屋顶结构，铺设预制屋面板，并与市政基础设施连接，最终完成建造工作。图 4.3.31 展示了住宅主要模块（a，b）和装配流程（d-f）。

该建筑系统的外围护体系，由外墙板和屋面板组合而成。外墙板由木框架结构层、隔热保温层和金属面板层组成。外墙板的顶部和底部通过 U 型管道构件，分别与屋顶部分和建筑基础连接，交接部位使用氯丁橡胶带密封处理，防止出现渗漏。外墙板之间，外墙板与门、窗和转角处等部位，也采取同样的防水解决方案。屋面板主要使用胶合板，在铺设好的屋面板上，铺设保温防水层，在最外层铺设并固定波纹铝板，最终形成整体性良好的屋顶系统。

在接下来的几年，让·普鲁韦进一步改进了该建筑系统，并在 1961 年塞纳韦的别墅项目进行应用。在别墅方案中，让·普鲁韦通过对建筑结构体系的调整，满足了形式多样、需求各异的建筑空间要求，提高了室内布局的灵活度。在方案中首次应用了具有指向性的弧形预制墙体，相较于"ALBA"系统，该方案的平面布局更加复杂和多样。改进后的建筑系统被让·普鲁韦命名为"Pannaux 房屋"系统。图 4.3.32 展示了塞纳韦别墅项目轴测图。

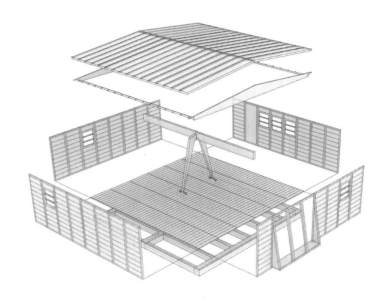

图 4.3.29 "可移动房屋 8×8"和"默东房屋"建筑构件等距视图
资料来源：萨拉布尼科和伊曼尼，2015 年，© 斯图加特大学建筑结构研究所

让·普鲁韦非常注重预制建造的精度，以及零部件、构件的模块化、体系化发展。他提出只有充分了解各种建筑材料的特性，才能在使用中扬长避短，用标准化构件满足不同客户的需求，避免出现千篇一律设计。图 4.3.33 展示了用标准构件组成的建筑（a）和构件目录（b）。

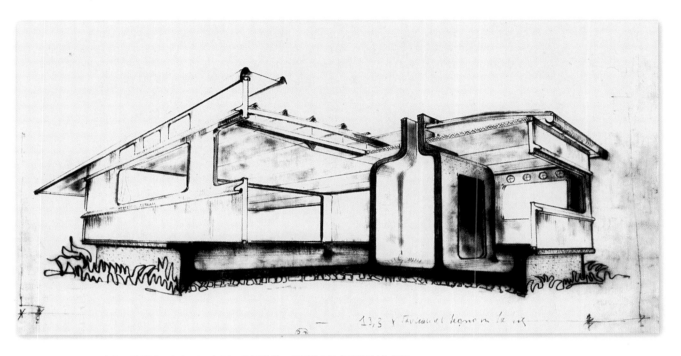

图 4.3.30　ALBA 建筑系统横截面透视图，包括卫生间模块、承重墙板和钢梁等结构部件

资料来源：普鲁韦；普鲁韦和胡贝尔，1971 年，p. 58

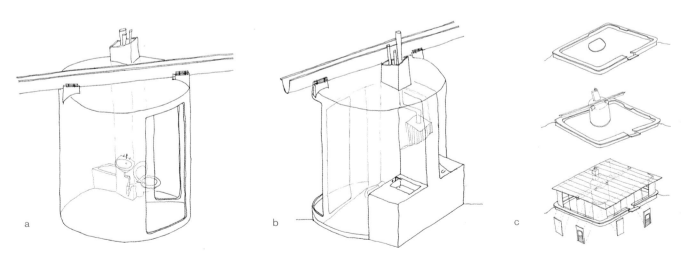

图 4.3.31　ALBA 建筑系统组成部分。
（a）卫生间模块；（b）核心区厨房模块；（c）装配流程

资料来源：斯米特，2012 年，© 斯图加特大学建筑结构研究所

4. 装配式建筑的历史发展及未来前景

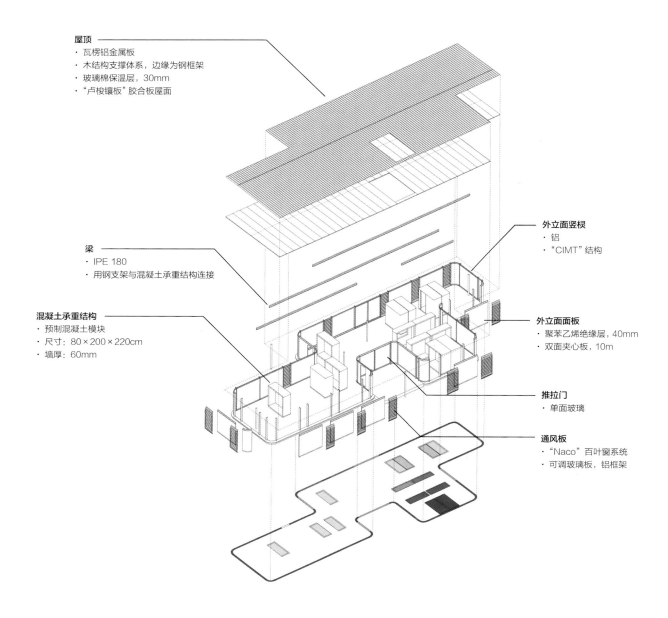

屋顶
- 瓦楞铝金属板
- 木结构支撑体系，边缘为钢框架
- 玻璃棉保温层，30mm
- "卢梭镶板"胶合板屋面

梁
- IPE 180
- 用钢支架与混凝土承重结构连接

混凝土承重结构
- 预制混凝土模块
- 尺寸：80×200×220cm
- 墙厚：60mm

外立面竖楞
- 铝
- "CIMT"结构

外立面面板
- 聚苯乙烯绝缘层，40mm
- 双面夹心板，10m

推拉门
- 单面玻璃

通风板
- "Naco"百叶窗系统
- 可调玻璃板，铝框架

图 4.3.32　1961 年塞纳韦别墅项目轴测图

资料来源：卡姆帕，2012 年，© 斯图加特大学建筑结构研究所

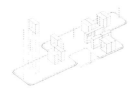

A 标准混凝土承重结构 80×200×220 cm

B 标准混凝土承重结构 + 门 80×200×220 cm

C 厨房混凝土承重结构 + 窗洞 60×200×220 cm

D 厨房混凝土承重结构 60×200×220 cm

E 缩小的混凝土承重结构 70×200×220 cm

F 变大的混凝土承重结构 100×200×220 cm

01 基础
现浇混凝土基础

02 主要的竖向结构
圆管型材和预制混凝土构件完成了基本结构

03 主要水平结构
水平钢梁（IPE 180）用螺栓固定在柱子和混凝土承重结构上，为屋顶提供支撑

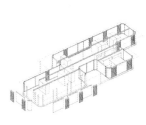

01 木夹芯板构件

02 包含门的木夹芯板构件

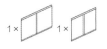

03 木夹芯板构件

04 包含门的木夹芯板构件

04 屋顶铺装
胶合板作为第一层屋面层

05 屋顶铺装
在胶合板上，安装木结构支撑体系，最后安装瓦楞金属板

06 建筑围护结构
安装预制立面构件，完成了装配过程

a

b

图 4.3.33
（a）建筑主要组成部分——基础、结构柱、支撑结构，屋面铺装等部分
（b）构件目录
资料来源：卡姆帕，© 斯图加特大学建筑结构研究所

设计思想的创新与延续

让·普鲁韦的作品展现了逻辑的理性，在遵循预制装配式建筑系统化、标准化原则的同时，兼顾功能性与艺术性的平衡，通过巧妙的融合与搭配，创造出极富情感与空间体验的建筑。在当时经济社会条件下，他为一体化住宅方案的发展做在突出贡献。相较于传统的建筑方式，预制装配式住宅的施工效率和设计灵活性等方面仍有缺陷，让·普鲁韦在对建筑方案和结构体系进行优化的基础上，按照建筑功能合理拆分和设计构件，并分门别类地建立相应的构件库，不断累积构件库内容的基础上，提高了构件的组合能力，创作出更好的建筑作品。让·普鲁韦对于预制装配式建筑的认识，以及积极的解决方案，为未来的发展指明了方向。

1945 年，《美国艺术与建筑》（American Arts & Architecture）杂志社发起了住宅案例研究项目（CSH），邀请著名建筑师参与低成本住宅的研究工作。当时享誉世界的著名建筑师都在邀请名单之列，例如皮尔·科尼格（Pierre König）、埃罗·沙里宁（Eero Saarinen）、理查德·诺伊特拉（Richard Neutra）、查尔斯·伊姆斯（Charles Eames）、克雷格·埃尔伍德（Craig Ellwood）。发起此项目的初衷是，解决二战后住宅短缺的问题，同时也希望以此提高典型中产阶级郊区住宅的标准。住宅案例研究项目从 1945 年开始延续到 1966 年，由八位建筑师提供设计方案，截至项目结束，共有三十四座建筑落成，主要的二十三座建筑作品位于美国西海岸，且集中在洛杉矶附近，其他的建筑散布在旧金山和凤凰城等地（斯特勒，1994，pp. 9 ff.）。本节将通过对 CSH #8 号建筑和 CSH #9 号建筑的设计与建造过程的研究，概括和总结相关技术标准，及其对建筑学和建筑行业的贡献。

CSH#8 住宅案例，埃尔斯住宅——查尔斯 & 雷·伊姆斯，美国洛杉矶，1949 年

著名建筑师查尔斯和雷·伊姆斯（Ray Eames）合作完成的 CSH＃8 项目建筑设计，以其卓越的设计品质和经济高效的施工方法，得到了建筑界的一致好评，促使查尔斯继续与埃罗·沙里宁展开合作，共同完成了 CSH＃9 项目的设计工作。这两座建筑坐落在方圆 3 英亩的建筑用地上，中间由一座人造山丘分隔。基地位于洛杉矶市西北部圣莫尼卡地区，一座 150 英尺高的悬崖上。虽然场地地形陡峭不利于设计工作的开展，但这里凸出于海岸线，面向太平洋，景观位置极佳。在方案设计时，建筑师充分考虑到地形对建筑带来的不利因素，将这两个建筑物积极地融入周边环境，以提升空间品质和使用舒适度。虽然两座建筑在结构体系和技术方案方面类似，但在建筑风格和设计手法上则有明显不同。

该研究项目发起的初衷之一，是希望用低成本的建筑材料，为美国广大中产阶级设计物美价廉的住宅。因此，简洁的设计、简便的施工，以及低成本的造价是项目的核心。受到当时现代主义建筑运动的影响，两位建筑师成功地借鉴了工业领域制造策略和技术手段，并将其转化和提升，应用到 CSH＃8 项目（因斯和约翰逊，2015）。

CSH＃8 的设计，首先利用场地高差变化和挡土墙的设置，限定了场地范围，将呈线性排布的住宅与挡土墙平行排列。住宅由生活区域和工作区域两个功能体块组成，两个体块通过视线内外通透的中庭部分串联起来。体块的虚实分割，不仅使建筑尺度与周边环境相匹配，同时也显得建筑形体更加挺拔。最终建造方案经过多轮修改，在调整空间布局的同时，也优化了结构体系，采用了较轻的承重结构部件，从而缩小了建筑体量。这些调整，改变了该建筑的主要视线方向，将人们视觉的焦点从大海引导到 CSH #9（斯特勒，1994，pp. 9 ff.）。

CSH# 8 的结构框架，由等高的钢柱和桁架梁组成。一体化的结构框架，为建筑外围护结构提供了多种可能的解决方案。轴距 7.5 英尺（约合 2.29 米），柱截面 4 英寸 ×4 英寸（约合 10.16 厘米）的 H 型柱将两层建筑纵向等分。建筑围护结构，由大面积的透明和不透明的预制构件组合而成。这些预制构件，可以是玻璃幕墙或者幕墙组合构件。覆盖整个建筑的玻璃幕墙，或不同颜色的幕墙组合构件，在结构框架划分的空间范围内按照一定规律进行排布。大面积的开窗使自然光可以漫射到整个空间，建筑弥漫着丰富动人的光影变化。系统化的设计方法，促进建筑功能的转换和扩展，并将建筑与周边环境有机融合。图 4.3.34 展示了该建筑结构体系的空间布局和内部功能分布。

史密斯等（2009）将这座住宅称作景观的庇护所，在这里实现了内外空间流动和贯通。结构体系中开放型的平面布局，使扩建成为可能，同时也实现了跨区域的空间整合。工作区域和生活生活的分开布置，展现了两种不同的空间特质，一方面是封闭的、较私密的安静休息区域，另一方面是开放的、积极地与环境交融的空间。同时，材料的选择和建筑表皮的处理完美地契合了建筑理念，实现了建筑与环境的互动。

预制构件的应用提高了装配速度和工作效率。由于采用了标准化连接技术，结构框架能在一天内搭建完成，满足快速施工要求。当然，整体建筑的完成还需要很多工序，例如立面预制构件的安装、室内设备的安装与调试，以及建筑内

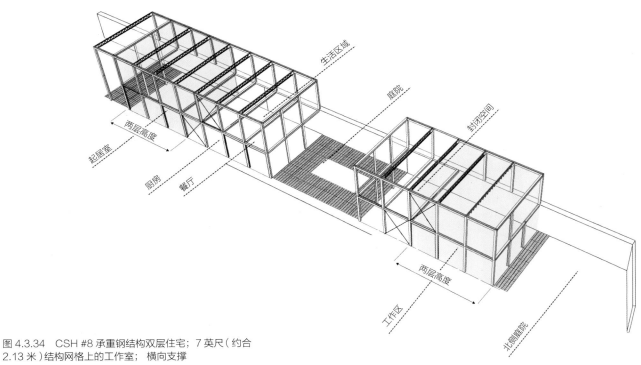

图 4.3.34 CSH #8 承重钢结构双层住宅；7 英尺（约合 2.13 米）结构网格上的工作室；横向支撑
资料来源：尤塔·阿尔布斯，2016 年。根据史密斯等，2009 年

a

c

b

d

图 4.3.35 （a）安装预制钢结构构件；（b）装配桁架梁，并与钢框架连接；（c）混凝土挡土墙，将住宅与环境融为一体；（d）搭建完成的结构框架
资料来源：斯特勒等，1994 年，pp. 10 ff.

饰部分，都需要一定时间（斯特勒，1994，pp. 10 ff.）。图 4.3.35 中四张图片展示了住宅装配过程中的几个重要阶段。从中可以清晰地辨识出，预制钢柱、桁架梁和混凝土挡土墙等主要的承重构件。下图 4.3.36 展示了水平和垂直结构连接技术，详细介绍了 CSH #9 和 CSH #8 的钢柱和桁梁之间的螺栓连接原理。

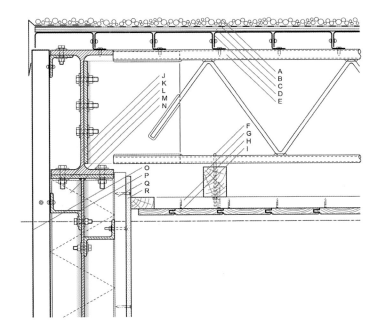
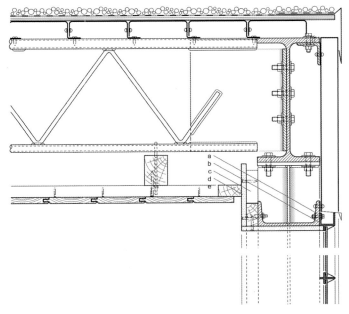

图 4.3.36　开放式桁架梁与立柱之间的主要连接，螺栓连接加快现场装配工作

资料来源：格林，2012 年，© 斯图加特大学建筑结构研究所

未来实施和适用性

　　建筑师们以其非凡的创造力，使用标准化的预制构件，创造了非标准的当代住宅典范 CSH# 8。源于对传统材料艺术化的塑造和极具创造性的处理手法，使建筑与环境合二为一，形成了与周边景观同质共存的共同体。斯特勒等（1994）认为"建筑表皮喷涂的各种原色，对应着建筑内部相关空间的功能属性，从而强化建筑外观与空间内部和外部的关系，……这种做法类似背投电影屏幕，通过周围透明玻璃，选择性投射周边的画面到室内……类似于日本经典房子。"（斯特勒等，1994，p. 10）。该住宅空间不同区域之间的"开合、收放"相互交替，创造了连贯的空间序列，从而将建筑自然地融入周边环境。

　　标准化构件的使用，在加快施工进度、提高工作效率的同时，也提高了建造水平和建筑质量。CSH# 8 成功地将设计策略与先进技术手段融合，创造了舒适的工作和生活环境。简洁的设计手法和一体化的解决方案，表明了空间的复杂性不一定需要复杂的几何形体来表现。由于加州宜人的气候和较低的能源消耗，该住宅设计过程中，对建筑室内外热工环境，空气质量、能量平衡等其他方面关注较少。

　　以上是钢结构在单层／独栋住宅项目中的应用案例。目前该领域的应用仍然有限，这也显示了该材料在建筑领域应用的争议。下面将介绍德国 20 世纪 70 年代钢结构在多层住宅的应用实例。

"梅塔城市"项目，武尔芬市——理查德·J·迪特里希，德国武尔芬市，1973 年

　　在 60 年代中期，理查德·J·迪特里希（Richand J. Dietrich）和他的合作建筑师，提出高密度城市住宅模块概念。即通过开放性的预制钢框架结构，根据住户的增减，相应地增加或减小建筑体量和规模，以此应对城市人口增长带来的城市住宅短缺问题。并提出将高密度住宅积极融入城市发展中，提高公共空间的质量，同时通过完善周边服务设

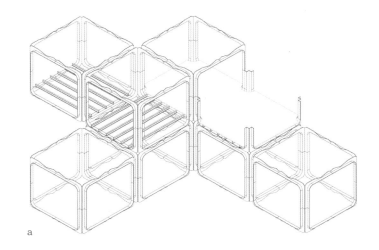

a

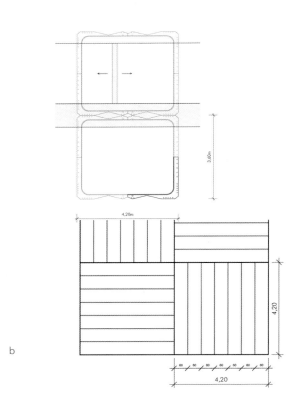

b

图 4.3.37 （a）基于 4.20 米结构网格的等轴测图；（b）竖直和水平构件详图
资料来源：凯勒，2012 年，© 斯图加特大学建筑结构研究所

施，提高住户满意度。随着工业化建造研究的逐步深入，推动了相关施工技术的发展，理查德·J·迪特里希的概念在1973 得以实施，并得到了公众认可。早在 1970 年，为了验证高密度住宅模块方案的可实施性，名为"实验建造"的项目在德国慕尼黑开工建设。随后该项目的成功经验应用到了劳恩施泰市奥卡尔公司的（OKAL）办公楼项目，以及1973 年武尔芬市开工建设的多层住宅项目中。本节将对该住宅项目进行详细介绍。

该项目计划建造大约 100 个住宅单元模块。由于结构框架设计合理，不仅提高了空间水平方向分隔灵活性，而且也增加了垂直方向自由调整的可能性，便于不同尺寸住宅模块的搭配组合。这些模块的设计基于 4.20 米结构网格，框架结构体系满足了室内空间的自由划分与组合，轻质隔墙和室内设备管线布置在 0.60 米 ×0.60 米二级结构网格内，层级分明的网格体系保证了室内空间秩序。由高强螺栓连接固定的钢梁将建筑荷载，均匀传递到钢结构构件组成的承重框架。图 4.3.37 展示了预制钢结构框架轴测图，以及纵向和横向钢构件分布图。预制钢结构具有低成本高效率、安全性较好、整体性较高等特点，在多层住宅模块化体系中起到了重要的作用。

制造过程、装配和安装

这个项目约 70% 的钢结构可以预制，其他部分则根据实际需求进行定制。由于使用的标准预制构件数量较大，因此将预制工厂设在施工现场周边，有助于提高效率，避免受到不利天气因素影响，保证施工的连续性。在预制构件的加工过程中，首先将扁钢和 L 型钢通过切割、开槽、冲压、穿孔等一系列工艺流程，焊接成 90 度夹角的"四分之一框架"，钢结构框架由这些标准的"四分之一框架"组装而成。在生产过程中，严格按照装配施工顺序进行，避免出现材料或构件库存带来的额外开支（阿赫特尔贝格和雅尼克，1979）。

图 4.3.38 展示了立面节点详图，其中包括楼板和墙体的连接、扁钢的连接，以及螺栓连接的情况。为了加强构件之间的连接，专门开发了 L 型连接件，防止由于受力压缩而导致弯曲变形。根据结构力学计算结果，将连接件材料厚度控制在 11 至 14 毫米之间，使用 ST 37 和 ST 52型钢。

现场建造环节核心工作是主体结构的装配过程。由于钢结构自重较轻，现场仅需一台 5 吨起重机和测距仪等辅助设备配合，就能迅速开展工作。装配工作，首先从"四分之一框架"装配开始，随后进行二级支撑体系安装，在完成楼板横梁和楼 / 地板铺设后，安装斜向加筋肋，用于支撑钢结构。结构主体搭建完毕之后，沿着结构框架中预留的设备管井位置，垂直排布各种管道、电缆等。在每层钢结构预留的空隙处，铺设相应管道分支。在住宅模块内部将设备管线隐藏在屋顶悬挂的天花板内，增强室内空间设计自由度。在主体结构装配完毕之后，进行建筑外围护结构的安装。图 4.3.39 展示了施工现场从基础到围护结构的工作流程。在建筑后期维护时，为便于拆卸或更换构件，在结构构件之间、轻质混凝土楼板与建筑基础均使用螺栓连接方式。

在建筑外围护结构的安装过程中，首先将预制的外立面结构框架，按照吊装方案与建筑主体结构进行可靠连接，然后将预制墙板、双层玻璃铝合金窗，通过特制的螺钉和螺栓固定在结构框架。安装完毕之后，对于预制板接缝进行填缝、密封打胶处理，最后进行外围护结构防腐和层间防火保温处理。图 4.3.41 展示了楼板和预制墙板的结构和安装情况。

理查德·J·迪特里希在武尔芬市住宅项目中，采用预制钢框架进行了高密度住宅模块解决方案的尝试，取得了很多突破。然而，随着项目的实施也出现了很多问题。首先，该项目严重依赖配套工厂，比如预制墙板、屋面板、墙体内填保温材料、防火材料，而产品质量和价格影响了项目的顺

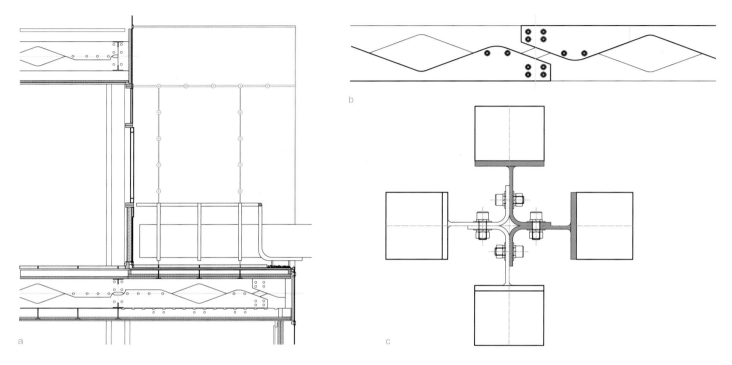

图 4.3.38 （a）立面节点详图，包括楼板和墙体部分结构；（b）扁钢连接立面图；（c）螺栓连接的钢构件
资料来源：凯勒，2012 年，© 斯图加特大学建筑结构研究所

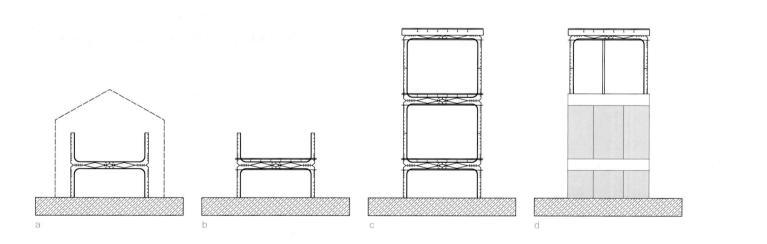

图 4.3.39　施工流程：（a）基础和安装"四分之一框架"；（b）安装楼板；（c）以相同方式安装其他楼层；（d）安装建筑围护结构
资料来源：凯勒，2012 年，© 斯图加特大学建筑结构研究所

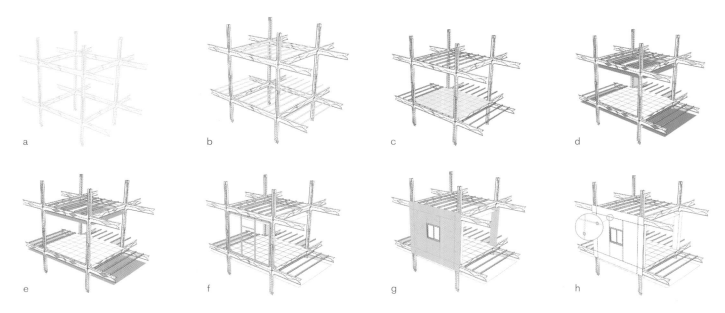

图 4.3.40　装配顺序：（a）组装钢结构框架；（b）安装楼板横梁；（c）铺设楼／地板；
（d）安装天花板；（e）室内节点处理；（f）安装外立面结构框架；（g）安装墙板与窗；
（h）接缝及节点处理

资料来源：阿卡内施，2014 年，© 斯图加特大学建筑结构研究所

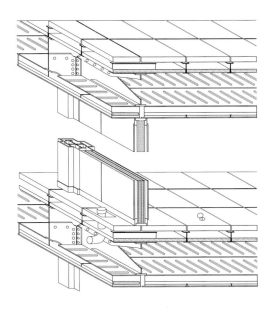

图 4.3.41　楼板和预制墙板的安装轴测图

资料来源：凯勒，2012 年，© 斯图加特大学建筑结构研究所

利进行。其次，预制钢框架结构需要定期检修维护，虽然所有的连接部位都进行了相应处理，但依然会对围护结构整体的热工性能造成影响，导致能源浪费和结构破损。再次，由于预制构件整体集成度不高，影响了建筑的完整性及结构性能的发挥，降低了住户居住舒适感。最终，该建筑于 1987 年被整体拆除。

经验与总结

　　武尔芬市住宅项目引入了新的设计理念和建造方法，在实施的过程中积累了大量的经验，有许多成功之处值得借鉴。首先，结构体系和设计方案的深度融合，对于推动标准预制构件生产意义重大，构件的规模化生产和标准化装配，优化了建造过程，节约了建造时间，提高了建筑品质。同时通过控制构件生产规模，避免不必要的浪费。这也反映了在预制装配式建筑的设计建造过程中，需要设计、生产、施工等部

门精心组织、协同配合。其次，该项目在理论和实践层面都满足了城市高密度住宅，和城市多样性空间的基本需求，但同时也引发了对城市住宅未来发展模式的思考，即如何在实现住宅标准化设计建造的同时，更好地满足住户需求的多样性，以及更好地提高居住舒适性？这些都需要建筑师不断地寻找最优解决方案。

虽然由于多种原因，导致最终该项目以整体拆除而告终，但是项目的经验和教训，值得建筑师学习和借鉴。在随后几年间，世界各地陆续进行了其他类似的建筑解决方案的研究和实践，以应对日益增长的城市住宅需求。

同一时期，日本著名建筑师黑川纪章的中银胶囊塔项目在东京取得了成功。该项目有很多值得探讨和研究的切入点，在这里仅对该项目与武尔芬市住宅项目设计建造的异同点进行讨论。

中银胶囊塔项目，是在 20 世纪六七十年代"新陈代谢"运动活跃时期完成的。当时日本经济高速增长，导致城市人口迅速膨胀，居住空间不足。一群怀抱远大理想的建筑师们想象着未来城市的样貌，将生物学上"新陈代谢"的概念，运用到建筑设计。中银胶囊塔设计方案提供了一种可能性：在年轻人如潮水般涌入大城市的浪潮中，是否有一种保持他们尊严的居住生活方式。如果可能的话，这种居住方式是否可以批量复制。是否可以在居住需要旺盛的时间和空间内，模拟有机体生长，通过增加"居住单元"模块，迅速"复制"出一座建筑，而当居住需求降低时，可以移除或减少"居住单元"模块。该项目"新陈代谢"的设计理念和理查德·J·迪特里希在武尔芬市住宅项目，提出可增减的高密度住宅模块的概念类似，都是为应对城市人口增长带来的城市住宅短缺问题。

中银胶囊塔项目，由层高分别为 13 层和 11 层的两栋塔楼组成，均采用预制单元模块的方式建造。该项目结构框架可容纳 140 个预制单元模块，模块的标准尺寸是 2.30 米 × 3.80 米 ×2.10 米，可用作公寓或办公室。每个模块均可独

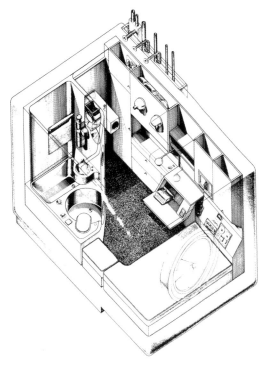

图 4.3.42 展示了预制模块单元内部轴测图
资料来源：黑川纪章建筑师事务所，克罗兹，1986 年

立更换，模块与钢筋混凝土核心筒通过四个高强螺栓进行连接。钢筋混凝土核心筒既是整座建筑的交通枢纽，也是整座建筑的承重结构，核心筒内有楼梯间、电梯间，以及各种设备管道。图 4.3.42 显示了模块单元的轴测图。

中银胶囊塔项目建造过程中，成功地运用了钢、混凝土的材料特点，发挥了钢筋混凝土框架、预制构件与单元模块的自由替换的优势，实现了建筑项目的"新陈代谢"。其中，钢结构的可更换、可替代的特点，甚至钢结构可整体回收再利用的优点也凸显出来，推动了建筑体系的持续创新发展。当然也不能忽视钢筋混凝土在该项目发挥的重要作用。

在下一节中，将通过回顾混凝土研究与发展过程，介绍材料特点，以及建筑领域的一些应用案例。考虑到本书关注点，将主要聚焦预制混凝土建筑应用层面的研究。

4.4 预制混凝土结构

法国实业家弗朗索瓦·夸涅（Francois Coignet），是建筑施工领域使用水泥的先驱之一（大英百科全书，1993，p. 323）。1853年，他在巴黎郊区"查尔斯－米歇尔斯街72号"的四层住宅项目中，首次使用水泥。和其他工程师的使用原因不同，弗朗索瓦·夸涅使用该材料，是出于整体结构稳定性的考虑，防止结构倾覆，而并非提高强度（罗奇，1970）。

在随后的几年中，水泥制造技术不断改进，也迅速提升了材料性能。水泥作为黏结材料，水化凝结后硬度较低，易磨损，但当水泥和砂石按照一定比例混合，加水搅拌，将会凝结成硬度高，耐久性好的混凝土产品。19世纪末20世纪初，水灰比等学说初步奠定了混凝土强度的理论基础。之后，轻集料混凝土、加气混凝土及其他类型混凝土相继出现，各种混凝土外加剂也在建筑施工领域开始应用。至此，混凝土作为优秀的建筑材料，得到了广泛的推广和应用。

大约在同一时期，混凝土预制构件开始登上历史舞台，它的最早使用与建筑工程师约翰·亚历山大·布罗迪（John

A·Brodie）有关。从1898开始，约翰·亚历山大·布罗迪作为工程师在英国利物浦市工作，在1905年莱奇沃思花园城市的"低成本房屋"的设计中，首次引入了混凝土板。受到约翰·亚历山大·布罗迪的启发，1910年格罗夫诺·阿特伯里（Grosvenor Atterbury）研发的"阿特伯里系统"，被认为是大规模应用预制混凝土板的开始。这种预制建造方法满足了快速高效建造住宅的需求，顺应了20世纪初美国城市发展趋势。

当时，纽约市计划投入1000万美元，改善城市低收入人群的居住环境。格罗夫诺·阿特伯里接受设计委托，负责纽约皇后区毗邻森林公园的"花园城市社区"项目。为此他开发了整套大规模预制混凝土墙板技术，实现节省成本和材料的目标。采用该套技术建造的住宅共有170个组成部件，其中大多数采用标准化预制完成。施工现场只需要吊装起重设备，不需要搭建脚手架。生产过程中通过预制模板的重复使用，不仅加快了预制构件生产速度，也提高了预制墙板内置保温隔热材料等工作流程的效率。预制构件安装也非常简便快捷，仅需从工厂模板拆卸到卡车运输，从卡车卸下到起重机吊装等较少的操作步骤。图4.4.1展示了1918年预制墙板现场组装情况。

20世纪最初的十年间，随着混凝土和钢材在建筑行业使用逐渐增加，推动了这两种建筑材料的应用创新研究。然而，随着第一次世界大战的爆发，导致和国防工业发展相关的钢铁等材料研究受到影响，制约了这些材料的应用。然而，混凝土以其优良的力学性能，以及蕴含的巨大经济效益，得到建筑行业的不断重视，逐渐发展成为欧洲大规模住房建设的主要的建筑材料（哈讷曼，1996）。

在欧洲首次大规模使用预制混凝土板的项目，与1923年荷兰开展的"混凝土村落"住宅区计划有关。由于第一次世界大战后住宅短缺，促使荷兰政府通过了在阿姆斯特丹东部沃特格拉斯米尔区，建造大约151套住宅的"混凝土村落"的计划，积极推广低成本、高效率的新型住宅建造方式。

在德国第一批预制混凝土板建筑，位于柏林斯费尔德郊

图4.4.1 预制混凝土板的施工与装配，纽约皇后区森林花园，1918年
资料来源：住宅经济，1926年，荣汉斯，1994年，p.21

区，1926 年由马丁·瓦格纳（Martin Wagner）规划建设的"施普朗曼"住宅区项目。该项目也被称为"退伍士兵聚居区"项目。瓦格纳作为当时柏林市规划建设部门负责人，积极倡导经济适用的低成本住宅建设。受到当时退伍士兵安置慈善组织的委托，在时间紧张、预算有限的情况下，他按照时间周期与成本效益并重的原则，组织了该项目的建设，为战争幸存者和退伍士兵营造休养生息的家园。

该项目位于施普朗曼大街和弗雷登霍斯特大街之间，设计建造一层到三层不等的公寓，共 138 套。用于施工的预制板的尺寸为 7.50 米 ×3.00 米，重量为 7 吨（相当于 1244 千克 / 立方米）。

为了提高工艺流程和生产效率，马丁·瓦格纳设计了组织架构图，以明确工作流程和制造顺序。图 4.4.2 展示了预制板构件的制造和装配情况（a + b）。通过施工阶段的周密组织和严格控制，极大地提高了现场工作效率。

该项目的成功实施，为"预制加工 + 施工装配"的建造模式提供了早期范例。在毗邻施工现场设置预制板工厂，按照组织架构图（图 4.4.2）所示步骤，以及施工阶段的需求，有条不紊地生产预制板。然而，受当时的混凝土技术所限，混凝土浇筑到木模后，需要 10 天干燥和固化。预制板定型后，通过起重设备在施工现场完成装配工序。在预制板边缘交接部位，填充砂浆等密封粘接材料，完成建筑整体装配。

在"施普朗曼"住宅区项目中，预制板仅用做建筑围护结构和建筑内部分隔墙使用，而地板、屋顶板、地下室、烟囱等其他建筑部分，则采用砖、石等传统建筑材料进行建造（瓦格纳，1985，p. 84）。

同样，在法兰克福，为了应对一战后出现的住宅短缺难题，当地政府加大了对社会住宅建设的支持力度，也迫切需要切实可靠的解决方案。埃恩斯特·梅（Ernst May）临危受命，他在法兰克福从事的工作类似马丁·瓦格纳在柏林的尝试，在满足住宅需求的情况下，要应对建造时间和经济成本的双重压力。

a

b

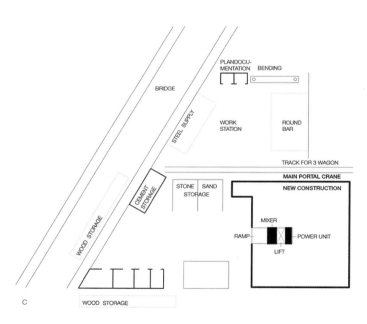

c

图 4.4.2 "施普朗曼"项目的施工流程：（a）预制板的制作（b）预制板的运输和装配（c）现场流程组织图
资料来源：（a+b）瓦格纳，1985 年；（c）尤塔·阿尔布斯，2015 年。根据瓦格纳等，1985 年

图 4.4.3 临时用于预制混凝土构件制作的预制工厂，及地面铺设的起重机轨道

资料来源：尤塔·阿尔布斯，2015 年。根据埃恩斯特·梅和克洛兹，1986 年，p. 34

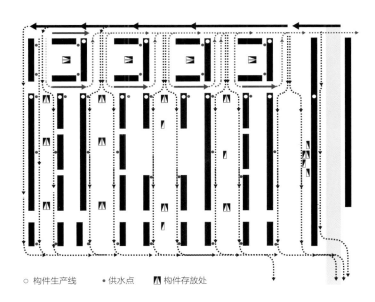

○ 构件生产线　　● 供水点　　▧ 构件存放处

图 4.4.4 预制工厂生产流线和设备布局

资料来源：尤塔·阿尔布斯，2015 年。根据埃恩斯特·梅和克洛兹，1986 年

"普拉恩海姆"住宅区——埃恩斯特·梅，法兰克福，德国，1926 年

1920 年，德国政府颁布的"帝国家园安置法"中提到，让每个家庭都拥有自己的住宅，实现居者有其屋的目标。1925 年法兰克福市政府正式启动"新法兰克福"项目，计划到 1930 年建设 12000 套住房。埃恩斯特·梅在负责开发建设的"普拉恩海姆"住宅区项目时，采取了与瓦格纳在柏林类似的方法。通过引入"预制加工＋施工装配"的建造方法，在较短时间内，以较低经济成本，达到最高的建造效率。

在这项巨大的建设工程开始之前，经过多方比较，位于埃贝尔山和尼达河之间的大片坡地被选做项目的基地。原本这块土地并未列入建设用地计划，但为了降低购地成本，这块城乡接合部的农业用地，最终成为首选的项目建设用地。

项目的实施过程划分为三个阶段，最终确定如下：

- 阶段一：1926 年 3 月 –1926 年 12 月完成 173 套住宅
- 阶段二：1927 年 7 月 –1928 年 3 月完成 565 套住宅
- 阶段三：1928 年 8 月 –1929 年 12 月完成 703 套住宅

1926 年秋天，法兰克福市为支持项目建设，免费开放了当地的科技博物馆，作为大型混凝土预制板的生产场地。科技博物馆位于城市的中心区域，为配合生产的进行，在室内铺设了起重机轨道。图 4.4.3 展示了当时的工作现场以及相关的施工设备。现场加工流线和设备布局如图 4.4.4 所示，可以清晰地看到起重机轨道和现场设备的布置情况。当时一批非专业的技术工人就是在这种条件下完成了预制混凝土墙板的制备工作。预制混凝土墙板原材料主要由浮石、砂和波特兰水泥混合而成。浮石混合物凭借其质量轻、强度高、耐酸碱等优异的物理性能，在起到良好的隔热保温作用的同时，减轻了预制构件的自重，方便了构件在施工现场的组装。

墙板宽度为 3 米，高 1.10 米，厚度为 20 厘米。地下室墙板厚度为 30 厘米。虽然墙板的重量达到了 1100 千克／立方米，但经过测试证明，其保温隔热性能优于 46 厘米的砖墙。预制混凝土墙板在该项目的建设中主要应用在了两种户型，位于街道南北两侧的 5 号户型和 6 号户型。为便于对比和分析预制板方法和传统建造方式的优缺点，同时采用传统的砖混结构建造了 6Z 号户型。

在项目第一阶段，首批建造的 10 座预制混凝土板住宅用于测试和研究目的。其他住宅均采用传统的建造方式施工。在项目第二阶段，混凝土板预制工作迁至邻近法兰克福东部码头的周边，那里靠近河流，便于水路运输。在这一阶段建造的 565 座住宅中，有 204 座使用了预制混凝土板，主要集中在基地的西侧。其余 361 座住宅沿用传统方式施工建造。

图 4.4.5 展示了被称为"法兰克福装配方法"的专利装配技术。该墙板由三部分预制墙体叠加而成，这三部分是带栏杆的墙板、有窗洞的墙板以及带护栏的墙板。其中带栏杆和开窗的墙板洞口离地高度为 1.10 米，带护栏的洞口离地高度为 0.40 米，这些尺寸是根据建筑结构情况确定的。

在墙板预制的过程中，首先工人们先将混凝土浇筑到木质模具，然后通过冲压工序将预制墙板材料进行固定。两天后，将初步硬化的预制墙板从模具中取出，由起重设备吊起摆放在另外一侧储存并养护。预制墙板边缘预埋的铁钩，便于在起吊和运输时固定。制作不同规格，或较小尺寸的墙板时，通过在模具内的相应位置安放木制隔板进行灵活调整。经过 28 天养护，预制墙板完全达到抗压强度后，运往施工现场进行装配（埃恩斯特·梅和克洛兹，1986，pp. 36 ff.）。由于预制模具的重复循环使用，提高了生产速度。图 4.4.6 显示了不同的施工方法和墙体厚度。在相同的结构强度和保温性能条件下，左侧的预制墙板截面比传统方式建造的砖墙要薄。

在施工现场，建筑物每层的建造需要三个步骤。首先，起重设备将预制墙板起吊到预定的装配地点，然后将栏杆、窗户和护栏层依次叠加安装，达到建筑层高。水平屋面板由塔式起重机吊装。为了保证墙板水平和垂直连接，研发了由金属板夹具制作的连接构件，确保了墙板的有效连接。最后，在预制墙板之间宽约 3 厘米的接缝处，填充浮石和水泥砂浆等材料牢固粘接。砂浆中的添加剂提高了板缝间的水密性和气密性。

图 4.4.5 "普拉恩海姆"住宅区项目施工现场：预制墙板的装配和安装
资料来源：埃恩斯特·梅和克洛兹，1986 年，p. 85

图 4.4.6 预制板的制作（a）混凝土浇筑；（b）预制板和砖墙的比较；（c）平整预制板的工序
资料来源：埃恩斯特·梅和克洛兹，1986 年，p. 107

图 4.4.7　预制梁的制作：（a）模板；（b）完成的预制梁；（c）通过浮石灌浆处理后平整的墙面

资料来源：埃恩斯特·梅和克洛兹，1986 年，p. 109

与同时期许多预制构件设计制造不同是，在项目实施过程中根据需要，研发了用于楼地板和屋面顶的预制混凝土空心梁。由于预制空心梁的建筑材料有限，且预制时间较短，因此空心梁的预制工作可以在施工现场进行。结构轻巧的空心梁，降低了不必要的构件自重，固化定型后即可吊装，加速了现场预制装配工作的速度。空心梁在预制过程中，通过预留的凹槽与墙板交接，增强了结构稳固性。最后，通过在屋面板面层铺设混凝土附加层和密封防水材料，满足了屋顶防水施工要求。图 4.4.7 展示了用于地面板和屋面板的模板材料，以及制作完成的预制梁。

为了提高建造效率，保证构件质量，整个生产流程处于持续监测状态。通常情况下，预制板的生产仅需 3-5 分钟，装配和接头密封处理需要 30 分钟。而相同尺寸普通砖墙的建造需要大约 5 个小时，而且不包括砖的生产时间。要完成一座 76.18 平方米住宅建设，采用预制方法需要 18 个工人 230 小时完成。这种生产方法，与传统的施工方法相比，不仅工作效率较高，也能保证施工质量，而且现场装配工作也不需要额外

搭建脚手架，塔式起重机就能为安装工作提供足够的支持。但是，购置和使用机器的成本较高，会相应增加建设成本。

流程优势和缺点

"普拉恩海姆"住宅区项目，在预制构件制造、装配技术研发、施工组织管理等方面进行了大量的创新和拓展，在预制装配式建筑发展史上有里程碑意义。作为预制装配建筑领域颇具影响力和开创性的项目，通过预制混凝土板系列化生产方法，为大规模住宅建设项目节约了大量资金，也在一定程度上缓解了战后住宅短缺的局面。然而，预制板的批量化生产和标准化设计的弊端也是显而易见的。由于标准化的构件尺寸和模式化的施工方法，导致客户个性化的要求和定制方案，或针对客户偏好进行方案调整的灵活性不足。同时，预制板的宽度决定了楼板和窗户之间的尺寸，室内空间也受制于预制板的模数网格布局，导致室内空间尺寸不是太小就是太大。

尽管如此与柏林的"施普朗曼"住宅区项目相比，法兰克福"普拉恩海姆"住宅区项目的技术水准更高一筹。项目实施过程中，对于施工流程的精心组织，譬如预制和装配的经济性考虑，以及对于装配流程和时间周期的严格控制，都极大地节省了施工时间，保证了建筑质量。

回溯到 20 世纪 60 年代的预制混凝土板建筑，例如位于柏林的马基斯维耶特尔，或马察恩区的预制装配式住宅项目，和上文所述的早期混凝土预制板项目相比，施工人员的劳动强度和体力损耗已下降很多。这些都得益于 20 世纪前半叶，预制装配技术的进步，带来的制造工艺、制造精度的提高，以及产品质量的提升。第二次世界大战的爆发，对建筑业的发展产生了不利影响。由于战争破坏，导致了战后欧洲出现了更大范围的住宅危机，多数欧洲国家都从战略高度上重新审视住宅问题，也促使政府更深地介入到住宅市场，投入巨额资金，建造一定规模的住宅，来安置战争中流离失所的民众，因而战后欧洲各国建筑行业都在寻找快速高效、具物美价廉的住宅解决方案。这一时期，出现了不少优秀的

建筑系统，例如，瑞典斯堪卡公司推出的"全混凝土"建筑系统，法国推出的"加谬"建筑系统等。

马尔堡建筑系统——赫尔穆特·施皮克尔，马尔堡，德国，1961 年

"马尔堡建筑系统"是预制混凝土构件发展历史中重要的代表。1962 年，黑森州马尔堡市计划在市中心的拉恩贝格区 250 公顷的建筑用地上，扩建马尔堡大学基础设施，其中包括建设相关研究机构和临床部门的办公空间。考虑到未来该区域的增长和扩展的需求，在规划设计之初，特别强调建筑结构的灵活度，以满足可能出现的使用需求变化，以及相应建筑空间调整。（拉恩贝格，2013，p. 16）由于该项目从规划设计到计划启用的时间非常有限，因此著名规划师温弗里德·斯库（Winfried Scholl）完成总体规划之后，如何将设计蓝图付诸实施变得至关重要。

赫尔穆特·施皮克尔（Helmut Spieker）在学校规划建设方面积累了丰富的经验。在接受该项目委托之后，根据项目特点和业主需求，策划了整套有针对性的建筑系统解决方案，这套方案得到了当地规划部门的认可。当时，随着战后德国经济的复苏，规划部门管理者也深信随着技术的不断进步，势必会伴随着全新的，更加合理的建筑施工方式的产生，也会转变预制混凝土构件系统化设计和生产模式。这套方案的整体性策略顺应了行业发展潮流，既能满足小规模单元模块的设计生产需求，又能进一步扩展，实现构件的规模化和系统化生产，提高经济效益，保证产品质量。

由于赫尔穆特·施皮克尔的卓越工作，著名的"马尔堡建筑系统"从这套有针对性的建筑系统解决方案中应运而生。该建筑系统引入了经济高效的标准化生产流程，同时又能满足灵活布局的要求。为了实现最大程度的设计灵活度，不仅要对小型构件进行分类，同时也要对结构轴网进行细化，以满足不同使用者的不同需求。图 4.4.8 展示了尺寸和跨度不同的轴网系统。

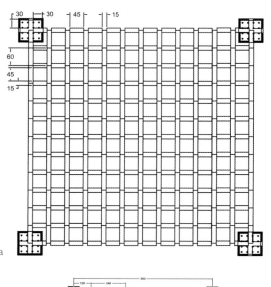

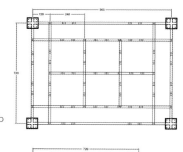

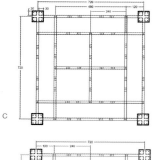

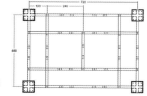

图 4.4.8 "马尔堡建筑系统"轴网系统（a）系统轴网；（b）大型轴网；（c）普通轴网；（d）小型轴网

资料来源：加埃塔诺，2015 年，© 斯图加特大学建筑结构研究所

图 4.4.9 在施工现场设置的预制工厂,分为封闭和开放区域,用于生产、储存和组件组装等工作。
资料来源:马尔堡大学。拉恩贝格,2013 年,p. 23

a

b

图 4.4.10 (a)楼地板和(b)结构柱,在生产环节中使用的模板和钢筋龙骨
资料来源:马尔堡大学。拉恩贝格,2013 年,p. 23

7.20 米 ×7.20 米是轴网系统的标准尺寸,其他轴网尺寸都是在标准尺寸的基础上进一步细化。标准轴网以及衍生的系列轴网尺寸,都是根据建筑功能和技术条件进行的调整,主要是方便预制加工及现场装配工作的开展。其中 15 厘米 ×15 厘米的"带状"网格是轴网系统中最小的尺寸,是基于分隔墙与内墙宽度设计开发的。轴网系统多种尺寸的组合,为建筑内部空间布局带来了更大的灵活性。

"马尔堡建筑系统"承重结构柱的组合方式,也反映了整个系统的工作效率。该项目中每个柱子由四个相同尺寸的单元组合而成,分别承载地板和天花板传递的竖向载荷。根据结构位置和荷载的不同,结构体系中的柱子以一个,两个,三个或四个等多种组合方式出现。八层建筑的柱子截面尺寸为 30 厘米 ×30 厘米,十八层建筑则为 45 厘米 ×45 厘米。

该项目原计划采用钢结构体系,随后经过调整,改为预制混凝土体系之后,构件尺寸、布局和生产程序都做了相应调整。同时,根据项目建设的需要,将相关的预制构件,进行分门别类的整理和归纳,建立整套构件目录,推动了构件的快速生产和现场装配,在提高建筑布局灵活度的同时,加快了建造进度,保证了项目顺利实施。1964 年,建筑总承包商"豪赫提夫"公司,在项目所在地设立预制构件工厂,提高了预制构件生产和装配效率,加快了项目进度(拉恩贝格,2013,p. 22;迈尔-伯尔,1967,p. 159)。图 4.4.9 展示了预制构件工厂,在室内和露天处进行预制构件的生产、储存和组装。

1966 年容纳临床研究机构和校博物馆的办公大楼顺利竣工。1977 年该区域其他校园建筑的施工也顺利完成。

为实现预制构件的批量化和体系化生产,地面板、屋面板、柱和梁等混凝土预制构件的生产环节使用了钢模板和钢筋龙骨。经过硬化处理后的预制构件存放在邻近施工现场的仓库中,根据施工进度及时调配,保证装配工作顺利开展。在预制构件过程中预埋的连接锚件,实现了竖向构件和水平构件的搭接,方便了后期施工处理。预埋在预制楼板的锚件,也可以直接外挂外墙构件或悬吊天花板。钢制模板坚固耐用,

在没有变形和损坏的情况下，可进行循环利用，极大地提高
了工作效率。图 4.4.10 展示了楼地板和结构柱生产过程中，
使用的钢模板。

　　混凝土结构柱优异的承载力，确保了建筑结构的稳定性。
最先开工建设的两座建筑的结构柱是按照传统施工方法在现场
浇筑完成，随后开工建设的其他建筑，均使用了在预制工厂
生产的，包括结构柱在内的所有预制构件。这些预制构件按
照施工流程依次进场，在预先处理好的地基上开始逐层装配。

　　结构柱采取分段预制，现场组装的方式，柱头的连接锚
件插入上端柱底，随即进行连接部位处理。同时，根据需要
使用钢圈对结构柱进行加固，增强了结构柱的牢固性，并为
结构系统提供足够支撑。主梁和次梁在柱端支撑托架处连接，
形成纵横交错的网格状结构系统，在此基础上，根据室内空
间需要衍生的结构网格，进一步完善了结构系统，进而形成
一整套完善的梁柱结构体系。为了确保结构体系的牢固，在
连接部位填充混凝土，增强梁和柱之间的连接。最后，铺设
楼板、组装内墙和分隔墙，使其与预制结构系统融为一体，
极大地提高了结构的侧向抗力和整体稳定性。在施工过程
中，根据现场需要设置临时立柱，用于支撑交叉梁，在空心
梁结构形成的内部空腔，满足了设备管线布置的空间需求。
图 4.4.11 展示了建筑系统的组装过程，真实反映了当时施
工现场构造柱的吊装与连接情况。

　　基于网格的结构体系，显著地提高了空间布局和设计的
灵活性，实现了建筑师根据各部分的功能要求及其相互关系，
把它们组合成若干相对独立分区或组团的设计构想，达到了
建筑分区明确、布局紧凑、使用便利的目标。在同一防火分
区内，也实现了将各功能空间按照使用对象的性质及时间进
行合理组织的目的。通过将性质和功能类似的空间进行组合，
避免不同空间之间的互相干扰的情况，提高了建筑使用效率。
图 4.4.13 展示了建筑结构的横截面，以及结构系统和设备
系统的安装情况。图 4.4.14 展示了内部分区的连接框架。
该框架将内部分隔墙和结构主体融为一体。

图 4.4.11　建筑结构装配（a）吊装结构柱；（b）连接主梁
资料来源：马尔堡大学建筑规划处，拉恩贝格，2013 年，p. 25

图 4.4.12　（a）吊装结构部件（b）结构柱顶端
资料来源：马尔堡大学建筑规划处，拉恩贝格，2013 年，p. 25

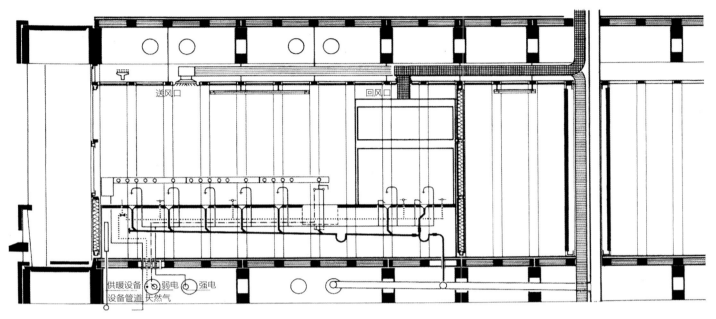

送风口
回风口

供暖设备
设备管道 天然气
弱电
强电

图 4.4.13　建筑结构系统和设备管线安装示意图
资料来源：马尔堡大学建筑规划处，拉恩贝格，2013 年，p. 27

a
b

图 4.4.14　（a）连接内部分区的结构框架；（b）预制外墙板和墙体构件的装配
资料来源：（a）马尔堡大学建筑规划处，拉恩贝格，2013 年，p. 87。（b）汉斯·格蕾丝贝格，拉恩贝格，2013 年，p. 87。

"马尔堡建筑系统"的优势

虽然该项目类型是教育建筑，但也有值得住宅建筑借鉴的成功经验。由于采用框架结构体系，为建筑提供灵活布置的室内空间，实现了各个空间的互动和交流。同时在项目实施过程中，通过系统化、标准化的混凝土构件预制工作，推动了装配和建造工作的顺利开展。批量化、规模化的构件生产计划，在规划设计初期，就开始布局和安排，这样既节约了时间，也降低了成本。这种设计施工组织策略，对于小批量、定制化住宅项目具有参考价值。

该项目更重要的意义在于，"马尔堡建筑系统"带有深刻的时代烙印，它的预制装配建造模式、施工组织管理方法等，对当时的建筑业界产生了巨大的影响。统一模数组合轴网，和大批量预制构件的使用，对于提高生产效率和建造质量具有重要指导意义。"马尔堡建筑系统"的成功经验可以进行转化，根据功能和技术条件，有针对性的优化轴网体系，改变结构尺寸，通过对连接节点的标准化处理，改进预制和装配程序，应用到住宅建筑或其他小型建筑。

与马尔堡大学建筑项目的统一模数的结构体系不太一样，下一节将通过项目实例，介绍采用模块化预制单元模式建造的多层住宅案例。

"栖息地 67"项目——莫瑟·萨夫迪，蒙特利尔，加拿大，1967 年

加拿大蒙特利尔在赢得 1967 年世界博览会的主办权后，为倡导世博会提出的"人与世界"主题，决定设计建造一座新型住宅小区，展示现代城市住宅经济、生态、环保的发展趋势。著名建筑师莫瑟·萨夫迪的设计方案最终脱颖而出，获得了该项目的设计权。他提出的设计方案，以高密度、混合功能为指导原则，在北美城市扩张的背景下，为遏制城市蔓延，提高郊区土地资源利用率，解决城市与周边地区关系，提出了全新的解决思路。

按照该设计原则竣工的建筑在当地引起了巨大轰动，虽然该项目像是一堆集装箱堆积而成，看似杂乱无章的每座房

图 4.4.15 "栖息地 67"住宅项目：（a）模块化单元的立面；（b）露台和屋顶花园
来源：萨夫迪和科恩，1996 年

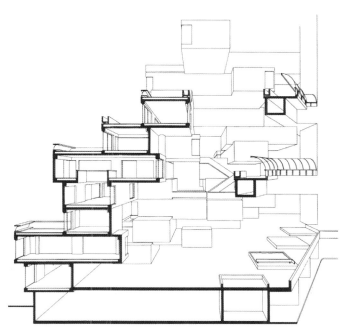

图 4.4.16 建筑结构的横截面，展示了住宅与公共空间的联系
来源：萨夫迪和科恩，1996 年，p.51

图 4.4.17 施工现场：建筑模块的预制和装配
来源：萨夫迪和沃林，1974 年

子都很奇怪且彼此分离，但实际上邻近房间的每一个窗户都有不同的朝向，其实，莫瑟·萨夫迪在设计方案时煞费苦心，希望通过深入挖掘居民的需求来改善生活环境。在设计手法上，巧妙地运用交错的蜂窝结构的建筑模块，使建筑的面积最大化，整个公寓看上去重楼迭出，每家都有露台或私家花园，都可以享受到充足的空气和阳光，又可以保障居民的隐私空间。同时又将社区服务与商业配套设施，与居住空间在建筑内部进行整合并相互关联，实现了高密度集合住宅的设计构想。（萨夫迪和科恩，1996，pp. 41 ff.）图 4.4.15 展示了完工后的"栖息地 67"项目住宅立面。

莫瑟·萨夫迪在 1964 年第一版设计方案中，提出的设计目标是建设可容纳 1200 套住宅，一座 350 间客房的酒店，两所学校和一座购物中心的综合性集合住宅社区。他希望通过大胆的方案，将城市的居住、办公、购物、文化、娱乐等各类功能复合、相互作用、形成互为价值链的高度集约的建筑综合体。在建筑内部，不同功能空间之间，建立相互依存，互补互惠的关系，改变当时的住宅区建设模式和土地利用率过低的问题。该方案的提出引起了当时社会的巨大反响，在政府和市民的强烈要求下，莫瑟·萨夫迪通过多轮修改，不断缩小建筑体量，最后将建筑规模控制在 354 个立方体建筑模块，共 158 套住宅。

整个建筑群由三个独立的公寓群组成，莫瑟·萨夫迪巧妙地利用了立方体的形态，将 354 个灰米黄色的立方体建筑模块错落有致地码放在一起。为实现这座复杂的建筑，他设计了几种不同的模块结构系统，"单一重复模块"是非承重模块，通常位于建筑顶部；"承重墙结构"是将相互毗邻的建筑模块连接，共用承重墙结构；"承重模块"是使用预制承重墙横向布置的建筑模块。

在蒙特利尔 1967 年世界博览会举办时，该住宅项目正式完工，整个建筑群的采光条件和隔音效果良好，设置有集中供暖和中央空调系统，在 12 层之上的公寓，还有大约 20-90 平方米的私人阳台，非常适合居住。158 套住宅按照统一模数，组成了不规则的立方体"群落"。这种空间规划设计，既体现了立方体建筑模块结构特点，又展现了立方体建筑群错综复杂的美学形态，为未来住宅人性化、生态化的发展指明了方向。

如图 4.4.16 所示是该建筑的横截面，展示了住宅与公共空间之间的联系，同时可以清晰地看到预制建筑模块的结构。由于该住宅区要在 1967 年世博会举办时完工，在有限的时间内，完成如此复杂的项目，预制装配式建筑标准化、模块化的优点就显现出来。

图 4.4.17 展示了建筑模块在施工现场的装配过程。从预制工厂运来建筑模块，通过起重机完成吊装。在装配建筑模块之前，通过现浇混凝土完工的竖向核心筒和空中连廊，保证了整体结构的稳定性。

受到当时建筑规范、结构标准和施工条件的制约，项目伊始就面临着设计方案、结构方案、材料选择等方面的不断调整。尽管如此，莫瑟·萨夫迪克服了各种难题，最终造就了预制装配式住宅建筑发展史上具有里程碑意义的项目，创造了集合住宅的经典案例，而享誉全世界（萨夫迪和科恩，1996，pp. 41 ff.）。

"栖息地 67"项目的目标是通过最大规模的标准化实现最大可能的变化，在统一的框架下，将标准建筑模块进行不同组合，同时兼容各种平面使用功能。通过叠加组合最终共组成 15 种不同的户型，住宅面积从 56 平方米的一居室到 167 平方米的四居室不等。莫瑟·萨夫迪通过垂直和水平两条动线将所有的住宅融为一体。垂直动线由 3 部电梯组成，电梯在第 2、6、10 层与空中连廊相接。建筑群首层设有步行街，在第 2 层和第 5、6、10 层设有不同规模的广场，水平延展的空中连廊和广场，不仅加强了整个建筑群的横向联系，也为住户提供了亲近自然、与人交流和儿童玩耍的共享外部空间。

整个建筑群由相同的建筑模块装配而成，标准化预制工作节约了时间和成本。由于首次采用预制装配模式，开展如此大规模的建造工作，施工经验不足导致出现了许多困难和问题，采用了很多今天看起来很原始的解决方案。尽管如此，

a

b

图 4.4.18（上图）（a）使用特殊设备组装建筑模块；（b）可吊装 70 吨的建筑模块的特制起重机
来源：（a）萨夫迪和科恩，1996 年，p. 45；（b）萨夫迪和沃林，1974 年，p. 222

图 4.4.19（右图） 混凝土模块的预制流程（a & b）组装钢筋龙骨（c）将钢筋龙骨放置在模板中（d）建筑模块吊装到装配线
来源：萨夫迪和沃林，1974 年，pp. 214 ff.

a

b

c

d

标准化预制和现场装配降低了三分之一的建筑造价，特别是现场工人数量较少，大幅降低了人工成本。而建筑材料的成本保持不变，大约占总成本的一半左右。由于建造过程中配套设备使用较多，产生了额外的设备费用，例如特殊起重设备和预制加工设备等。综合各方面因素，与当时传统的施工方法相比，建筑成本降低了约15%。图4.4.18展示了使用起重机进行建筑模块的运输和吊装的装配过程。

萨夫迪和沃林（Safdie and Wolin，1974）在其著作中指出，现浇施工方式完工的竖向核心筒和空中连廊组成的

结构框架，起到了稳定结构支撑作用，确保354个钢筋混凝土的建筑模块，通过后张高强杆件、悬索等方式相互连接，共同构成连续的悬挑体系。

钢筋混凝土建筑模块的预制工作在施工现场附近的工厂批量生产，运往施工现场，由特制起重机在相应的位置组装。建筑模块的标准尺寸是5.30米×11.70米×3.50米。标准化模块的预制工作，在完成钢筋龙骨绑扎、焊接等工序后，将其放置在模板中浇注混凝土。随后通过蒸汽处理使混凝土快速硬化，同时覆盖聚乙烯保护层在建筑模块顶部，最后将

建筑模块吊装到装配线，完成最后的安装调试。建筑模块的立面没有任何多余的装饰，展现了简洁的设计特点，预制件之间使用高强度的应力钢角材、紧固件，通过预应力连接成积木式的连续结构。图 4.4.19 展示了结构单元框架的施工阶段。

"栖息地67"项目开创了三维预制模块设计生产与施工建造的先河。建筑模块设计过程中，绘制了详细的图纸，用于指导建筑模块在预制工厂的精确加工。同时，将每个建筑模块编号，并绘制相应的装配位置图，用以标明每个建筑模块在复杂结构中的位置。此外，通过绘制大量的节点详图以及配套设备图纸，确保建筑模块预制装配工作顺利进行（萨夫迪和沃林，pp. 202 ff. ）。图 4.4.20 展示了模块化住宅的连接情况。

建筑模块在装配线进行内部设施和门窗安装，同时做相应的防水保温处理。和建筑模块配套的玻璃纤维浴室，在工厂制造完成，由卡车运送到预制工厂，在相应的建筑模块内完成最终组装。预制建筑模块在施工现场，通过特制的起重机吊装到最终位置，同时连接电气及设备管道，完成最后的装配环节。

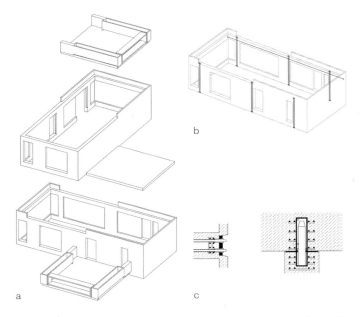

图 4.4.20 （a）模块化住宅的轴测配置；（b）结构支撑部位；（c）建筑模块连接的结构详图
来源：泰默勒，2012 年，© 斯图加特大学建筑结构研究所

项目的局限和成就

莫瑟·萨夫迪通过对于三维立体模式，及建筑模块叠加的探索，将高密度集合住宅建筑体进行分解，以模块化的方式呈现。相互交错的混凝土建筑模块限定空间范围，并以层层叠加方式，整合分散的、多样化的私人住宅。同时巧妙地连接了半公共空间和私密空间，提高了建筑品质和生活舒适度。"栖息地67"项目可以与勒柯布西耶的马赛公寓相媲美。

该项目的设计和建造都很复杂，需要强大的技术团队和施工团队的支持。虽然标准化模块会加快预制加工和装配建造的速度，但复杂的连接节点和装配程序，影响了施工建造的连续性。此外，体积庞大的重型建筑模块必须用特制起重机设备进行吊装和处理，对施工过程也有显著影响。

尽管"栖息地67"存在很多不足，但并不妨碍该项目成为集合住宅建筑史上最出色的建筑之一，也是莫瑟·萨夫

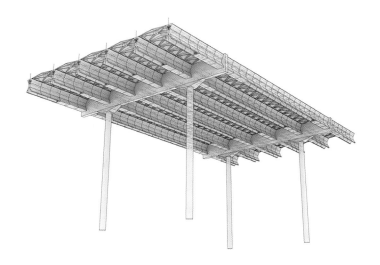

图 4.4.21 巴兰扎特圣母教堂的结构系统
资料来源：雅伯罗尼纳等，2014 年，© 斯图加特大学建筑结构研究所

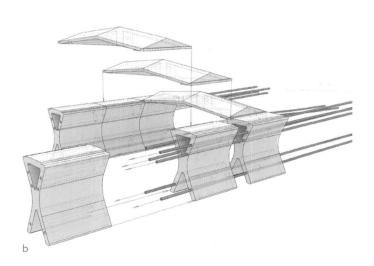

图 4.4.22 （a）预制梁的组装；（b）安装顺序的轴测视图
资料来源：（a）雅伯罗尼纳，2014 年，© 斯图加特大学建筑结构研究所；（b）赫尔佐格和曼贾罗蒂，1998 年

迪众多作品中被反复研究的作品，成为许多建筑师学习和研究的经典案例。该作品表达了对人性、城市人文景观和自然景观的重视，虽然混凝土建筑模块外观有些冷漠，但是环境优美，视野开阔，充分满足了居民对生活质量的需求。

大约同一时间，意大利著名建筑师安杰洛·曼贾罗蒂（Angelo Mangiarotti）将预制建筑及相关构件的工业生产方法引入欧洲。他曾于 1953 年至 1954 年在美国居住，并受到了瓦西斯曼，格罗皮乌斯，赖特和密斯·凡·德·罗的建筑作品的启发。1954 年回到意大利后，他积极推动预制装配式建筑设计方法的推广和应用。由于受到工业生产方式的影响，他早期职业生涯中众多的产品设计得到了国际的广泛认可。

蒙扎的多层住宅——安吉洛·曼贾罗蒂，蒙扎，意大利，1969 年

安杰洛·曼贾罗蒂非常关注建筑业与相关制造业的行业特点及关联性，非常重视早期规划设计概念对于后续建造过程的影响。建筑构件性能的发挥，与材料物理性能，以及在建筑结构体系所承担的作用密不可分，建筑构件性能对提高生产效率、施工建造水平有重要的影响。因此，追求设计概念的系统化和设计建造一体化，并在早期设计阶段考虑建筑构件的材料选择和预制方法至关重要。

安杰洛·曼贾罗蒂在巴兰扎特圣母教堂项目中，针对预制混凝土的材料特性采用了分段预制，整体组装的策略。该项目施工过程中，采用了预制构件和现场浇注相结合的方式。这是他和搭档莫拉苏蒂合作完成的首批建筑作品之一。为加快施工进度，首先在施工现场采用现浇的方式完成了四根锥形柱和两根主梁的浇注，随后将六个预应力的预制梁与之连接，形成完整的结构框架，在支撑预制屋面板的同时，共同承受建筑荷载。

图 4.4.21 展示了圣母教堂项目结构系统，和现场浇筑的立柱、横梁，以及纵向预制梁的轴测图。预制梁的工作是在一座 80 米长的操作台完成的。预制梁被等分为 30 个组件，

在预制过程中，首先将钢筋龙骨和预埋件放置在模具相应的位置，然后浇注混凝土，通过养护处理使混凝土快速硬化，最后使用钢缆将组件连接起来。由于组件在预制梁位置的不同，组件连接的位置也会有差别。

图 4.4.22 展示了预制梁的组装情况。图 4.4.23 展示了建筑结构的现场施工过程。圣母教堂的围护结构是半透明的，这要归功于围护结构钢框内镶嵌的双层玻璃板，以及内侧的泡沫塑料绝缘夹芯板。建筑内部大量使用亚克力板，用于分隔室内空间及屋顶装饰。这些材料的运用，使得建筑空间变得易于引人遐想和深思。当光线照进教堂时，某种被净化了的、空灵的气氛便会产生，毫无修饰的白墙平添了几分心理上的纯粹，也增强了教堂的神圣肃穆的感觉。

安杰洛·曼贾罗蒂在 1964-1969 年完成了两座多功能社区中心，分别位于意大利科摩附近的利索内和布里安扎。多功能社区中心开放的大空间，具备多样性和开放性特点，可以满足举办展览、办公研讨、聚餐聚会等多种活动的空间需求。多功能社区中心的装置及硬件设施，可根据活动类型进行调整，实现与空间功能的协调统一。这类建筑形式非常适合采用标准化预制方式建造，不受施工现场条件限制，预制构件生产后，运到现场安装。

与巴兰扎特教堂的结构类型不同的是，在利索内的多功能社区中心项目，基于开放的建筑系统，考虑到随着未来需求的增加，存在扩建的可能性，因此提前划定了加建区域。该建筑的建造非常迅速，在预制构件运抵施工现场后，仅用了 15 天就完成了装配工作。图 4.4.24 展示了建筑结构的轴测图，其中包含预制柱、横梁和预制屋顶构件。该建筑为框架结构，采用了 8.00 米 ×16.00 米的轴网，承重构件由跨度为 14.80 米的预制梁，和结构高度为 8.60 米的柱组成。预制构件的独特设计不仅满足了功能需要，也构成了该建筑独特的外观。例如 H 型预制柱的内侧可集成设备系统管线等，同时预制柱尺寸从底部到顶部逐渐缩小，最后形成了锤形柱头，搭接 T 型预制梁也丰富了建筑造型。图 4.4.25 展示了

图 4.4.23　现场施工过程，展示了现浇柱、横梁、纵向预制梁和预制屋面板
资料来源：赫尔佐格和曼贾罗蒂，1998 年

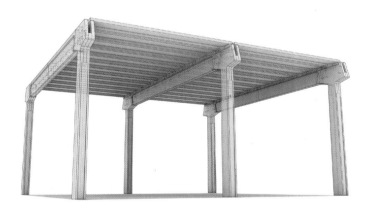

图 4.4.24　利索内项目中的预制柱、横梁和预制屋顶板的结构体系轴测图
资料来源：雅伯罗尼纳，2014，© 斯图加特大学建筑结构研究所

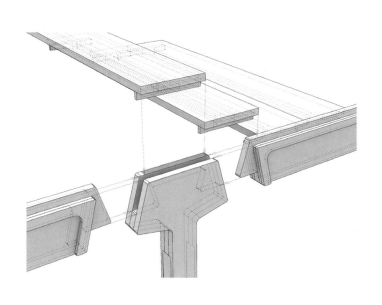

a

图 4.4.26 结构部件的装配，1964 年，利索内
资料来源：赫尔佐格和曼贾罗蒂，1998 年

b

图 4.4.25 （a）预制柱、支撑梁和屋顶构件的组装；（b）结构转角处的锤形柱头
资料来源：（a）雅伯罗尼纳，2014 年，© 斯图加特大学建筑结构研究所；（b）赫尔佐格和曼贾罗蒂，1998 年

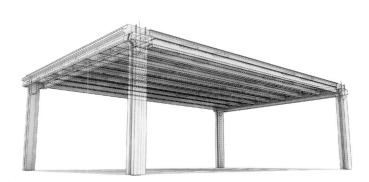

图 4.4.27 布里安扎项目中的预制柱、横梁和预制屋顶板的结构系统轴侧图
资料来源：雅伯罗尼纳等，2014 年，© 斯图加特大学建筑结构研究所

预制柱顶部的轴测图。T 型预制梁高 1.10 米，底部宽 0.20 米，顶部宽 0.40 米。H 型预制柱和 T 型预制梁在锤形柱头处连接，形成一组结构框架。整个建筑由三组结构框架组成，在每两组结构框架之间有 10 块预制屋面板连接而成，为增加大厅采光性能，将部分预制屋顶板换成半透明强化玻璃纤维聚碳酸酯板。

1969 年安杰洛·曼贾罗蒂在布里安扎设计了另一座多功能社区中心。在总结利索内项目经验的基础上，进一步完善了设计思路，推出了 "U 70 Isocell" 建筑系统。这是采用预制混凝土构件建造的，最著名的开放式建筑系统之一。布里安扎项目长度 174 米，采用了和利索内项目一样的 9.00 米 × 18.00 米轴网，将办公空间，展厅，会议室等多种功能进行整合，可根据功能需要，变换为单独或组合使用模式。开放的活动空间和交通联系空间分离，既可以保证各个活动空间相对独立不受打扰，又能通过走廊将各个活动空间串联起来。

该项目安杰洛·曼贾罗蒂继续沿用 H 型预制柱作为重要的承重构件，为屋顶结构提供支撑。H 型预制柱的造型保持不变，柱体还是从底部到顶部逐渐缩小，在顶端形成标志性的锤形柱头。但是柱轴比索内项目 H 型柱横截面大，在柱轴两侧有 U 型凹槽并贯穿整个预制柱，将 H 型预制柱 "一分为二"，形成两个柱顶支撑点。图 4.4.27 展示了预制柱、横梁和预制屋顶板的结构系统轴侧图。

H 型预制柱底部，采用套管式混凝土基础方式，将预制柱埋入土层一定深度，柱底放置在坚实土层上，保证基础部分的牢固。在 H 型预制柱顶部与 U 型预制梁连接处，为避免受力不均导致侧向弯曲，将 U 形预制梁与预制柱预埋的四根钢筋通过螺栓连接并灌浆处理，提高整体性和结构刚度。预制柱的锤形柱头被 "反扣" 的 U 形预制梁包裹住，形成的 9.00 米长 0.95 米深的凹槽，可以作为设备系统管线的廊道使用。图 4.4.28 展示了预制构件的连接情况，以及内置结构。

在 U 形预制梁上铺设大跨度预制屋面板。为避免屋顶荷载过重，屋面板在工厂预制为高度 0.70 米，宽度 1.50

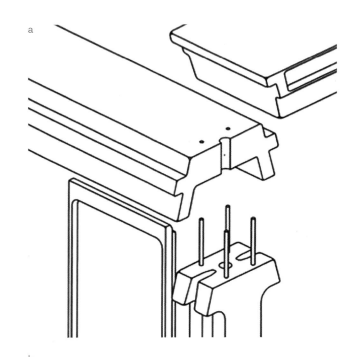

a

b

图 4.4.28 （a）柱头组件连接的轴测图
（b）现场图片

资料来源：赫尔佐格和曼贾罗蒂，1998 年

图 4.4.29 "U 70 Isocell" 系统的预制屋顶
构件，布里安扎（意大利）。

资料来源：赫尔佐格和曼贾罗蒂，1998 年

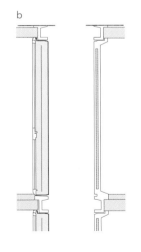

图 4.4.30 （a）建筑立面（b）透明／不透明
预制板、预制横梁与楼板连接的纵向剖面

资料来源：科德，2012 年，© 斯图加特大学建筑结
构研究所

米的 U 型板，板顶材料厚度仅为 3 厘米。预制屋面板顶部
微呈拱形，在雨雪天气，可以迅速进行有组织排水，避免恶
劣天气增加建筑荷载，对整体结构造成的不良影响。此外，
U 形预制梁和预制屋面板之间良好的连接，确保了对整个天
花板的支撑。为了便于采光，在屋面板中预制的椭圆形位置
可以使用半透明强化玻璃纤维聚碳酸酯板替代混凝土板，提
高室内透光性能。

　　在该建筑的外立面，安杰洛·曼贾罗蒂使用了三类预制
构件满足了不同功能和结构要求。在外立面闭合区域，通过
使用 15 厘米宽，和建筑等高的预制混凝土构件，将建筑整
体封闭起来。在外立面透明区域使用了预制玻璃窗，部分玻
璃窗可自由开启，其他部分使用预制夹心板。在不同区域交
接处，使用弹性密封条对不同区域之间的缝隙进行密封。

　　安杰洛·曼贾罗蒂在布里安扎和利索内两个项目，采用了
类似的设计手法，通过建筑语言的统一，在延续设计风格的同
时，突出了单体建筑的特色。特别是通过标准化预制构件的使
用，实现了一体化的建造方式，提升建造效率和经济效益，最
终形成了具有安杰洛·曼贾罗蒂艺术特色的风格。

　　安杰洛·曼贾罗蒂通过不断的努力，以其创新的理念和
现代的设计语言，逐渐得到业界的认可和同行的尊重，也使
他获得更多设计实践的机会。1972 年安杰洛·曼贾罗蒂受
到委托，负责设计蒙扎地区的多层住宅项目。在这个项目中，
他将巴兰扎特圣母教堂项目、布里安扎和利索内两座多功能
社区中心项目积累的成功经验进行总结提炼，进而制定出适
合该项目的整套建筑解决方案。

　　为提高施工效率，八层住宅建筑采用了现浇混凝土框架。
电梯和楼梯布置在住宅中央，和框架结构体系一起，共同承
受竖向荷载和水平荷载。框架结构住宅具有室内空间分隔灵
活的特点，可以根据平面需求布置较大建筑空间。因此该住
宅在内部房间的布局上仅考虑了开窗通风位置。住宅内部可
以看到 H 型预制柱、U 型预制梁、U 型预制屋面板以及屋
面板椭圆形采光口等很多建筑师常用的设计语言。

右图：预制混凝土构件生产现场，莫斯科，2015 年
资料来源：菲利浦·莫伊泽

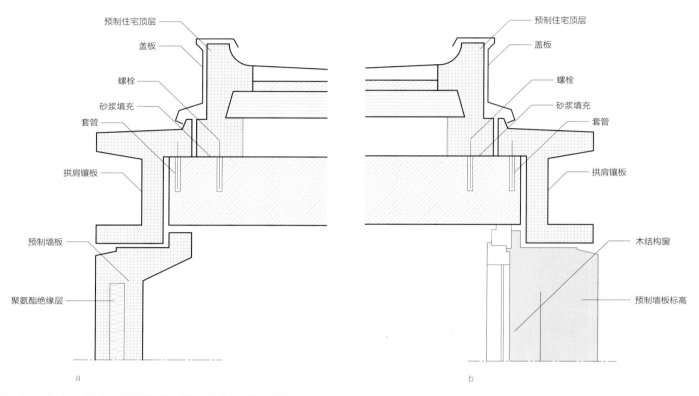

预制住宅顶层
盖板
螺栓
砂浆填充
套管
拱肩镶板
预制墙板
聚氨酯绝缘层

a

预制住宅顶层
盖板
螺栓
砂浆填充
套管
拱肩镶板
木结构窗
预制墙板标高

b

图 4.4.31 （a）玻璃和住宅顶层横梁纵向剖面；（b）预制板和住宅顶层横梁纵向剖面
资料来源：科德，2012 年，© 斯图加特大学建筑结构研究所

在住宅的外立面，使用了大量的预制构件。为对应住宅内部功能，预制构件有不透明预制板和透明预制玻璃窗两种类型。不透明预制板分为三层，内外两层是混凝土，中间部分是刚性聚氨酯泡沫保温层。预制混凝土板安装之后，根据需要对外侧表面进行处理。透明预制玻璃窗由固定扇和开启扇两部分组成，预制构件高度与层高一致，外围的铁框架便于预制构件和楼地板的连接。图 4.4.30 左侧是该住宅项目的外立面，可以清晰地看到不透明预制板或透明预制玻璃窗。右侧纵剖面，展示了预制板与横梁及楼地板的连接情况。图 4.4.31 展示了住宅顶层横梁与玻璃和不透明预制板的纵向剖面。

使用预制混凝土构件建筑系统的优缺点

受到建筑类型、结构形式和功能需求等因素的影响，制约了系统化设计方法的推广应用，而且由于该项目柱子位置变化，以及建筑配套设备的安装，制约了建筑系统灵活变化，降低了施工效率。此外，预制构件与天花板以及建筑外立面的交接部位，产生的热桥和其他建筑性能缺陷，导致建筑能耗增加。

但从另外一方面来看，由于该项目大量使用了预制混凝土构件，即使它并非是完全系统化标准化的设计，但由于采用预制装配式设计方法，充分发挥现代建筑材料和结构特性，呈现出独特的建筑面貌。比例适度、构图合理、明快简洁的预制装配式混凝土建筑，创造了与众不同的一体化建筑设计美学。（塞格在布格多夫，1985，pp. 85 ff. ）。

5. 装配式住宅预制技术

5. 装配式住宅预制技术

5.1 木材和木材预制技术

德国预制构件行业

本章节介绍装配式住宅建筑的预制加工技术，重点关注预制构件的标准化、批量化生产制造。

长期以来预制构件生产企业作为德国建筑业重要组成部分，始终占据一席之地，预制构件行业的关注点聚焦在家庭住宅的施工建造。目前，预制构件行业在德国住宅建筑市场中约占 15% 的份额。自 20 世纪 90 年代末开始，随着装配式建筑的普及，该行业的纪录不断刷新，在过去的二十年中增长了 2.5% 到 3%，市场份额从 12.5% 增长到目前的约 15%。（德国联邦统计局 2014 年数据）。千禧年伊始，德国建筑业利润下滑，对建筑业产生了不小影响（德国联邦预制装配式建筑协会资料），建筑市场出现了一定分化。通常，城市中心区域采用传统方式建造的多层建筑仍占主导地位，但在城市郊区则较多选择预制装配建造模式。图 5.1.1 展示了 2015 年德国装配式住宅建筑市场情况。通过图示可以看到在德国西部和南部地区装配式住宅建筑的建造活动较为频繁。

预制构件行业发展潜力

德国的装配式住宅大多数是木结构独栋家庭住宅，约占住宅市场的 15%。使用砖、石或混凝土等建筑材料，采用传统施工方式建造的住宅为 84%，剩余 1% 为钢结构住宅几乎可以忽略不计（德国联邦统计局 2014 年数据，pp. 3-7；见图 3.3 ）。

对建筑材料和建筑系统进行比较之前，需要首先对材料性能和施工应用情况进行评估。只有对生态、经济、技术、质量等方面进行全面了解，才能改进预制加工和装配建造方法，推动施工技术的进步和建筑品质的提升。图 5.1.2 展示了不同外墙结构系统的能源消耗，以及全球变暖的趋势（ GWP ）。图表中的数据来自汉堡大学、斯图加特大学、可

图 5.1.1　2015 年装配式住宅建筑市场概况

资料来源：尤塔·阿尔布斯，2016 年。根据德国联邦预制装配式建筑协会 2015 年资料

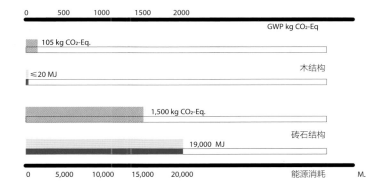

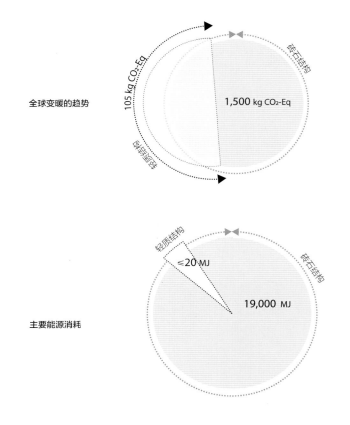

图 5.1.2 外墙系统的能源消耗和 GWP 值（14.5 m²；100 年寿命）
资料来源：尤塔·阿尔布斯，2016 年。根据汉堡大学、斯图加特大学、可耐福咨询公司等机构 2011 年的研究报告

耐福咨询公司等机构联合开展的，针对建筑围护结构能耗与资源效率的研究报告。该研究报告是通过对两座建筑面积为 14.5 平方米的木结构和砖石结构建筑，在过去 100 年的统计数据分析得出的。

与砖石结构建筑比较，木结构建筑碳排放量较低。这是因为木材生产加工耗费能源较少，而木材生长过程中却吸收了大量二氧化碳（德国联邦预制装配式建筑协会，2013）。与工业生产的材料相比，树木属于可再生资源，能够吸收二氧化碳，即使加工成木料，依然可以吸收较多的二氧化碳，木材有助于改善生态平衡，延缓全球变暖趋势。

德国装配式住宅对木结构青睐有加，放眼全球建筑行业，木材应用仍然非常有限，究其原因主要是木材的承载能力有限、易燃、易受害虫侵蚀等缺点。尽管木材加工和预制建造技术相当成熟，可以生产出高质量产品，但受到市场接受度的影响，预制建造技术的优势并不能完全发挥。

在过去的几十年间，随着技术水平的不断提高，预制构件行业对现场交付、高度集成化、一体化的预制构件产生兴趣。在预制工厂批量化生产建筑构件，极大地提高了构件质量。此外，在预制构件生产商和客户签订协议的基础上，通过项目时间表和成本管理机制，不仅保证了建造工作的顺利开展，而且节约了成本，提高了工作效率，进一步促进了预制建造技术的普及与推广。

如上文所述，目前预制装配式住宅建筑主要集中在城市郊区，而且以独栋家庭住宅为主。这些新建建筑，一方面加速了城市扩张和郊区"集聚"效应，另一方面由于住宅及配套设施的建设，占用了大量土地资源，对周边环境产生影响。根据德国环境委员会 2009 年发布的一份研究报告指出，目前德国基础设施、交通等其他建设活动，平均每天土地占用量为 104 公顷。而住宅建筑用地同比上涨约 22.1%（魏格恩尔等，2009，p. 3）。

用于开发建设的土地数量不断增长，已经占到了每天土地供应总量的一半以上，而人口数量却没有因为土地的开发而相应增加。从某种意义上来讲，是在挥霍宝贵的土地资源。因此，改变现行施工建造策略，适当提高建筑密度，才是改变土地资源浪费状况，保护土地资源的解决方案。

装配式住宅中木材应用

在德国预制构件行业，木材主要用在建筑结构、非承重构件和预制板生产等环节。通常装配式家庭住宅面积在 140 平方米到 160 平方米之间，如果 70% 至 80% 的建筑构件以木材为原料，大约需要 15 吨木材。根据行业调查报告显示，使用这么多的木材，可以减少大约 27 吨二氧化碳排放量。（德国联邦预制装配式建筑协会，2013）。

实木构件（KVH）可用作框架结构的梁、柱或墙和地板的承重构件，过去的 50 年中，轻型框架体系得到广泛使用，为框架构件提供了必要结构支撑。然而，与砖石结构相比，在耐火、隔热、隔音等方面存在着缺陷。木构件需要采取额外的措施，才能达到节能环保和防火安全等标准。

长期以来，由于承载力和防火安全方面原因，木结构建筑始终无法突破一定的高度限制。但在过去 20 年，随着先进的工程技术和创新材料的引入，使木结构建筑达到了前所未有的高度。例如，由德国巴特艾布灵 Schankula 建筑师事务所设计的"H8"项目，和奥地利多恩比恩的赫尔曼·考夫曼建筑师事务所设计的"生命周期一号"项目（LCT One），均达到了 8 层。位于澳大利亚墨尔本联实建筑集团设计的"Forte Living"项目达到了 10 层。挪威卑尔根 ARTEC 建筑师事务所设计的"Treet"项目，更是达到了创纪录的 14 层。基于目前对木结构体系的分析和计算，从理论上讲，木结构建筑可高达 30 层。当然，高层木结构建筑的防火问题更要着重考虑。

关于木材的进一步评估，需要建立在全面掌握建筑业木材使用情况的基础上。图 5.1.3 展示了 2004 年德国

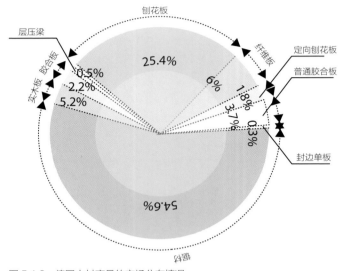

图 5.1.3　德国木材产品的市场分布情况
资料来源：尤塔·阿尔布斯，2014 年。根据阿尔布雷希特等，2008 年

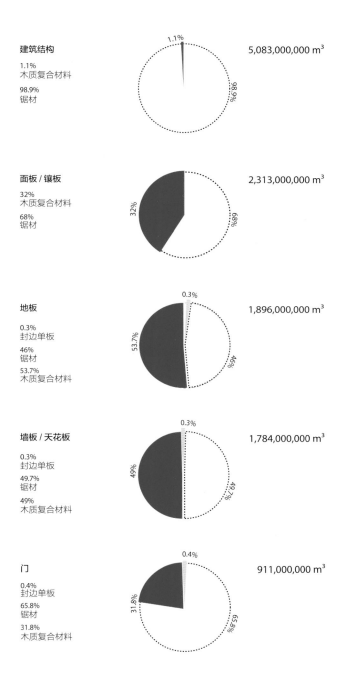

建筑结构

1.1%
木质复合材料

98.9%
锯材

1.1%

98.9%

5,083,000,000 m³

面板 / 镶板

32%
木质复合材料

68%
锯材

32%

68%

2,313,000,000 m³

地板

0.3%
封边单板

46%
锯材

53.7%
木质复合材料

0.3%

53.7%

46%

1,896,000,000 m³

墙板 / 天花板

0.3%
封边单板

49.7%
锯材

49%
木质复合材料

0.3%

49%

49.7%

1,784,000,000 m³

门

0.4%
封边单板

65.8%
锯材

31.8%
木质复合材料

0.4%

31.8%

65.8%

911,000,000 m³

图 5.1.4 德国建筑业使用木材和木材产品情况；根据产品类型和材料类型分类

资料来源：尤塔·阿尔布斯，2014 年。根据阿尔布雷特等，2008 年

木材产品市场调查报告。该调查选取了具有指标意义的木材产品，根据实际消费量和预期增长率等分析而得出的结论。其中建筑业共消耗了约 1670 万立方米的木材或木材产品，占总量 3170 万立方米的一半以上（阿尔布雷希特，2008，p. 69）。

图 5.1.4 展示了 2004 年德国建筑业使用木材和木材产品的情况。传统成型木材 54.6%，占据市场最大份额，年消耗量约为 1730 万立方米。其次是刨花板制品，约为 810 万立方米，占 25.4% 的市场份额。年消耗量介于 100 万立方米至 200 万立方米之间的产品是纤维板制品（190 万立方米），实木制品 KVH（170 万立方米），胶合板制品（120 万立方米）。年消耗量在 100 万立方米以下的产品是叠合板制品（70 万立方米）和定向刨花板制品（60 万立方米）。建筑业木材产品使用占比最小的是一些以木材为原料的产品，比如条状／杆状的实木复合材料、杂木复合板、用作装饰的薄木板等，仅占市场份额的 1%，几乎可以忽略不计（阿尔布雷希特，2008，p. 70）。工程木产品主要包括：胶合板，锯材，工字型木搁栅，OSB 定向刨花板，结构用木质复合材（单板层积胶合木，平行木片胶合木，层叠木片胶合木）等。

阿尔布雷希特等人在 2008 年的研究报告指出，在木材产品中，作为建筑结构构件应用的比例最大，约占德国建筑业木材和木材产品总消耗量的三分之一。另外，还有超过总消耗量 10% 的木材制品，用于民用建筑领域的墙板、地板、屋面板等方面。图 5.1.5 展示了不同建筑材料建造外墙的成本支出。通过图表可以看出，砖石等传统建筑材料的成本优势非常明显，每平方面积造价最低。轻钢框架等轻质高强的材料价格虽有一定的弹性空间，但总体上来讲，每平方面积造价最高。木材的价格适中，但与砖石等传统建筑材料相比，木材的使用增加 10% 至 15% 的建造成本（提彻勒曼和卡斯滕·乌尔赖希；轻型建筑研究所（ITL），2013）。

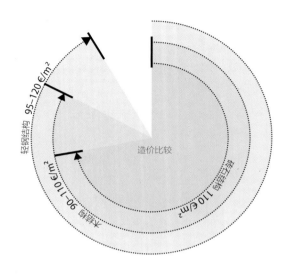

从总体上看，木材和轻钢等轻质材料在外墙建造过程中，价格会随着结构的复杂程度、材料的加工精度，以及生态环保等方面因素而提高。但是由于轻质材料在加工制造、预制、装配等方面具有优势，不仅可以扩大材料的运用范围，而且能提高建筑的整体性能，提高施工建造的效率。此外，木材和轻钢等轻质材料可以在预制工厂加工制造，这样能有效地减少施工现场的建筑垃圾和废弃物，从而减少资源浪费。

从木材和砖石等建筑材料性能比较来看，在相同情况下，木材构件和木材产品的厚度和截面尺寸都较小，因此木结构建筑的实际使用面积，比普通砖混结构高出5%-8%。木材的预制加工简单便捷，可以提高工作效率。木材纹理优美，质地均匀，可以营造温馨自然的环境，在住宅建筑中使用木材构件和木材产品，给人以亲切、和谐之感，可以舒缓精神压力。木材透气性好，木结构住宅冬暖夏凉，易于保持室内空气清新和湿度均衡。木材作为节能环保的材料，在其生命

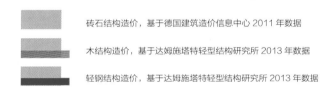

砖石结构造价，基于德国建筑造价信息中心 2011 年数据

木结构造价，基于达姆施塔特轻型结构研究所 2013 年数据

轻钢结构造价，基于达姆施塔特轻型结构研究所 2013 年数据

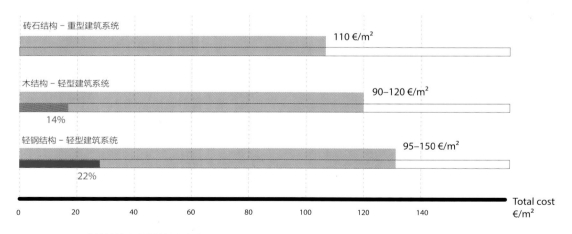

图 5.1.5　不同建筑材料建造外墙的成本支出

资料来源：尤塔·阿尔布斯，2013 年。根据 2011 年度 BKI 统计报表，轻型建筑研究所（ITL），2013 年

图 5.1.6　德国大型预制厂商和总部分布图
资料来源：沃伯特和森切尔，2011 年，© 斯图加特大学建筑经济研究所

周期中对环境影响最小，增加木材的用量，可以大幅度减少二氧化碳排放量，实现全球范围的绿色可持续发展。当然木材应用也要解决病虫害、防火安全，以及和现行建筑规范匹配等问题。

预制构件行业发展概述

木材质量轻，绝缘性能好，有较好的弹性、可塑性和耐久性，同时木材也是较为理想的热工材料和吸声材料。木材是德国预制构件行业使用最多的建筑材料，也是德国住宅建筑中使用量第三大的建筑材料（图 3.3）。

在过去的六十年间，随着产业升级和技术进步，德国的木材厂以及木材加工制造业，摆脱了传统的手工业生产模式，关注点已转移到提高木材加工技术、发展木质复合型材料，以及推动建筑木构件的预制加工等方面。二战后，德国经济快速增长，推动了住宅建设的热潮，并在 20 世纪 70 年代达到顶峰。当时，装配式住宅被认为是居民负担得起、价廉物美的住宅类型（荣汉斯，1994 年）。尽管大规模的生产方法降低了住宅的造价，但也限制了建筑设计的发挥和创造，造成了单调呆板的住宅建筑形象。

随着住宅建设热潮的逐渐消退，预制构件行业在总结以往行业发展经验和教训的基础上，于 20 世纪 80 年代末，由德国预制建筑行业协会牵头，制定了"德国预制房屋质量标准"（QDF）。该标准规定，所有行业成员都必须严格遵守 QDF 制定的关于预制工艺、生产流程、材料处理等规定。该标准经过不断修订和补充，直到今天仍然在预制构件发挥重要作用，用来指导工作开展，保证产品质量，满足用户日益提高的要求（德国联邦预制装配式建筑协会，2013）。

图 5.1.6 展示了德国大型预制厂商所在地主要集中在南部地区。这是因为大多数企业都在南部林木资源丰富的地区设立工厂，便于木材资源的获得与加工制造。

地域性特点

自二战结束后，除了 2000 年和 2006 年出现经济下滑以外，在过去五六十年间，德国工业领域始终保持快速增长的势头，预制构件行业也在德国稳健的经济发展中受益。到 20 世纪 90 年代末，建筑市场达到新的高峰，平均每年建造十六万栋装配式建筑。仅仅两年之后，随着经济的下滑，预制构件行业也受到了巨大影响，2002 年，装配式建筑的产量减少至十二万栋。2006 年预制构件行业再次出现波动，由于联邦政府取消了相关房产补贴政策，致使产量下滑（德国联邦预制装配式建筑协会，2013）。

图 5.1.7 展示了 2010 年度，德国不同联邦州装配式住宅规划许可证审批情况。根据图示，德国南部新建预制住宅建筑数量较多。从地理分布看，靠近南部的黑森林地区是木材生产加工企业最集中的区域，靠近德国中部伦山、西部埃菲尔山以及中部七峰山，这几大山脉交汇地区，是木材生产加工企业第二大集中区域。由于德国南部与奥地利和瑞士毗邻，木材和木结构预制住宅在这两个国家得到居民的普遍认可，这在很大程度上影响了德国南部居民对于木结构预制住宅的选择。

图 5.1.8 展示了 2005 年和 2015 年预制住宅建筑行业，在各联邦州的市场份额和变化趋势。显然南北方对预制住宅的接受程度不同，但是预制建筑行业的增长，无论在南方和北方却是显而易见的。

增长趋势与发展

通过对预制构件行业发展状况的讨论和研究进一步表明，2005 年后，德国装配式住宅建造呈稳定增长趋势（见于附录 1）。2012 年的市场份额较 2011 年增长 4.8%，这表明预制装配式住宅和半预制式住房市场的需求在不断增长。2013 年的行业报告显示，装配式住宅市场份额增长率达到了 5.1%，而传统住宅增长 2.2%。2013 年，在新建的 99603 座独栋住宅或双拼住宅中，15617 座新建住宅采用

░	< 4256
▒	< 7951
▓	< 11646
▓	< 15341
█	< 19037

图 5.1.7　2010 年度，德国预制住宅建筑规划许可证审批情况
资料来源：尤塔·阿尔布斯，2014 年。根据德国联邦统计局 2014 年数据

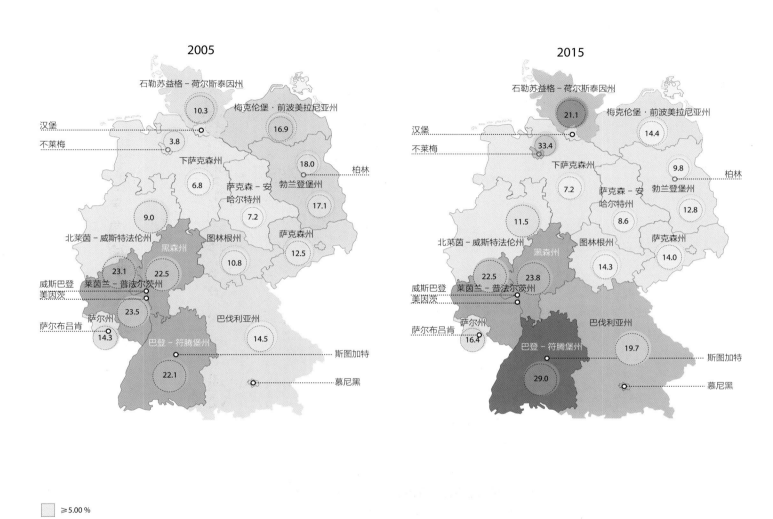

图 5.1.8 2005 年至 2015 年间，德国联邦政府统计的装配式住宅在各州的市场份额和变化趋势。

资料来源：尤塔·阿尔布斯，2015 年。根据德国联邦预制装配式建筑协会

了预制装配建造模式，占新建住宅总量的 15.7%（德国联邦预制装配式建筑协会，2014）。

通过对图 5.1.8 的进一步研究发现，德国南部巴登符腾堡州预制住宅建造活动非常活跃，其次是黑森州和莱茵兰普法尔茨州。这几个州，每五座住宅就有一座木结构装配式住宅。德国北部装配式住宅建造较少，市场占有率较低，尤其是下萨克森州仅为 7%。不过，根据德国联邦预制装配式建筑协会最新的市场调查显示，近年来北部地区出现了小幅上涨。

预制构件行业的持续增长，很大程度上要归功于透明的项目管理、建设流程。在建造之初，约定预制装配工作周期，和交付使用的工作计划，这对客户来说尤其重要。另外相较于传统住宅建造模式，预制构件行业对于符合能耗标准，且技术先进的建造模式接受度更高。（德国联邦预制装配式建筑协会，2014）。

可持续木材供应措施

木材不仅是唯一可再生的主要建筑材料，而且在温室气体排放、水污染指数、能源利用、固态废料等方面，其环保性远优于其他建筑材料。木结构建筑物耐久而健康。依据建筑全生命周期评价方法和要求，木制建筑也远胜于其他建筑，是公认的绿色建筑。随着新的制造工艺在木材领域中的应用，推动技术创新方案的产生，带来了木结构建筑高度和建筑跨度的突破。伴随着木材使用数量增加，也导致林木资源消耗加速。如前文所述，2004 年德国建筑业就消耗了约 1670 万立方米的木材或木材产品（阿尔布雷希特等，2008）。

可持续的森林管理和保护是应对木材使用不断攀升的前提。培育和栽种速生树种，通过人工干预提高树种的多样性，是环境保护的重要措施。（格林和卡什，2012）。此外，在全球范围内，需要通过政策鼓励和经济支持，强调并开展公平的木材采购活动，鼓励可持续发展，减少砍伐，打击违法行为，防止任意拓荒和过度开发。

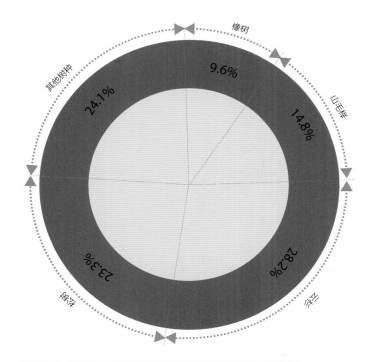

图 5.1.9　德国森林资源最丰富的巴登符腾堡州的树种分布情况
资料来源：尤塔·阿尔布斯，2015 年。根据德国联邦食品与农业部

结构用材 – KVH（云杉）

A	生态方面		+ 优点　− 缺点
A1	主要生态指标 不可再生资源	4,271 MJ/kg	+ 自然资源 + 生产过程中能耗低 + 资源储备丰富
A2	主要生态指标 可再生资源	10,680 MJ/kg	+ 生产过程中不会造成污染
A3	矿物资源消耗量	754 kg	− 生产制造及干燥处理环节产生废弃物
A4	全球变暖趋势	822 kg CO_2-Eq	
A5	环境酸化趋势	0.663 kg SO_2-Eq	
B	经济方面		+ 优点　− 缺点
B1	生长周期	> 50	+ 使用周期较长 + 施工效率高 + 可拆卸式连接 + 装配效果好
B2	产品维护	经常性维护	
B3	生产成本	高（相较于砖石结构增加10%-15%成本）	− 造价偏高 − 维护要求高（腐蚀、防火）
B4	水资源利用	337,370 kg	
C	技术方面		+ 优点　− 缺点
C1	密度	529 kg/m³	+ 抗压强度高 + 重量轻 + 含水量高 + 弹性变形好
C2	弹性模量	11 GPa / 11,000 N/mm²	
C3	U值（传热系数）	8.6 W/mK	− 抵御虫害能力差 − 湿度调节能力有限 − 强度低 − 防火等措施要求高
C4	λ值（导热系数）	0.12-0.18 W/mK	
C5	耐火性能	A2/A1	

图 5.1.10　云杉的生态、经济、技术性能等指标
资料来源：尤塔·阿尔布斯，2013 年。根据海格尔，2007 年，pp. 67 ff.

欧洲南部的主要树种是地中海橡树，而云杉是欧洲北部和中部的原生树种，也是目前主要的造林树种之一。云杉生长速度总体偏慢，前 10 年生长缓慢，后期生长速度加快，成长周期在 40 到 60 年之间，甚至更长（德国联邦食品与农业部，2016）。德国的针叶树种主要有云杉和松树等，约占森林资源的 54%，阔叶树种主要有山毛榉和橡树等，约占森林资源的 43.4%。德国针对森林保护出台了一系列法律法规，完善森林管理工作，同时通过积极发展经济林木和用材林木等措施，提高了林业资源的合理开发利用。德国南部的巴伐利亚州和巴登符腾堡州，是森林资源开发利用程度较高的地区，云杉和山毛榉的使用量非常大（扬·布尔默，黑森林地区林木保护组织，2016）。在这些地区采取了生态调控措施，通过补种树苗、砍伐休整期、栽种速生树种等快速恢复措施，促进了林业资源的快速恢复和可持续发展。

材料性能与木材应用

在其他建筑材料的生产加工过程中，不仅可再生资源使用较少，而且要消耗大量的石化燃料，释放大量的二氧化碳，例如水泥和钢筋的生产加工。这些建筑材料都有较高的碳足迹值。碳足迹值是某个产品或者某个活动的二氧化碳和其他温室气体的释放量。而木材的碳足迹值是负数，因为在采伐、运输和使用过程中，排放的二氧化碳远远少于被固定在木材中的二氧化碳。木材生产具有低能耗、清洁环保等特点。因此，木材是低碳环保、环境友好型的建筑材料。图 5.1.10 展示了云杉作为建筑结构构件使用时，在生态、经济、技术性能三方面的测试结果，展现云杉优异的材料特性。该测试是根据德国工业标准 DIN 68364，在云杉木方含水量为 um12% 的情况下进行的。（海格尔，2007，pp. 67 ff.；赫尔佐格，2003，pp. 31 ff.）

现行的建筑法规中，对木材加工过程中环保节能的规定日趋严格。例如，规定在层叠木片胶合木、刨花板和胶

a   U-value 0.12 W/(m²·K)

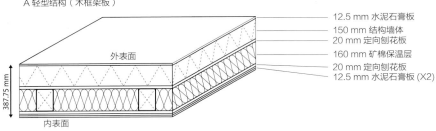

A 轻型结构（木框架板）

- 12.5 mm 水泥石膏板
- 150 mm 结构墙体
- 20 mm 定向刨花板
- 160 mm 矿棉保温层
- 20 mm 定向刨花板
- 12.5 mm 水泥石膏板 (X2)

外表面

387.75 mm

内表面

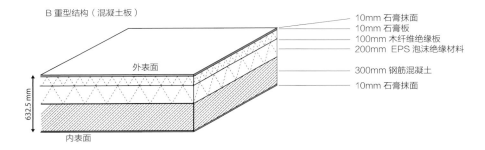

B 重型结构（混凝土板）

- 10mm 石膏抹面
- 10mm 石膏板
- 100mm 木纤维绝缘板
- 200mm EPS 泡沫绝缘材料
- 300mm 钢筋混凝土
- 10mm 石膏抹面

外表面

632.5 mm

内表面

b

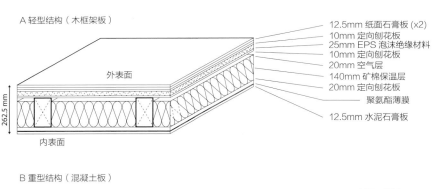

A 轻型结构（木框架板）

- 12.5mm 纸面石膏板 (x2)
- 10mm 定向刨花板
- 25mm EPS 泡沫绝缘材料
- 10mm 定向刨花板
- 20mm 空气层
- 140mm 矿棉保温层
- 20mm 定向刨花板
- 聚氨酯薄膜
- 12.5mm 水泥石膏板

外表面

262.5 mm

内表面

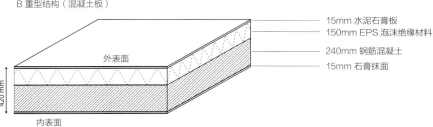

B 重型结构（混凝土板）

- 15mm 水泥石膏板
- 150mm EPS 泡沫绝缘材料
- 240mm 钢筋混凝土
- 15mm 石膏抹面

外表面

420 mm

内表面

图 5.1.11　外墙系统的比较，根据 U 值：
(a)U＝0.12W/（m²·K），(b)U＝0.21W/（m²·K）

资料来源：尤塔·阿尔布斯，2013 年。根据 u-wert.
net UG，2012 年

合板等复合材料生产过程中，要使用无毒的胶粘剂等。在木材加工过程中，要逐步降低能源消耗。通常情况下，木材加工生产只需要少量的外部能源，所需能源大多来自生产过程中木材自身的副产品。例如，木材加工所需能源的80%，可由树皮转化的有机燃料提供，其余20%为电能。木材烘干工序耗能最多，且大部分能源用于保证烘干机风扇不间断工作上。图5.1.3展示的纤维板、刨花板等板材，在木材产品中占大多数。板材的生产需要消耗大量能源并产生废气废料，这会对建筑材料的生态平衡带来负面影响。另外，木材从工厂运送到建筑工地，运输车辆也会消耗化石能源，增加了碳排放量。然而，相对于金属、水泥、塑料等材料，木材从砍伐、加工、使用、回收，以及废弃和再生环节，都有良好的环境协调性，具有显著的经济优势和巨大的应用潜力。

木材作为优质的多孔轻质材料，通过创新的结构解决方案，可以节约建造成本，提高经济效益。新型木构件开发，减少了材料用量，可实现快速装配和连接。此外，在承载力形同的情况下，使用木构件的框架结构，可以增加建筑净面积。图5.1.11展示了外墙和U值的关系，随着墙体性能的不断提升，保温隔热层的厚度大幅增加。然而，在同等物理条件下，保温隔热层厚度的增加与结构构件尺寸的增加比较，可以忽略不计。因此，通过外墙和U值的关系，展现了木材作为轻质建筑材料的应用优势。当然，木材也有缺陷，例如，为保证材料的耐久性，需要进行频繁的材料维护。特别是在湿度较大地区，作为围护结构的墙面和屋顶使用时，必须做特殊处理。另外，采用复合木材料制造的混合构件，需要考虑材料的伸缩性能。

材料性能对结构的影响

木材是一种非均质的各向异性的天然高分子材料，多种性质有别于其他材料，尤其是力学性质更与均质材料有着明显的差异。由于木材独特的性能，使其作为建筑构件，在抗弯强度、冲击韧性、抗劈力、抗扭强度、耐磨性等方面具有较大优势，也使得木结构建筑具备施工工期短、抗震耐久、室内设计灵活等一系列的特点。同时，由于木结构构件质量较轻，可以根据需要进行拆除和替换，提高优化建筑系统的效率。

材料的密度显著地影响其承载能力，而材料的密度取决于孔隙与细胞壁的比值。木材的密度，是木材在含水12%时测量的，也就是说木材在含水率和体积相同的情况下与重量相对比。例如，云杉的平均孔隙率为70%，密度为45g/cm^3。橡木的孔隙率为60%，密度为60g/cm^3（海格尔，2007，pp. 67 ff.）。云杉的承载力要优于橡木。

材料的抗压强度，是结构构件在建筑中应用的重要指标。木材的抗压强度取决于木材的硬度，承受的压力越大，则硬度越大。海格尔等人的研究（2007）指出，木材是由厚壁细胞承担外力，这类细胞愈多，细胞壁愈厚，则强度愈高。由于木材的非均质特点，树木在成长过程中，随着厚壁细胞的不断增加，形成了木材的各向异性。木材横纹的抗压强度较小，而顺纹的抗压强度非常高，仅次于顺纹抗拉与抗弯强度，且木材的疵点对其影响甚小，因此这种强度在建筑上应用最广。例如，云杉可承受高达10N/mm^{2}的纵向抗压强度，但是横向抗压强度仅为0.04N/mm^2。

木材构造的各向异性，对于木构件的收缩和膨胀也产生影响。木材在长期的湿胀干缩交替中，会翘曲开裂，导致木构件性能的缺陷。为了更好发挥木材的性能，有必要详细了解木材的含水量、湿胀、干缩的特点。

木材含水量用含水率表示，指所含水的质量占干燥木材质量的百分比。木材所含水分，可分自由水、吸附水以及化合水三种。当木材中无自由水，仅细胞壁内充满了吸附水时，木材的含水率称之为纤维饱和点。纤维饱和点是木材物理力学性质发生变化的转折点。当木材从潮湿状态干燥至纤维饱和点时，自由水蒸发，其尺寸不变，继续干燥时吸附水蒸发，则发生体积收缩。反之，干燥木材吸湿时，发生体积膨胀，

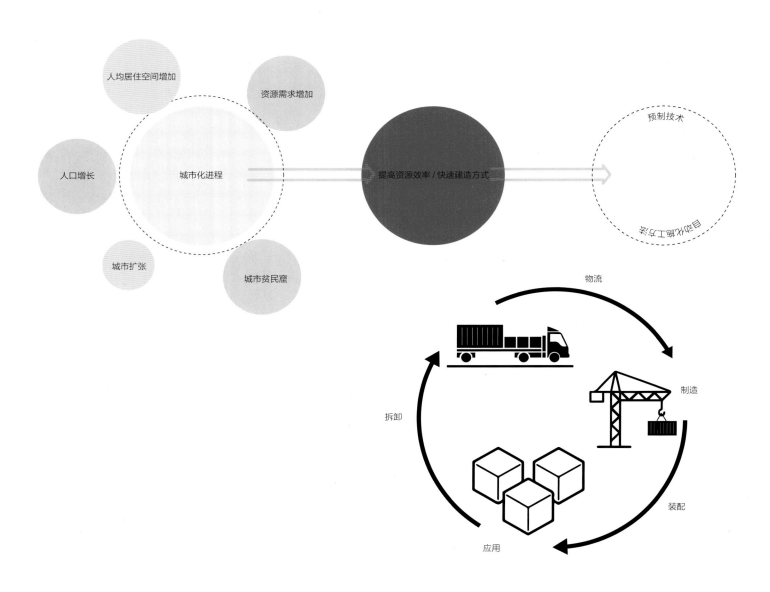

图 5.1.12　工业化建筑和施工过程的社会经济潜力

资料来源：尤塔·阿尔布斯，2015 年

图 5.1.13　使用木框架加工设备预制木框架墙板
资料来源：© 芬格豪斯公司

直至含水量达纤维饱和点为止。如果继续吸湿，则不再膨胀。因为木材构造的各向异性，其胀缩具有方向性。相同的木材，其胀缩沿弦向最大，径向次之，纤维方向最小。

新伐木材含水率常在 35% 以上，风干木材含水率在 15%-25%，室内干燥木材含水率在 8%-15%。根据德国工业标准 DIN 4074，以及现行建筑规范的要求，用于建筑的实木构件含水率控制在 20% 左右，胶合木构件含水率控制在 15% 左右（海格尔，2007，pp. 67 ff.）。因而潮湿的木材在加工或使用前，应进行干燥处理，使木材的含水率达到平衡含水率，与将来使用的环境湿度相适应。

由于木材的纤维状特点，木材内存在着大量的孔隙空间，使木材具有隔热、保温、吸音、隔声等特性。由于木材的纤维走向和孔隙空间的不同，潮湿木材在干燥处理中，将引起纵向、径向等相应尺寸的变化（海格尔，2007，p. 31）。

由于木材优异的物理和力学性能，很早就被人类应用到建筑活动中。而木材以建筑构件或组件的形式使用，是随着木材加工制造业，引入机械化生产方式之后，从装配式住宅开始的。预制构件生产企业也是从木匠行业或木材加工业，摆脱传统手工业生产方式，逐渐发展演变而来。当今的预制构件生产企业，采用先进的机械设备，以标准化、批量化的方式，开展生产活动，提高了工作效率和经济效益。在过去的几十年间，随着对木材和木结构研究的深入，开发了一系列技术先进的产品。例如，胶合板、交错层压木等新型材料的引入，大大拓展了木建筑的应用范围，提高了木建筑结构的性能，涌现出大量高质量、高性能的产品。

木结构抗压强度的提升，提高了承载能力，实现了建筑高度和结构体系的突破，促进了多层甚至高层，高密度木结构住宅的产生。特别是新型材料和复合型材料的出现，为建筑结构提供了更多的选择。通常情况下，用于建筑结构实木（KVH），以及生产胶合木（GLT）的木材品种有云杉、冷杉、松树、落叶松和花旗松等树种。这些树种的抗压强度和抗弯

强度都很高，新型材料通常是在这些木材的基础上进一步加工（赫尔佐格，2003）。例如，交错层压木（CLT）就是采用窑干的杉木（云杉/冷杉），直接分拣切割成木方，经正交（90°）叠放后，使用高强度材料胶合成实木板材，可按要求定制面积和厚度。其特点是将横纹和竖纹交错排布胶合成型，强度可替代混凝土材料，因为纤维的有效取向，具有尺寸稳定性和高刚性。该材料不仅具有极高的强度且绿色环保，而且具备一定的防火功能，因而可为木质建筑提供灵活的设计方案、有竞争力的成本和优异的结构强度（彼得·谢雷，2014，p. 115）。

适用于木材的结构系统

木质面板（木基结构板材）或木框架结构，在德国预制建筑中应用最广泛，其他结构形式需要进一步研究。本节针对不同结构和材料特点，探寻适用于标准化、紧凑型、高密度建筑的结构方案。

20 世纪 70 年代，德国建筑行业和预制厂商，针对木建筑以及木框架结构推出了一系列行业标准和建筑规范，规范了装配式建筑市场。这些有针对性的措施，在很短的时间内，解决了行业发展的弊端，改变了行业的组织结构模式，推动了木建筑以及木框架结构的发展。

木框架系统具有空间分隔自由、结合建筑平面布局，可充分发挥设计的灵活性。框架式装配是搭建木框架系统最常见的方法。木质面板和木框架的建造方法类似。主要的差异体现在预制水平方面，木质面板的预制程度会更高。但这两种类型的结构系统，都是由相同的材料预制完成，同时也必须满足德国工业标准 DIN 1052，以及欧洲标准 5 等规范中，关于"木制建筑设计、计算和测量标准"等内容规定（谢雷和施瓦讷，2014，pp. 116 ff.）。

图 5.1.13 展示了预制工厂的生产场景。在木框架的生产中，使用数控机床，精确切割木料，辅助木框架的生产组

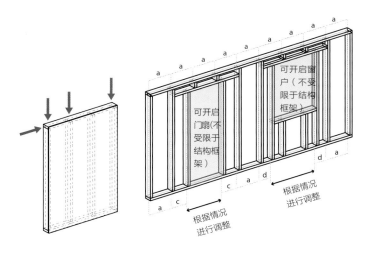

图 5.1.14　木框架墙体的结构原理和荷载传递

资料来源：尤塔·阿尔布斯，2013 年。根据赫尔佐格等，2003 年

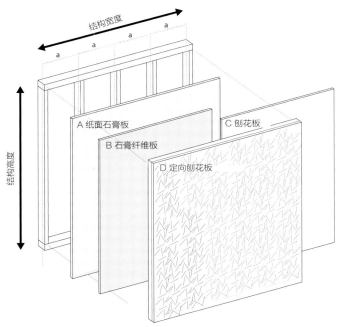

图 5.1.15　木质面板（木基结构板材）起支撑作用并承受压力，传递并承受横向剪力

资料来源：尤塔·阿尔布斯，2016 年。根据迪德里希，2006 年

装。木框架由水平梁和立柱构成，通常用支撑板，固定在框架的一侧。初步成形的木框架，放置在预制工厂的装配线上，进行防潮、隔热和防水等处理，最终完成预制加工流程（阿尔贝斯，2001）。

图 5.1.14 展示了木框架结构的搭建过程。首先将实木（KVH）以 62.5 厘米的轴向间距安装在底部横梁上，然后在实木的顶部安装水平横梁，最后根据技术和结构要求，在实木之间固定支撑板，完成框架结构，并用夹子、钉子或螺丝将板固定在底座上。木框架使用的所有材料和连接件，必须符合德国工业标准 DIN 1052 和欧洲标准 5 的要求。图 5.1.14 还展示了建筑荷载在木框架的传递情况。木框架横梁承受竖向载荷，支撑板传递水平荷载，并抵抗剪力和横向应力。木框架在不破坏保温、防水性能的前提下，要在框架内铺设相应宽度的实木方，以满足开窗洞口的需求。窗洞口和框架结构的连接，可根据需要增加连接构件。通过对木框架的处理，提高了设计的灵活性，使定制建筑的方案得以实现。

承载部件采用建筑实木（KVH），在某种情况下也可以使用胶合木（BSH）构件，以达到较高的结构要求。由于各国工业水平不同，标准尺寸会出现差异，以公制单位计量，通常截面尺寸介于 60 毫米 ×120 毫米（最小宽度和高度）至 140 毫米 ×240 毫米（最大宽度和高度）之间。

不同国家根据本国的建筑规范或工业标准，对木材和木材产品进行相应的分类。德国对木材的性能指标有详细的分类标准，例如，按照木材结构性能分类的工业标准，有 DIN 1052 和 DIN 4074；按照木材强度、形状和尺寸分类的工业标准，有 DIN EN 844（原 DIN 68252）。以云杉为原材料生产的实木建筑木方（KVH）为例，对云杉初级加工处理之后，按照 DIN EN 844 关于实木建筑木方的规定，用拼接和胶合等方式，制作成截面尺寸为 60 毫米 ×180 毫米的产品，或介于该尺寸之间的其他产品。美国的标准截面尺寸是 2 英寸宽，4 英寸高，采用该尺寸标准构件的木框架结构,称作"2×4 工法"。新西兰、英国和澳大利亚 4 英寸宽,2 英寸高的截面用于结构构件,长度介于 6 英尺(约 1.83 米)至 24 英尺（约 7.32 米）之间（史密斯和伍德,1964）。

使用木质面板（木基结构板材）或木质框架结构建造多层建筑时,建筑师首先要对建筑的荷载和受力情况进行全面分析。通常情况下,在多层和高层建筑中,大尺寸梁柱结构、框架结构横梁处,以及建筑转角处需做特殊的承重处理。结构复合木材 LVL（单板层积材）和 PSL（平行木片胶合木）,这两种优质的工程木制品将会在这些地方发挥更大的作用。

图 5.1.15 展示了木质面板（木基结构板材）的实例。木基结构板材是承重结构的木基复合板材,包括结构胶合板和定向木片板。这两种板材尺寸相同,均使用防水黏合剂,通过高温高压和结构用胶,将很小的材料颗粒或碎片黏合,制造为成品。可用于轻型木结构的墙面板、楼面板和屋面板。作墙面板使用时,整体性很强,可将荷载传递至主要结构的承重构件,使结构整体刚性达到要求,同时还能承受风载、地震荷载等横向剪力。另外,作为围护结构的一部分,木基结构板材不仅是建筑结构的外围护层,也是外墙饰面的基层,饰面板或石膏板等装饰性材料可直接附加到木基结构板材上。德国工业标准 DIN EN 13968,是依据德国建筑技术研究所对木基结构板材的研究成果,对该材料的应用范围和技术要求做出的详细规定（迪德里希,2006）。

木构件的工业化生产

在施工建造过程中,积极推动预制装配和自动化生产模式,对于提高生产效率具有重要意义。标准化建筑构件的大规模生产,可以带来成本和时间等多重收益。当然,也必须考虑建筑构件与建筑构造,以及建筑设计的相互关联因素。

德国联邦预制装配式建筑协会制定的"德国预制房屋质量标准"是预制构件行业的统一标准。通过对构件生产过程中技术标准、生产流程的规定,以及在各生产环节应用中内部和外部的检测手段,确保交付使用的构件达到预期的质量标准。该标准从经济实用的角度,规定了由各生产环节组成的生产流程,从经济和技术等多层面,决定着预制构件制造及其配套工业的未来。

随着制造业水平的提升,特别是大型计算机数控机床（CNC）在建筑构件工业化建造过程中的应用,数控机床的自动化生产流程确保了建筑构件的精度,提高了建筑构件的质量。这对"德国预制房屋质量标准"在预制行业中的应用具有极大的推动作用。

木构件的生产与装配

图 5.1.16 展示了装配式住宅木构件生产与装配流程。详细介绍了楼地板和外墙板的制造情况,对劳动密集型阶段和数字化控制阶段进行了划分,展示了自动化生产流程的相关流程和步骤。相关内容是根据 2014 年对芬格豪斯公司相关人员的访谈（资料来源于德国联邦预制装配式建筑协会）,以及阿尔贝斯 2001 年出版的著作总结整理而成。

木构件的生产,首先从原木处理阶段,诸如原木切短、开片成板条、烘干改性、粗加工成型等开始,到梁加工和板切割,都由专业的自动化工具完成。在这些工作流程中,手工劳动量微不足道,可以暂时忽略不计。

木梁加工

自动化木梁加工流程,包括自动化进料、材料切割、测量定位、自动化操作（铣、开槽、切边）、贴标签、材料编号。标准化操作和规模化生产,提高了自动化设备的工作效率。

板材加工

自动化板材加工流程,包括板材切割、测量定位、表面处理（铣、钻、挖、锯等）。加工过程中，由于 CAD/CAM 技术的应用，通过数字化设计，完善了制造环节，不仅提高了制造精度而且减少了浪费。板材厚度的不同，加工方法和设备也有所不同，但板材的厚度一般不超过 350 毫米。

框架安装

框架的装配工作，通常是在水平工作台或蝶形旋转设备上进行。首先将纵、横梁进行准确定位与安装，组成内部支撑结构。然后组装框架外围构件，并在相应工具的配合下，完成车、削、铣、钻和修边等手工操作流程。以上工序完成之后，框架基本成型，再进行填充保温隔热层和防水层等一系列工作。

面板加工

在框架制作完成之后，对面板进行处理。主要工作是铣削孔洞，即预留开窗位置，以及插座、开关、管道口和螺栓连接口等位置。通过水平工作台或蝶形旋转设备的使用，提高了工作效率，提高了构件的精度和质量。

面板安装

将加工过的面板放在框架的相应位置，使用工作台设备，将面板和框架用射钉和金属连接件，或使用黏合剂和专用夹具固定连接部位，使面板和框架牢固连接。将一侧面板框架安装完毕后，开口朝上放置在旋转工作台上，根据产品性能需求，在框架内部填塞绝缘、保温等材料，同时在预留位置完成另一侧面板安装。

修边和安装窗户

将初步完成的产品，进一步加工处理，其中包括在预留窗洞的位置安装窗户、窗台板以及插座等。同时在交接部位进行修边、切割、填充等系列工作。在这些工作结束后，根据产品需求，进行单 / 双面的处理工序，其中包括使用自动、抹灰机，涂抹腻子或石膏，喷涂底漆等。在这个阶段，配合自动设备会有部分手工劳动，例如填充接缝或凹进处等处理工作。

面板处理

在使用自动抹灰机涂抹腻子、石膏，或喷涂底漆的工作中，大约 80% 可以使用数控设备完成。通常情况下，使用自动化设备进行面层处理，只在窗户、凹进处或开口部位进行手工操作。上述工作完成之后，要进行饰面板或附加装饰层的安装，其中包括填充缝隙和凹槽等工序，使表层平滑并符合构件产品的最终要求。在面板处理过程中，同时要符合《德国预制房屋质量标准》有关产品质量的规定。

构件完成

构件在工厂的最后处理工序，首先，使用聚氨酯泡沫填充物对接缝处和开口处进行密封，保证产品气密性。其次，为了避免运输过程中构件破损，要对构件进行适当包装。同时根据构件在建造过程中的顺序，安排物流仓储，保证施工顺利开展。一般来说，构件生产应遵循"有序生产，及时便捷"原则，尽量减少库存。

运输和物流

运输物流环节与施工现场，通过相同的时间表进行协调。在现场施工设备、准备工作和施工人员就绪的情况下，构件按照施工顺序运抵施工现场，以保证建造工作的顺利进行。要根据构件尺寸，选择合适的运输工具。构件从库房吊装到运输的顺序，要与现场装配顺序最好相反，便于构件运到施工现场后，直接按照装配顺序开展工作（阿尔贝斯，2001，pp. 504 ff.）。

现场装配

在现场建造开展之前，要做好开工前的准备工作，包括地基和场地处理、设备管线铺设等。根据项目的规模和复杂程度，施工设备布置完成后，脚手架安装工作可同步进行。通常情况下，一座独栋家庭住宅项目，需要由四到五名现场工作人员组成的施工团队，进行建造和装配工作。建筑主体结构的装配工作，通常最多需要四天时间。随后，

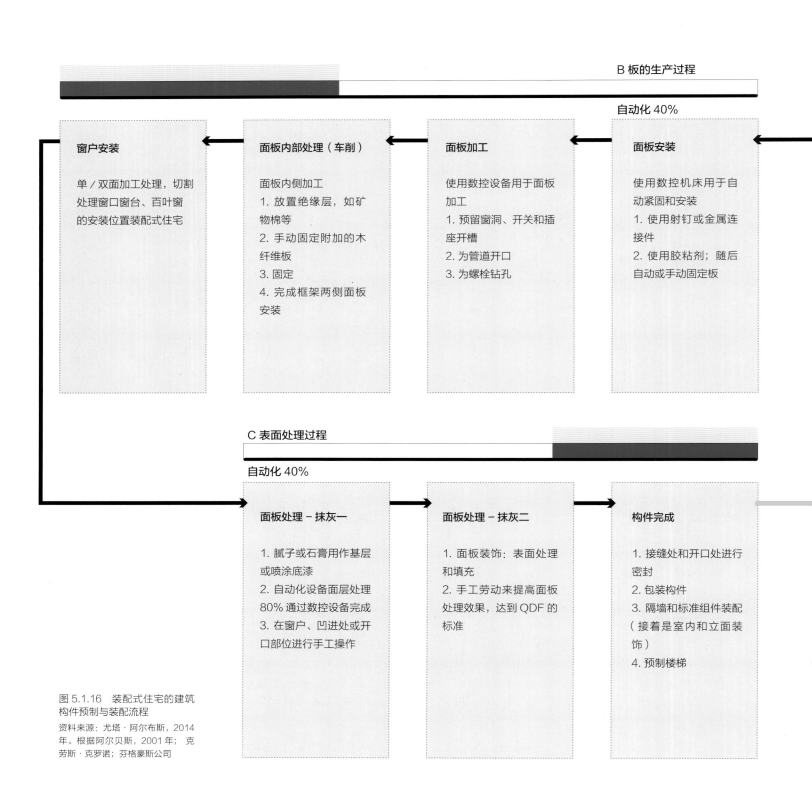

B 板的生产过程

自动化 40%

窗户安装

单／双面加工处理，切割处理窗口窗台、百叶窗的安装位置装配式住宅

面板内部处理（车削）

面板内侧加工
1. 放置绝缘层，如矿物棉等
2. 手动固定附加的木纤维板
3. 固定
4. 完成框架两侧面板安装

面板加工

使用数控设备用于面板加工
1. 预留窗洞、开关和插座开槽
2. 为管道开口
3. 为螺栓钻孔

面板安装

使用数控机床用于自动紧固和安装
1. 使用射钉或金属连接件
2. 使用胶粘剂；随后自动或手动固定板

C 表面处理过程

自动化 40%

面板处理－抹灰一

1. 腻子或石膏用作基层或喷涂底漆
2. 自动化设备面层处理80% 通过数控设备完成
3. 在窗户、凹进处或开口部位进行手工操作

面板处理－抹灰二

1. 面板装饰：表面处理和填充
2. 手工劳动来提高面板处理效果，达到 QDF 的标准

构件完成

1. 接缝处和开口处进行密封
2. 包装构件
3. 隔墙和标准组件装配（接着是室内和立面装饰）
4. 预制楼梯

图 5.1.16　装配式住宅的建筑构件预制与装配流程
资料来源：尤塔·阿尔布斯，2014年。根据阿尔贝斯，2001年；克劳斯·克罗诺；芬格豪斯公司

A 部件生产过程

自动化 100%

部件生产

使用数控机床装配和固定框架部件
1. 在水平工作台上或蝶形转动设备上装配零件
2. 完成框架的生产

板材加工

全自动或精确的板材加工
1. 面板尺寸
2. 自动化或精确加工（CAD 或 CAM 工具）
3. 工序优化，减少浪费
4. 钻孔、锯
5. 加工尺寸最大 350mm

木梁加工

木材和原木的 CNC 加工（纵向或横向的系统）
1. 原材料计量与调查
2. 柱和椽的加工
3. 原木加工
4. 纵向加工如开槽，横向修剪，开槽
5. 刨削
6. 构件容许缺陷数 <1mm

原材料

坚实的木材，如云杉、冷杉、松树
质量检验
无浸渍平面
强度等级
分类

D 运输装配过程

自动化 10%

运输和物流

1. 物流计划配合建造时间表
2. 施工设备就位、
3. 施工条件具备
4. 部件根据统计要求和反向顺序装货
5. 选择合适的运输工具

现场装配

场地准备完成（基础工程，供应系统、脚手架、现场设备的安装）事先装配
1. 施工团队准备就绪
2. 建筑围护结构、屋顶、地板、楼梯、烟囱的装配
3. 与基础连接

室内安装

电气、机械和卫生供给系统的安装和装修
1. 构件连接的气密性试验
2. 安装卫生、取暖设备
3. 28 天室内干燥期，开始室内装修

检查和验收

1. 质检后交付使用
2. 质保生效
3. 后续客户服务

5. 装配式住宅预制技术

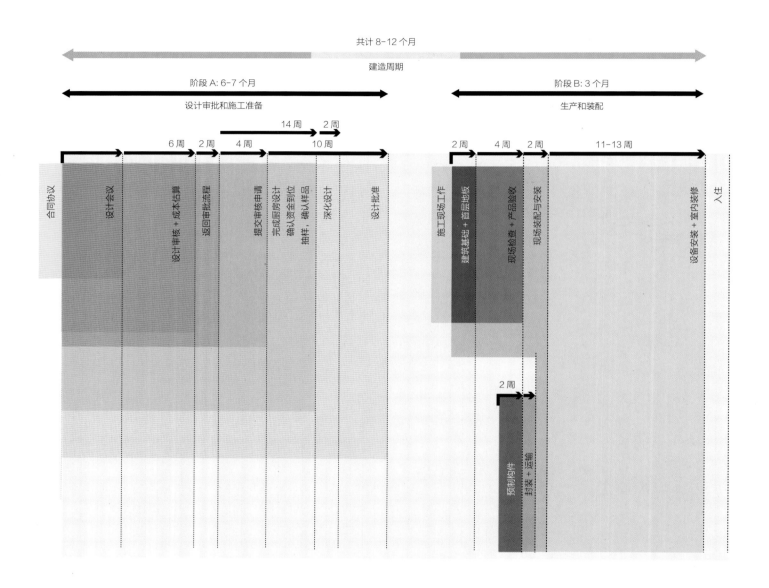

共计 8-12 个月

建造周期

阶段 A: 6-7 个月

设计审批和施工准备

阶段 B: 3 个月

生产和装配

6 周　2 周　4 周　14 周　2 周

10 周

2 周　4 周　2 周　11-13 周

2 周

合同协议

设计会议

设计审核 + 成本估算

返回审批流程

提交审核申请

完成厨房设计

确认资金到位

抽样，确认样品

深化设计

设计批准

施工现场工作

建筑基础 + 首层地板

现场检查 + 产品验收

现场装配与安装

设备安装 + 室内装修

入住

预制构件

封装 + 运输

图 5.1.17　半独立预制装配式住宅的设计建造进度表

资料来源: 尤塔·阿尔布斯, 2014 年。根据克劳斯·克罗诺, 芬格豪斯公司

开始外部围护结构和屋顶部分的安装工作，与此同时安装建筑内墙、楼板、楼梯和烟囱等。为了保证主体结构的稳定和建筑荷载的有效传递，结构构件和基础之间的连接处理至关重要。外围护结构用锚固的方式或特殊螺栓连接的方法，固定到预先处理的基础上。在接缝处用水泥砂浆填充物处理，以保证主体结构绝对安全（阿尔贝斯，2001，pp. 504 ff.）。

室内安装

建筑主体装配完毕后，在室内装修团队的协调下进行电气线路、设备管道、卫浴系统等内部设施的安装工作。当然，必须保证构件连接的气密性。随后开始室内装饰和粉刷。通常情况下，室内彻底干燥需要大约 28 天时间，这意味建造过程已经完成，进入室内精装修阶段。图 5.1.17 展示了采用预制木框架结构的半独立式住宅设计和建造流程，其中包括规划审批、场地准备和构件生产等工作。

检查和验收

从建造工作结束到交付业主使用，要经第三方质检机构对建筑结构和装配情况，进行彻底检测。检测结束后方可使用，构件厂商和建筑承包商的质保开始生效。如有保修和索赔要求，这些部门会根据双方协议，提供相应的服务（阿尔贝斯，2001，p. 509）。

预制建造优点

根据德国联邦预制装配式建筑协会统计，目前德国有七分之一的独立或半独立式住宅采用预制装配建造方式。2001 年以来，预制装配式住宅的建造数量持续增加。主要原因是：

- 依据签署的协议，能在建造周期内完成
- 装配建造流程可控，保证快速施工
- 预制构件生产可控，并有相应的质保
- 行业协会推动的 QDF 认证，加强了构件制造和装配过程的质量控制
- 施工过程和构件材料节能环保
- 可根据业主的喜好定制设计方案
- 可依据业主的需求和资金预算，对交付的住宅进行相应处理
- 住宅交付使用后维护和保修有保证

与传统的住宅施工方法相比，预制装配式住宅能确保在固定的预算和项目周期内完成建造。根据签署的协议，保证制造和交付日期。此外，随着预制技术的进步，在生产过程中，预制厂商越来越多地使用节能环保、技术先进的方案。这也为业主申请建房贷款提供了很好的帮助，因为德国自建房的能源消耗水平和生态环保设施，直接影响贷款的批准。而预制厂商提供的方案的能耗指标是传统住宅标准值的 30%，45% 或 60%。

装配式住宅木材应用新要求

通过对预制行业现状评估,和多层预制建筑系统的研究,寻找适合高密度、紧凑型的建筑解决方案,是预制装配式住宅的目标。通常情况下,预制的独立或半独立住宅远离城市中心。由于市内和城郊对预制住宅的需求不同,因而建筑系统和建造方案也不尽相同。在随后的章节中,将通过相关案例展开进一步讨论。

在过去的几个世纪,随着科技进步,木材特性被不断发掘,在提高木材和木制品技术性能的同时,也促进了木材在建筑行业的广泛应用。然而,木材在多层和高层建筑中的应用,要突破建筑结构、建筑防火以及现行建筑规范的限制,对木材的材料特性、物理性能等提出了新的挑战。

木框架结构系统的多层建筑

1906 年,胶合层压木的出现(迪德里希,2014,p. 38)提升了木结构的承载能力和跨度性能。木框架结构系统由立柱和横梁组成,可达到 10 米到 12 米的跨度,同时将侧向荷载和剪切力均匀传递至建筑基础,从而保证了结构体系的安全(谢雷和施瓦讷,2014,p. 120)。图 5.1.18 展示了木框架结构中垂直和水平方向的荷载传递。木框架结构不仅实现了大跨度的建筑空间,而且满足了空间布局设计的自由,也为设备管线、管道系统的安装带来了便利。德国工业标准 DIN 68800 2:2012-02 规定,结构部件禁止直接暴露在空气中。因此,建筑师必须采取措施,巧妙地把将木结构与围护层结合,以延长木结构的使用周期,降低维护成本。荷载沿受力方向或纵向传递时,结构体系可以发挥最大的系统效率。在多层建筑中,防止横向压力聚集(谢雷和施瓦讷,2014,p. 121),对于提高结构的稳定性,以及系统荷载的传递具有重要意义。

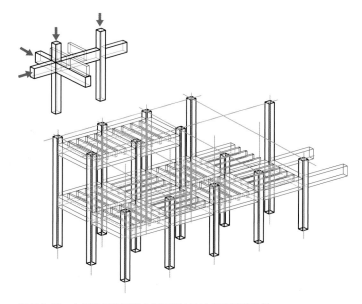

图 5.1.18 木框架结构系统中垂直和水平方向的荷载传递
资料来源:尤塔·阿尔布斯,2014 年。根据赫尔佐格等,2003 年

图 5.1.19 低层木框架结构中,竖向构件与水平构件的连接节点
资料来源:© Muji,2013 年

木结构建筑的防火安全

随着木结构技术的发展，木材制品性能的提升，特别随着木材和混凝土复合材料的使用，多层木结构建筑逐渐突破了高度限制。这也引起了建筑师、开发商和制造商的广泛关注。为了达到多层木结构建筑的防火安全要求，使用外墙保温阻燃材料，辅以防火构造，可有效抵御因外墙局部起火，而引发的火情蔓延，可有效地防止火灾发生，为建筑构件提供足够的防火保护，增加建筑安全系数。目前木结构建筑高度已经能达到 14 层，木结构建筑的发展前景和应用价值在逐步凸显。

下面介绍，由胶合层压木柱和木材复合材料组成的"生命周期一号"项目（LCT One）的结构系统。该系统是高层木结构建筑系统的实验项目，期待未来可以达到 30 层的建筑高度（相当于 100 米）。除在施工装配环节和建筑运转过程中减少能源消耗外，把重点放在节能技术的实施和利用上，以促进"零碳"建筑的发展（臧格尔等，2010）。

图 5.1.20　建筑立面与次入口

摄影：© 赫尔曼考夫曼建筑师事务所

"生命周期一号"项目（LCT One）

建筑师：赫尔曼考夫曼建筑师事务所
位置：奥地利多恩比恩市
建筑类型：多层办公楼
建造年份：2011–2012 年
建筑尺寸（宽 × 长 × 高）：24.48 m×12.8 m×21.98 m
层高：8 层
现场施工：09/2011~07/2012，共 10 个月
现场装配：04/2012，8 天（木结构）
建筑面积（总建筑面积）：2319 m²
建筑体积：6325 m³
建造成本：€ 2,500,000
年运行能耗和：17 kWh/m²
一次能源消耗：32 kWh/m²

项目概况

该项目研究阶段确定的主要目标：

- 开发高度集成、模块化、灵活的"木结构建筑系统"
- 建造 30 层（约 100 米高）的木结构高层建筑
- 具有多种混合功能（办公室、住宅、酒店）
- 实现最大程度的资源效率
- 能量平衡与节能环保（臧格尔等，2010，p. 9）

本项目是根据建造 20 层木结构建筑可行性研究报告的基础上，设计建造的 8 层木结构试验性建筑。从理论上讲，该建筑高度可突破 20 层。在设计过程中使用了《欧盟标准》（Eurocode）程序进行结构计算，可确保高层木结构系统的绝对安全。在施工过程中，在建筑首层采用现浇混凝土墙体，为结构体系提供了足够的支撑。上述措施保证了该建筑的绝对安全。根据当地消防安全管理相关规定，该项目建造时，将垂直交通系统与紧急疏散系统，在现浇钢筋混凝土核心筒内进行整合，并设有独立安全出口。

设计和建造过程

"生命周期一号"项目（LCT One）选用了 1.35 米×1.35 米的长方形轴网体系，承重柱纵横向间隔均匀，柱距为 2.70 米，便于合理布置梁板。满足建筑使用要求的同时，考虑结构的合理性与施工的可行性。随着层数及高度的增加，除承受较大的竖向荷载外，对抗侧力（风荷载、地震作用等）的要求也越大。建筑必须有相应的刚度以抵抗侧向力，该项目中的混凝土核心筒起到了关键的作用。它的刚度很大，整体性好，可依靠其自身的抗弯能力，为整个建筑物提供侧向支撑，也为楼板和屋顶系统提供支撑。该项目最初计划采用胶合层压木柱作为主要的竖向支撑搭建建筑结构系统，并将胶合层压木结构应用到建筑的多个部位。由于消防安全管理的规定，调整为钢筋混凝土核心筒作为结构支撑系统（臧格尔等，2010）。图 5.1.21 展示了整个建筑的建造过程。混凝土核心筒和首层现浇混凝土基础建造完毕后，进

5. 装配式住宅预制技术

01 建造核心筒   02 核心筒   03 安装结构柱   04 安装结构梁

05 铺设楼板   06 铺设楼板   07 建筑围护系统   08 建筑竣工

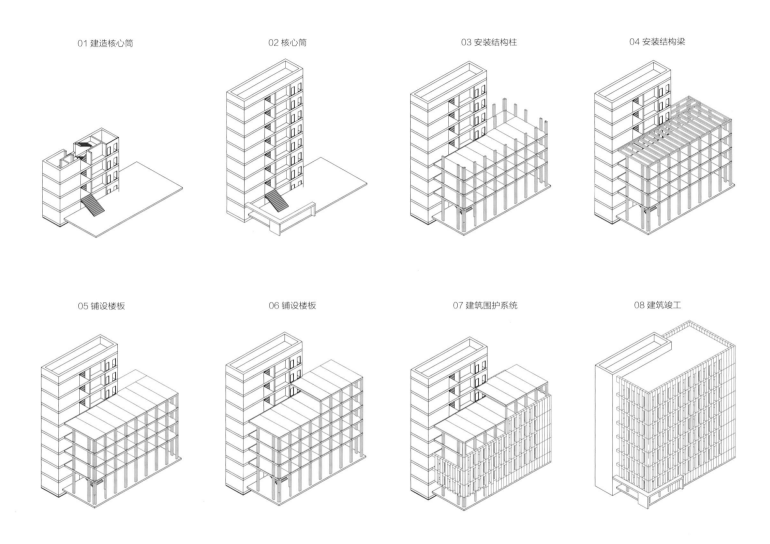

图 5.1.21　整个项目的建造过程

资料来源：卡拉切维等，2014 年，© 斯图加特大学建筑结构研究所

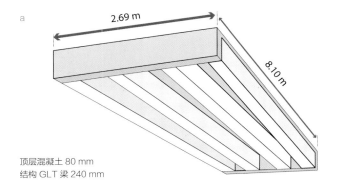

顶层混凝土 80 mm
结构 GLT 梁 240 mm

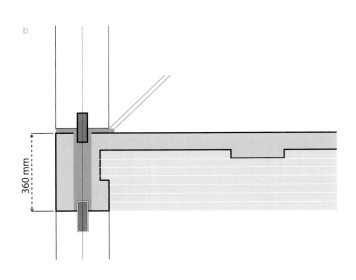

图 5.1.22 （a）复合楼板的结构跨度；（b）立面横截面，展示了构件装配
与连接技术细节
资料来源：尤塔·阿尔布斯，2014 年。依据赫尔曼考夫曼建筑师事务所

行地下一层外墙的混凝土施工，随后预制木构件按照施工顺序进场，在较短的时间内完成了装配建造。

构件预制与施工工艺

该项目混凝土核心筒施工完毕后，开始建造主体建筑。首先装配预制结构柱，然后逐层安装梁、板等预制构件。112 根双层胶合柱和 21 根三层胶合柱承载着整个建筑的竖向荷载。通过木材和混凝土等复合材料，以及特制连接构件，将框架结构与预制楼板、天花板牢固连接，使竖向荷载均匀传递到承重柱和地面基础（辛恩，2012）。除建筑首层现浇混凝土外墙覆盖预制铝板外预制墙体构件安装在其他楼层开结构框架预留位置。这些墙体构件采用木制框架，框架之间的空隙填充保温、隔热、隔声等材料，墙体构件覆盖预制铝板，外表面平整一致。墙体构件的厚度在 12 厘米，16 厘米和 30 厘米之间（乌尔赖·希福斯特；CREE 公司，2013）。

该项目楼板采用胶合木梁和预制混凝土复合结构。楼板作为水平方向的支撑和连接构件，保持框架结构和柱的稳定性，同时承担水平方向传来的荷载（如风载、地震载），并把这些荷载传给结构系统和基础。预制楼板由四根胶合木梁作为支撑，顶部覆盖 8 厘米厚的预制混凝土面层。预制楼板的结构截面尺寸为 36 厘米，楼板的跨度可达到 8.10 米。在预制楼板的生产过程中，充分发挥不同材料的特性，通过技术手段将不同材料合理组合，使之在满足荷载的前提下，大幅度降低制造成本，提高防火和隔音性能，满足多层或高层木结构建筑应用规定。图 5.1.22 通过预制楼板轴侧图，展示了楼板跨度和横截面尺寸，以及构件装配与连接技术细节。

创新方法

通过组建开发商、建筑师、施工单位等跨部门联合团队，整合各方优势资源，提高了协同设计能力。对于推广通用化、模数化、标准化方式，研发高装配率、高建造效率的新型建筑系统具有重要意义。通过系统化设计方法对建筑构件进行分类，并将电气线路和设备管线与结构构件整合，将构件定制生产，转化或部分转化为构件的批量生产，从而满足了低成本、高质量定制产品需求，提高项目建设周期的工作效率。

为加速施工进度，简化建造流程，要重点关注构件连接部位的设计与开发。运用标准化的连接方式，可以加速工艺流程，提高建筑性能，减少潜在误差。因此，要尽量控制构件种类，积极发展多用途、多功能标准构件，增加标准构件在建造过程的使用频率。通过扩大构件生产规模，使之与规模经济相匹配，从而获取最佳经济效益。要尽量在接近施工现场的区域，建立预制构件生产线，以减少运输成本，保证装配流程的顺利开展。图 5.1.23 展示了预制楼板和结构柱的装配与连接情况。从现场图片可以看到，通过预埋在结构柱中的钢筋和预制楼板有效连接，保证了结构系统的稳定。受到欧洲传统木建筑的木构建筑节点和榫卯处理方式的启发，该项目用类似"榫卯"和"木销钉"的方法，实现了结构系统水平和垂直方向连接（辛恩，2012）。

由于有效的组织和合理的安排，以及标准化预制构件的大量使用，显著加快了施工进度，减少了工程风险，这座八层楼施工周期仅为十个月。建筑构件的标准化生产，极大地提高了现场建造和场外预制工作效率，有效地减少了返工的概率，降低了施工成本，使项目施工的各阶段都能在资金预算的范围内完成。在项目建造过程中，合理制定施工计划，精确掌握施工进度，科学调度人员，实现了全方位、全流程的项目管理和控制。例如，在预制结构安装与外围护结构装配的施工中，现场四名工人仅用八天时间便顺利完工（乌尔赖·希福斯特；CREE 公司，2013）。

图 5.1.24 展示了建筑主体和围护结构施工与装配阶段的工作情况。这些照片是在混凝土核心筒和首层建筑施工完毕后，按照建造顺序记录下来的施工场景，再现了建筑主体和建筑围护结构的施工与装配阶段的重要瞬间。

图 5.1.23　结构柱与预制楼板的装配与连接
资料来源：© 达科·托多罗维奇

高层木结构技术要求

防火是木结构必须面对的重要问题。根据防火规范，木结构建筑应设置防火分区，选择满足耐火极限要求的构件。多层木结构建筑，要使用支撑墙和金属连接件，达到结构安全要求。在过去 20 年间，随着建筑技术的发展和建筑规范的不断调整，拓宽了木结构在建筑领域中的应用范围，木结构也开始陆续出现在高层建筑中。

德国和奥地利对建筑的防火标准要求较高。严苛的防火规范，避免和减少了火灾对建筑的破坏，以及对人身财产安

图 5.1.24　建筑主体与围护结构的施工与装配阶段

资料来源：© CREE 公司

全的危害，但给设计人员和工程技术人员提出了更高的要求。

该项目的核心筒部分，原计划采用交错层压木板（CLT）建造方案，在其内外两侧用石膏板覆盖，将防火性能提高到REI 90 耐火等级（耐火时间为 90 分钟），但在当地消防部门的要求下，改为混凝土核心筒。经过试验证明，在木结构之间添加保温、隔热材料，外面再覆盖石膏板，能有效提高防火阻燃性能。添加高密度发泡隔音材料，不仅具备减震、防水、防霉等功能，还能起到降低建筑内部撞击噪声，提高隔音性能等作用（臧格尔，2010）。

设计方法的优点和不足

项目设计和建造之初的明确目标是，采用最先进的施工方法，创造节能环保并符合生态循环要求的建筑系统。以木材和木材复合材料为原材料的装配式建筑系统，可以显著降低一次能源消耗。采取系列化、规模化的生产制造方式，提高了建造效率，控制了制造精度，减少了建造废弃物，提升了经济效益，实现了精益施工。

除此之外，先进的制造设备提高了预制构件的精度，为建造施工带来诸多便利。预制程度较高的建筑构件在项目中规模化应用，提高了建筑主体结构和外围护结构装配速度，大幅降低了现场工人的劳动强度。重型施工机械在施工现场的应用，加速了现场建造速度。方便快捷的构件连接方式，实现了四名工人一天之内建造一层的惊人速度。系统化的设计和建造方法，加速了施工建造流程，提升了建筑的性能和品质。

规模化、流水线式的预制构件生产，大幅度降低了生产成本，节约了建造费用。精细化的构件设计和定制化的建筑方案，极大地加快了现场装配进度，缩短了建造周期。然而，这既需要建造方案与建筑系统相匹配，又需要有针对性研发的技术方案和结构系统，因此一定程度上制约了建筑设计的自由度和灵活性。

为增加设计和建造的自由度，应创造相对宽松的氛围，引导建筑师开展创造性工作，推动预制装配技术的协调发展。同时，要针对不同类型的建筑，调整设计策略和制造工艺，加强建筑设计与技术研发的结合，建筑设计与生产制造的结合。充分考虑建筑概念与建筑结构和技术体系之间的关系，构件预制生产和建造施工程序之间的关系，通过量身定制的建筑系统，提升项目的自身价值。在"设计一体化"理念的指导下，积极推动适应当前和未来建筑多功能需求的"一体化构件"的发展思路。

Lignatur 和 Lignotrend 系列产品

在该项目中使用的箱形预制构件，选用了 Lignatur 系列产品。该产品使用典型针叶树种云杉、冷杉等木料，在设备上切割为木质薄片或木板后，使用高强度材料胶合成实木板材。再根据不同类型建筑的要求，制成预制箱形构件或预制面板。通常情况下，构件横截面较小时，荷载较小，随着建筑跨度的增大，预制构件的横截面也随之增大，以满足大空间建筑需求。为方便加工制造和物流运输，该产品可采取分段加工组装方式。受到结构高度所限，通常情况下，预制面板宽度分为 51.4 厘米和 100 厘米两种。箱形构件的截面标准宽度为 20 厘米，截面高度介于 12 厘米和 32 厘米之间，也可以根据建筑结构和技术的要求进行调整。箱形构件最大跨度可达 16 米。在预制加工时，通常沿箱形构件的纵向设置空心凹槽或预留空腔，将设备管道和电气线路整合在一起。同时进行保温隔热层的处理，以提高隔音和防火性能。一般来说，预制箱形构件应满足 REI 60 耐火等级要求（耐火时间为 60 分钟）。随着建筑高度的增加，防火性能应达到REI 90 耐火等级（耐火时间为 90 分钟）。防火计算应满足SIA-Documentation 83 和德国工业标准 DIN EN 1995-1-2（EC5 1-2）（彼得·谢雷，2000，pp. 22 ff.）相关规定，并根据实际情况进行调整。

图 5.1.25　对建筑构件表面进行处理
资料来源：尤塔·阿尔布斯，2015 年

图 5.1.26　在建筑构件交付使用之前，
用自动设备装卸和堆放
资料来源：尤塔·阿尔布斯，2015 年

在 Lignatur 系列构件定型制造过程中，使用自动化设备，经过切割、修剪、粘合、定型和表面处理等系列工序，保证构件产品质量。同时根据构件用途进行有针对性的加工，例如，使用专用刻槽机对构件的饰面层进行处理，以提高声学质量，同时在结构空腔内填充多孔材料，进一步增强吸音隔声效果。该项目选用的箱形预制构件，以其结构稳定性和满足大跨度建造的突出能力，提高了现场施工效率。标准化的连接方式也为现场装配工作带来很多便利。为满足不同建筑类型需求，Lignatur 系列构件也可根据项目特点，进行定制化生产，但构件的尺寸规格和设计自由度的关系，有待进一步地研究和改进。

交错层压板（CLT）、层叠板材（钉压板材、销钉／榫钉板材）

使用最新制造技术，扩展木制构件和木材制品的应用范围，一直是预制构件行业关注的问题。这些板材性能优异、绿色环保，并具备一定防火功能，可以在满足木结构强度要求的情况下，以具有竞争力的成本优势，满足灵活多变的设计需求。也可根据技术要求，附加其他材料层，以提高防火、隔热、隔音等性能。

这些板材中，交错层压板（CLT）属重型木结构。大面积的交错层压木材板，可直接切割成型后，作为建筑的外墙、楼板等使用，特别适合模块化建筑和多层木结构建筑。该项目除了使用交错层压板外，还使用了钉压板材、销钉／榫钉板材等材料。图 5.1.28 展示了交错层压板（CLT）的装配过程，可以清晰地看到木面板边缘的交叉层压结构。

由于不同的预制构件生产企业使用的木料种类、级别、木层的厚薄、胶水的类型，以及连接工艺有所差异，因而生产的交错层压板也有差异。通常，制作交错层压板使用的木片厚度在 10 到 35 毫米之间。成品板材的木片层数最少为 3 片，3 片到 7 片较为普遍，最多可达 12 片。在木片垂直堆叠之前，要在木片背侧涂上粘和涂层（如聚氨酯等），这

5.1.27　Lignatur 地板构件的现场装配
资料来源：© BHundF 建筑事务所

5.1.28　交错层压板（CLT）的装配过程
资料来源：© BHundF 建筑事务所

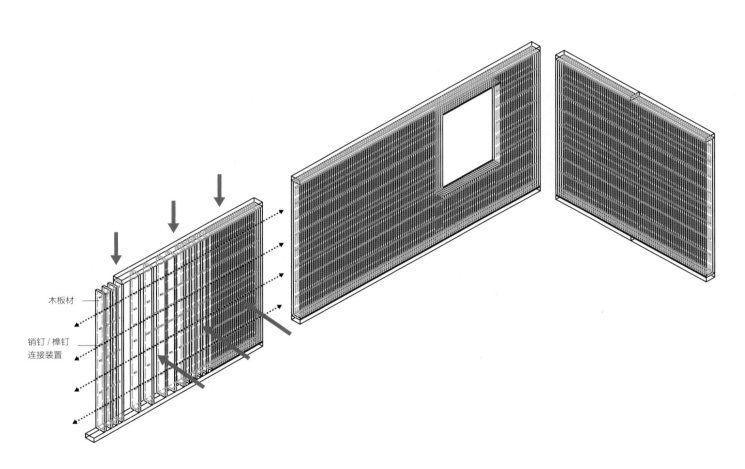

木板材

销钉 / 榫钉
连接装置

5.1.29 销钉 / 榫钉板材的结构体系，由垂直层叠的木板和木销钉连接组成
资料来源：尤塔 · 阿尔布斯，2014 年

些涂层对于板材的成型至关重要（谢雷和施瓦讷，2014，pp. 126-127）。木片堆叠成型之后，用水压或真空压力机，压成相互紧锁的板材。通常情况下，板厚在 10 厘米到 40.5 厘米之间，目前最大板厚达 50 厘米，也可根据用户需求定制生产。在某些情况下，按照所需建筑构件的规格、大小、形状，用计算机数控机器（CNC），对压制后的板材再加工，制成所需的建筑构件。交错层压板具备较强的承重能力，不论纵向，还是横向组合应用，都可以作为一种重要的承重材料使用，具有高度的灵活性和自由度。压制好的板材运往工地之前，可以进行预留门窗洞口和管线系统槽口的加工。该板材性能稳定，耐候性强，可极大加快施工进度。目前，板材的宽度在于 2.95 米至 4.80 米之间，长度可达 16 米至 20 米。在加工制造时，可根据加工设备和物流运输情况，提前确定产品尺寸和使用范围。

与木框架系统相比，由于交错层压板是横纹和竖纹交错排布胶合成型，双向应力稳定，强度可替代混凝土材料，具备较强的承重能力。（谢雷和施瓦讷，2014，pp. 126）因而在该项目的楼板、墙板以及屋面体系中得到应用。钉压板材（NLT）、销钉／榫钉板材，具有与交错层压板相媲美的优良性能，在该项目中也得到了应用。

钉压板材（NLT）的生产工艺与水平层叠压合的生产工艺相比，在垂直层叠时，较窄的边会翘曲变形。因而，在加工制作时，要尽量选用云杉、松树、冷杉或道格拉斯冷杉等软木，并根据实际需要锯切成一定规格形状的矩形木条，不借助黏合剂，将这些木条用提前镶入的钉子进行连接，最终组合加工成高强度的楼板或墙板。由于钉压板材（NLT）具有良好的防火性能（最高可达 REI 90 耐火等级）和承载能力，广泛应用于大跨度的楼板和高强度的重型木结构楼板体系中。为防止结构被剪切破坏，在楼板或墙板的一侧或两侧，覆盖结构胶合板或定向刨花板，以提高结构的稳定性。

相比之下，销钉／榫钉板材的加工需要更高的精度，因为板材所含的水分，会随着环境的温度和湿度的变化而改变。因板材所在的地区不同，平均含水率也不同，加工方式也有所不同。通常情况下，板材含水量在 12% 和 15% 之间。销钉／榫钉板材，通常使用山毛榉木加工组成。钉约含 6% 的水分，当钉插入板材预留的孔洞中，迅速吸收板材的水分而膨胀，挤压孔洞并与板材牢固连接，即使遇到热胀冷缩、湿胀干缩，木钉也能与板材一起膨胀与收缩，不会出现缝隙，可以确保产品的高硬度刚性。（谢雷和施瓦讷，2014，p. 124-125）这些木材的加工标准，在德国工业标准 DIN 1052 和欧盟标准 EUROCODE 5 中都有明确的规定。图 5.1.29 展示了销钉／榫钉板材的结构体系和连接方式。通常情况下，由垂直层叠的木板和木销钉连接组成的板材，厚度在 6 厘米到 24 厘米之间，宽度在 60 厘米到 100 厘米之间，可以达到 12.00 米的跨度。在板材制造和组装过程中，应避免由于恶劣天气和环境，出现不可控的胀缩，对销钉／榫钉连接产生影响，在施工时也应避免在预留孔洞和木板之间混入杂物。

与预制混凝土等重型结构构件的生产类似，在销钉／榫钉板材的加工过程中，由于各种原因也会产生质量差异。因为销钉／榫钉板材的加工过程，涉及对板材四个表面的处理。当板材作为结构构件裸露在外时，要进行更为精细的处理，在保证结构安全的前提下，尽量做到美观实用，这对板材加工工艺提出了更高的要求（苏特纳实木构件公司）。

实木系统优势

通过对实木建筑系统的研究，为装配式住宅的发展，提供创新的解决方案。由于各国对建筑设计、防火规范和隔音降噪的要求不同，因而建筑构件的生产和装配环节也会有所不同。应用实木系统，除了能提高施工和装配的效率外，在特定的细分市场与钢材、混凝土等材料抗衡与竞争时，材料性能也毫不逊色。与混凝土和钢材相比，实木建筑系统在抑制臭氧层耗竭、全球变暖等方面展现出更为优越的性能。

实木建筑系统的板材，以其卓越的承载力，用作承重板

5.1.30

（a）柱中插入山毛榉销钉，改善连接结构部件的稳定性；（b）铣削加工的柱头（云杉）凹槽便于销钉连接

资料来源：© 布卢姆·莱曼，2015 年

和剪力墙，能在没有中间梁柱支撑情况下形成大跨度空间。以交错层压板（CLT）为例，一块七层、总厚度为 9 英寸的 CLT 板材，最大跨度可达约 25 英尺。实木建筑体系的板材，在耐火性能方面也有优势，可以达到 REI 30 耐火等级，这是因为大截面的木结构构件具有可预见的燃烧性能。此外，与木结构系统不同，实木建筑系统构件之间的隐蔽空间有限，从而降低了火灾蔓延的风险。因火灾危害只影响材料的表面，而不能损坏结构核心。增加板材厚度，附加阻燃材料，可大幅提升防火性能，达到 REI 90 耐火等级。在实木系统的制造过程中，引入了工业化的制造方式和先进的制造设备，为高精度、高质量的产品提供了保障。随着自动化数控设备的使用，改善了制造流程，提高了备料、刨削、修整、涂装、胶粘、定型等工序的技术含量，在提高制造工艺的同时，满足了设计灵活度和建造自由度的要求。

随着人们对于木材深加工技术、木材回收利用技术的不断研究，木材综合应用水平得到了提升，以满足不断增长的市场需求。通过不断研究，人们也意识到，只有充分认识木材特性，加强技术突破，才能降低产品成本，提高产品的使用性能，甚至能赋予木材全新的性能。这方面，苏黎世"Tamedia 大楼"项目进行了尝试并取得成功。该项目采用了"全木连接节点"的结构连接方式，使用山毛榉制作的大型异形销钉，连接承重的梁柱系统。这种连接方式的成功，证明了用先进数控设备加工的几何形状的木制连接构件，可以满足灵活多样连接方式的要求。图 5.1.30 展示了插在柱中的山毛榉销钉。

接下来将介绍一座学生公寓。该项目采用混合建造模式，地下室和首层部分使用了现浇混凝土，其他楼层则用实木建筑模块装配完成，既提高了施工质量，又缩短了施工时间。

THW 学校公寓

项目业主：德国巴滕符腾堡州规划建设部门委托罗伊特林根市城市建设局

位置：德国诺伊豪森市

建筑类型：学生公寓

建造年份：2014-2015 年

建筑尺寸（宽 × 长 × 高）：13.4 m×41.5 m×10.4 m

建筑层数：3 + 地下室（L00 /01 /02 + -01）

现场施工：2014 年 2 月 -2015 年 5 月，共计 15 个月

预制加工：2013 年 11 月 -2014 年 3 设计阶段，2014 年 5、6 月预制生产

现场装配：2014 年 6 月 2 日 -6 日，共计 6 天

建筑总面积：2106 m²

建筑总体积：7173 m³

建筑单元数：30 个

预制加工成本：€ 1,180,179

项目总花销：€ 5,400,000

年运行能耗：245 kWh/m²

一次能源消耗：306 kWh/m²

图 5.1.31　建筑南向立面
摄影：© 索姆尔，2015 年

项目概览

这座三层学生公寓，位于斯图加特近郊诺伊豪森市的一块坡地上，是 20 世纪五十年代学校建筑的扩建部分。该公寓原计划沿用传统的建造方式，采取现浇混凝土与预制混凝土墙板相结合的施工方案。但由于项目周期和成本控制的原因，重新考虑了设计建造策略。经过权衡，最终选择了现浇混凝土与 CLT 建筑模块相结合的方式，大幅增加预制装配率，使项目在实现成本效益的同时，在规定的时间内顺利完工。

建筑信息

左侧的建筑信息清晰地展示了预制装配式建造方式对于建造速度以及建筑性能的提升。施工过程大致分为预制生产和现场装配两个阶段。预制生产阶段完成预制模块的制造，为项目的顺利实施奠定了基础，现场装配环节仅用六天时间就完成了所有预制模块的安装。左侧的建筑信息也展示了建筑尺寸、面积以及施工成本等内容。依据德国工业标准 DIN 18599 和德国节能规范 EnEV 2009 的相关规定，对该项目楼层净面积（NFA）能耗进行了计算，其标准能耗值优于其他同类型建筑。

结构概念和装配策略

整座建筑设计顺应场地变化，增添了富有变化的建筑空间层次，将新建筑与原建筑有机融为一体。学生公寓的房间沿建筑中轴线排列，随着建筑的走向而变化，保证了每个房间的最佳朝向。每个房间为一个独立的建筑模块，这些模块布置在 3.65 米的轴网上，模块标准尺寸为 3.60 米 ×4.50 米，层高为 2.65 米。模块的室内净面积为 14 平方米，由浴室、橱柜、储藏空间和学习空间等部分组成。第一层的楼板和天花板的厚度在 7 厘米和 14 厘米之间。第二层楼板厚度是 14 厘米，满足 REI 30 耐火等级要求的 12 厘米厚双层交错层压板（CLT），作为建筑模块的承重交叉墙。图 5.1.33 展示了建筑模块双层交错层压板（CLT）

的尺寸和厚度。

　　图 5.1.32 展示了建筑模块的预制装配流程，以及建筑模块在工厂预制生产的场景，这些工作都是在施工现场以外完成的。预制 30 个建筑模块大约需要 5 周时间，而现场装配仅需要六天。调整后的施工方案，将现浇混凝土与预制建筑模块完美结合。建筑基础、地下室、交通核，以及首层承重墙通过现浇混凝土完成，为整体结构的稳定性提供了足够支持。所有的设备用房休闲娱乐、卫生设施、大堂、餐厅（包括自助餐厅、食堂和大厨房）都设置在首层或地下室。第二层和第三层的预制建筑模块，在施工现场使用起重设备进行安装。连接首层交通核的尺寸与建筑模块尺寸一致，净面积也为 14 平方米。预制建筑模块，不仅具有标准化程度高、施工周期短、节能环保等技术优势，而且充分发挥了交错层压板（CLT）材料特性，从而使该项目具备良好的防火、保温和隔音性能。

预制 CLT 模块

　　建筑模块是在工厂预制装配线完成生产与组装。首先进行门窗、内隔墙、室内设施，以及设备管线等部分的组装工序，当模块内部组装完毕后，对模块外立面，进一步加工处理，使之达到建筑外立面的技术和审美要求。建筑模块组装完毕后，为防止运输途中遭受恶劣天气影响，在模块表面覆盖保护膜。施工现场装配时，将模块吊装到位，把模块中的设备管线与现场预留的接口连接，完成最终装配步骤。图 5.1.34 展示了设备管线及室内装修情况。

　　交错层压板（CLT）相较于其他类型的木质复合板材，具有优异的承重性能，可被用作承重墙和剪力墙，能够为建筑模块墙地板提供足够支撑，保证了建筑模块在预制装配，以及运输过程中不会出现变形或破损。根据建筑防火要求，在模块墙体和屋面板额外增加了防火隔热层，在结构板内填充 4 至 5 厘米隔音层，进一步提升了隔音效果。单个建筑模块重量约为 5 吨，现场施工中，普通起重设备可以轻松完成

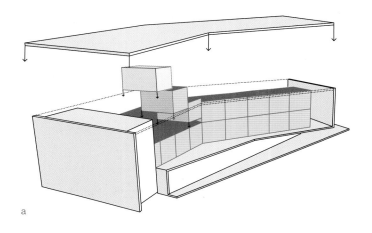

a

b

图 5.1.32

（a）建筑模块的预制装配顺序

（b）工厂装配线完工运往施工现场之前，在房间模块表面覆盖防水保护膜

资料来源：（a）德国巴滕符腾堡州规划建设部门，2015 年；（b）© 索姆尔，2014 年

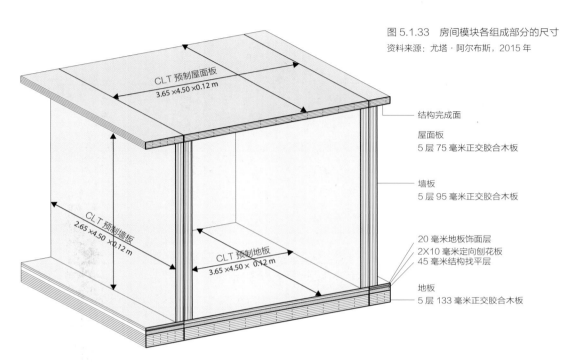

图 5.1.33　房间模块各组成部分的尺寸
资料来源：尤塔·阿尔布斯，2015 年

CLT 预制屋面板
3.65 ×4.50 ×0.12 m

CLT 预制墙板
2.65 ×4.50 ×0.12 m

CLT 预制地板
3.65 ×4.50 × 0.12 m

结构完成面

屋面板
5 层 75 毫米正交胶合木板

墙板
5 层 95 毫米正交胶合木板

20 毫米地板饰面层
2×10 毫米定向刨花板
45 毫米结构找平层
地板
5 层 133 毫米正交胶合木板

图 5.1.34　设备管线及室内装修
资料来源：© 索姆尔，2014 年

图 5.1.35　房间模块在施工现场进行装配
资料来源：© 索姆尔，2013 年

吊装工作，不仅节省了现场施工人员，也降低了对周边环境的干扰。

施工方法总结

标准化建筑模块在项目中的应用，降低了建造成本。通过结构设计与施工技术整合创新，实现了预制生产与装修一体化。在无外模板、无外脚手架、无现场砌筑、无抹灰的绿色施工环境中顺利完成建造，也缩短了施工周期。此外，与混凝土结构相比，墙板和屋面板大量使用了交错层压板（CLT）。交错层压板（CLT）保留了木材原始纹理和木材质感，在视觉上丰富了空间的肌理感和立体感，展现了木材美感，提高了居住的舒适性，改善了室内的空间质量。

从 2009 年开始，根据德国工业标准 DIN 18599 和德国节能规范（EnEV）的相关规定，对低层建筑进行年运行能耗和一次能源消耗这两个指标的考核。经测算，该建筑的能耗指标低于标准值的 29%。在传热系数方面，其平均值也低于标准值的 60%。

相对于传统建造方法，标准化建筑模块在项目中的应用，可以对预制生产、加工制造和装配建造全周期进行控制。交错层压板（CLT）作为该项目的主要建筑材料，其环保性能源于木材的特性。因为许多全生命周期评估项目报告显示，木材具有突出的绿色环保特点，木材也是最环保的建筑材料。尽管建筑模块在运输过程中燃烧化石燃料，增加了碳排放量，但是建筑模块的板材从加工、使用、回用、废弃和再生都具有良好的环境协调性。图 5.1.36 展示了该项目建造过程中的成本构成，以及主要建造阶段的预制装配率。第二个图表是通过建筑结构、围护结构、和室内装修等分类展开比较。

01 成本信息

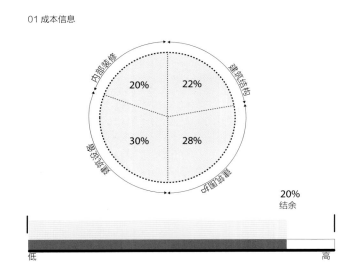

02 建造信息

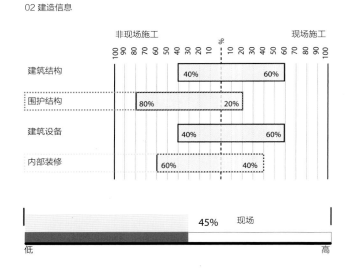

图 5.1.36　建造过程中的成本组成以及主要建造阶段的预制装配率
资料来源：尤塔·阿尔布斯，2015 年；阿尔布斯，朵默尔，德莱克斯，2015 年

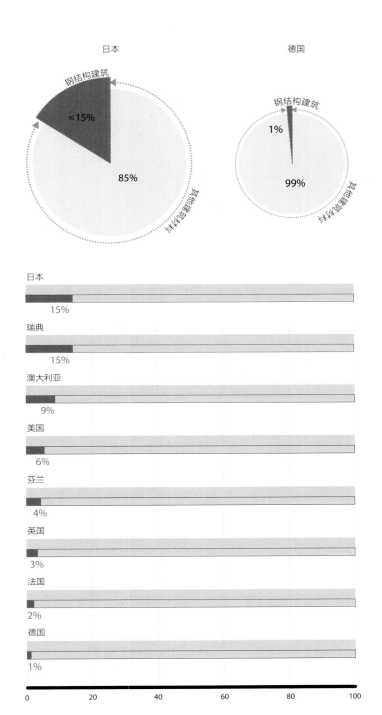

图 5.2.1 钢结构住宅在全球主要国家所占的市场份额
资料来源：尤塔·阿尔布斯，2015 年。根据梯谢尔曼和弗勒克魏恩，2006 年

5.2 钢材和轻钢框架体系

概述与应用

钢或称钢铁、钢材，是铁与其他元素化合而成的合金。在文艺复兴之前，尽管人们已经用各种低效的方法生产钢，但是直到 17 世纪钢的生产才普遍化。19 世纪，贝塞麦炼钢法发明之后，钢材就成了一种可大量生产的廉价材料。之后，炼钢法几经改进，钢材的价格更低，品质更好。时至今日，钢材已经成为世界上普遍使用的金属材料。但是钢材生产能源消耗高，回收率低，全球钢产量中只有约 50% 可回收利用（VDEh 钢铁研究所和钢铁经济联盟，2013 年）。

钢材作为建筑材料使用，由于其重量轻、强度高、延性好，可以承受较重荷载和竖向压力。钢材质量密度虽大，但在承载力相同的条件下，钢结构与钢筋混凝土结构、木结构相比，其密度与屈服强度的比值相对较低，因而在同样受力条件下钢构件截面小，自重轻，适用于高层建筑和大跨度建筑。

据相关研究报告显示，相同的条件下，钢材建造的房屋，比采用其他传统方法建造的房屋成本增加 20%（约亨·普福，轻型结构研究所，2014）。当然，材料的价格取决于市场的供需，以及影响生产成本的其他因素，还与所在地区的市场条件和经济因素密切相关。然而，建造成本的提高，一方面是材料价格的变化造成的，另一方面与技术水平和施工方法等密切相关，还与制造、加工等诸多因素有关。

由于钢材的材料特性，便于在工厂使用机械化手段，进行大规模和批量化预制生产。用机械化手段制造的钢构件，具有精度高、生产效率高、拼装速度快、工期短等特点，可以满足快速施工和装配需求，增加建筑项目的收益率。然而，在钢铁生产和钢构件制造过程中，消耗大量的矿石、煤炭、电力、石油等材料，因而必须考虑高效利用能源，解决与能源消耗相关的环境问题。纵观全球，住宅建筑所用的钢材数量和钢结构住宅相对较少。图 5.2.1 展示了钢结构住宅在全球主要国家所占的市场份额。

应当看到，无论是在冬季漫长，气候寒冷的北极圈中的瑞典，还是在地震频繁，地壳运动活跃的岛国日本，由于气候和地理环境的制约，为"湿作业"建造施工带来了很大困难，钢结构以其突出的材料特性，在这两个国家迅速发展。而在澳大利亚这些温暖湿润的国家和地区，则是由于白蚁虫害频发，也间接推动了钢结构住宅在当地的应用和发展。

在建筑行业的所有领域，几乎都能看到应用钢材的实例。特别是在旧房加固、改造项目，建材缺乏又运输不便的地区，以及建设周期有限、可移动拆迁类的项目中广泛应用。由于抗震、抗风、耐久、保温、隔音等方面的要求，钢材的使用为建筑提供了更多的解决方案，因而在轻型钢结构系统的建筑中受到越来越多的重视（约亨·普福，轻型结构研究所，2014）。本节将以创新和发展的眼光，重点关注钢材和钢结构技术系统的发展动向，探讨钢结构技术领域的应用与拓展，以此提高建造效率和建筑质量。

钢材在住宅建筑中的应用

如前文所述，目前钢结构住宅建筑占全球的市场份额相对较低，即使在瑞典和日本这两个应用较多的国家，钢结构住宅的市场占有率也仅为 15%。

钢结构住宅制造商，依据原料供应、生产组织、物流运输以及产品辐射范围等因素，通常分为区域性制造商和全国性的制造商。虽然全国性制造商的生产规模较大，产品种类齐全，建筑类型覆盖广，但是绝大多数的市场份额仍然被生产规模有限、产品种类较少、市场定位清晰的区域性制造商占领。在日本，以三泽住宅公司和积水房屋株式会社为代表的几家大型公司，虽然每年建造大约 3 万到 6 万套住房，但也仅占 10% 的市场份额（巴洛，2003，p. 137）。轻钢框架结构，具有强度高、整体刚性好、变形能力强、建筑重量轻等特点，对减少地震灾害，提高建筑质量，加快施工进度具有重要的意义。钢结构能减轻建筑荷载，增加柱间距离，

实现更大跨度，增加居住面积，为住宅建筑提供稳定且灵活的解决方案。

以轻钢框架为代表的钢结构系统，在建筑承载力、建筑轻量化方面有明显的优势，特别采用预制工艺替代了传统工艺，可以提高施工效率，优化施工工序，缩短施工周期。应当看到，钢材冶炼消耗了大量的一次和二次能源。在过去的五十年间，钢铁行业已经将冶炼环节的能耗降低了一半以上，但全球建筑能耗总量却逐年上升，建筑材料生产过程中的能源消耗居高不下。在趋于严格的建筑能耗标准驱使下，对新产品、新材料和改良型技术的需求日益迫切。面对这些挑战，钢结构系统若要在可持续发展领域发挥积极作用，应当建立和完善产品体系与建造体系，研发适用于装配式建筑的轻质、高强、保温、防火、与建筑同寿命的材料和构件，建立适应可持续发展要求的生产方式，优化结构，推进产业升级。

轻钢结构系统的优缺点

轻钢结构系统（LSF）是新型同时具有发展潜力的钢结构系统，目前主要应用于低层建筑，在没有辅助结构支撑或二级结构体系的情况下，建筑高度最高可达四层（古斯，杰罗姆；欧洲安赛乐米塔尔，2012）。一般来说，建筑用钢经冷轧技术合成的轻钢龙骨，在经过精确的结构计算，组装而成的结构构件，具备优异的承载性能，可以与其他框架结构性能相媲美。约亨·普福（2014）的研究表明，轻钢结构系统的施工成本比现浇混凝土结构或传统砖石结构成本更高。一方面，因为钢材的生产和加工过程需要耗费大量能量。另一方面，构件组装环节将进一步增加成本。不过，轻钢结构系统也有很多优点，下面将逐步展开介绍。

装配与组装

轻量化的结构体系，在构件生产和施工组织时，也可以实现轻量化操作。对于简化预制流程、优化装配程序，提高工作效率，实现施工现场高效运转，发挥重要作用。

钢结构所用的材料单一而且是成材，加工比较简单。可以通过普通螺栓和高强度螺栓进行构件装配，有时还可以在地面拼装和焊接成较大建筑构件再进行吊装，以缩短施工工期。

产品质量和构件生产

批量化的生产模式确保了产品质量。在机械化工艺流程的控制下，绝大部分的钢结构构件是在专业化的预制工厂加工生产，预制构件的尺寸和精度都得到了保证，对装配和安装环节也起到优化作用。

回收潜力

全球回收再利用的钢材约占总使用量的50%，重复循环再利用提高了钢材的生命周期（可持续建筑论坛，2014年）。预制钢构件方便灵活的连接方式，便于钢材的拆卸和回收再利用。当然重复利用的旧钢材和与新钢材存在着质量差异，在循环利用环节应根据情况，采取相应的技术措施。

经济效益

轻量化的结构系统，可显著提升建筑的经济效益。在承载力相同的情况下，采用轻量化的预制钢构件，可减小建筑基础尺寸，节约建筑材料，缩短施工周期，从而降低建造成本。由于钢材的力学特性，钢结构构件截面积小，相同条件下，结构构件所占面积远小于钢筋混凝土结构所占面积。同时还可能增加建筑室内净面积，提高建筑的经济指标。因此，考虑到项目周期整体经济核算，钢结构可以提高项目经济效益和收益率。

结构性能

钢材与混凝土、砖石和木材等其他材料相比，强度要高得多，特别适用于大跨度或荷载较大的构件和结构。钢材有较好的塑性和韧性。塑性好，结构不会因超载而脆断；韧性好，结构抵抗动载的能力强。良好的吸能能力和延性，还使钢结构具有优越的抗震性能。因此，钢材以其独特的性能优势，在住宅建筑领域具有广泛的应用潜力。特别在低层住宅建筑领域，轻钢结构系统可在无额外支撑的情况下建造。墙板和地板用钢结构作为支撑框架，为预制装配式建造方法提供了便利条件（古斯，杰罗姆；欧洲安赛乐米塔尔，2012）。在墙板和地板预制构件的生产过程中，通过在钢结构框架柱之间设置竖向支撑，填塞隔热保温材料，安装框架面板层，最终形成的轻钢结构框架预制构件，可满足快速建造住宅的需求。

防腐处理及耐久性

一般情况下，钢结构所使用的材料均会直接与大气接触，若外部环境存在一定的侵蚀性介质，或者钢材所处的环境相对潮湿，极易产生锈蚀问题。当钢结构发生锈蚀之后，除了会减少钢结构截面厚度，影响钢结构性能的发挥之外，也会使钢结构的表层形成较多的锈坑。当钢结构受到外力荷载作用时，锈坑处极易应力集中，从而加快了钢结构的破坏速度。因此，钢结构的防腐处理，对保证材料性能的充分发挥，提高材料的耐久性，延长建筑的生命周期，具有至关重要的意义。图5.2.2是依据EN 10025标准生产的S235-S960型号钢材，生态、经济和技术性能等方面的指标。这些钢材均可在轻钢结构系统中应用，其耐久性、抗磨损和老化的性能，对建筑构件的使用周期至关重要。因此，在使用钢结构时应重视防腐问题，依据建筑物内部和外部环境所存在的侵蚀性介质，采用科学、合理的防护手段，最大限度地保证建筑工程的安全性。

建筑修复、改造与加固

钢结构具有自重轻、抗震性能好、施工方便等特点，因而在建筑加固和改造中应用广泛。特别是轻钢框架结构系统，现场施工方便，构件连接简单，形式灵活，而且大部分是干作业，易于各工种交叉作业和施工现场管理。轻量化的结构体系，减

5. 装配式住宅预制技术

A	生态方面		+ 优点　− 缺点
A1	主要生态指标，不可再生资源	17.8 MJ/kg	+ 可回收
A2	主要生态指标，可再生资源	0.84 MJ/kg	+ 可重复利用
A3	矿物资源消耗量	14.7 kg	− 能源密集型生产流程
A4	全球变暖趋势	1.735 kg CO_2-Eq	− 生产制造环节产生废弃物
A5	环境酸化趋势	0.0035 kg SO_2-Eq	

B	经济方面		+ 优点　− 缺点
B1	生长周期	> 85	+ 使用周期较长
B2	产品维护	低	+ 维护频率低
B3	生产成本	高	+ 装配效率高
		相较于砖石结构增加 10%-15% 成本	+ 可拆卸式连接
B4	水资源利用	2.65 kg	− 造价偏高
			− 强化防护措施（防腐、防火）

C	技术方面		+ 优点　− 缺点
C1	密度	7,850 kg/m²	+ 承载力强
C2	弹性模量	210 GPa / 210,000 N/mm²	+ 质量 − 强度比高
			+ 含水率低
C3	U 值（传热系数）	W/mK （增加添加剂）	+ 材料结构与性能均匀
			− 低绝缘值（声音、热量）
C4	λ 值（导热系数）	56.9 W/mK （增加合金添加剂）	− 高导热值
			− < 500℃ 温度超过 500 度丧失承载力
			− 隔音效果不佳
C5	耐火性能	A1 承载力 < 500℃	

图 5.2.2　依据 EN 10025 标准生产的 S235-S960 型号钢材，在生态、经济和技术性能等方面的指标

资料来源：尤塔·阿尔布斯，2013 年。根据黑戈尔，2005 年，p. 67.

少了附加荷载对建筑结构的影响，有助于在建筑修复和加固中对原建筑的保护（约亨·普福，轻型结构研究所，2014）。

钢材生产

钢材是由铁矿石，经过烧结冶炼、轧制、热处理及机械加工等一系列步骤，最终成为钢材产品。金属铁从铁矿物中提炼出来的工艺过程是材料生产的第一步，主要采用高炉法，用直接还原、熔融还原等冶炼方法。简单地说，是从含铁的化合物里把纯铁还原出来。之后，将生铁放入炼钢炉内熔炼，即得到钢。炼钢实质是通过氧化降低生铁中的碳与杂质的含量，使之达到标准规定的成分和性能。炼钢的原料主要有生

铁、废钢、熔剂、脱氧剂、合金料等，采用氧气顶吹转炉和电炉炼钢等方法，经过氧化、造渣、脱氧等一系列步骤完成炼钢过程。为了提高材料性能，在炼钢过程中，向钢液加入一种或几种合金元素，使其达到成品钢的成分和规格要求，这一操作过程称为合金化。从炼钢炉或精炼炉中出来的纯净钢水，当温度合适、化学成分调整合适后，即可出钢。钢水经过钢水包脱入钢锭模或连续铸钢机内，即得到钢锭或连铸坯。随后通过轧制（冷轧与热轧）、拉拔、挤压、锻造等方法，将钢锭或连铸坯加工成钢板、型钢、钢管、钢丝等。

钢铁冶炼和钢材生产加工中，耗费了大量能源。为实现高效利用资源和循环经济，对余热、余压、余气、废水、含

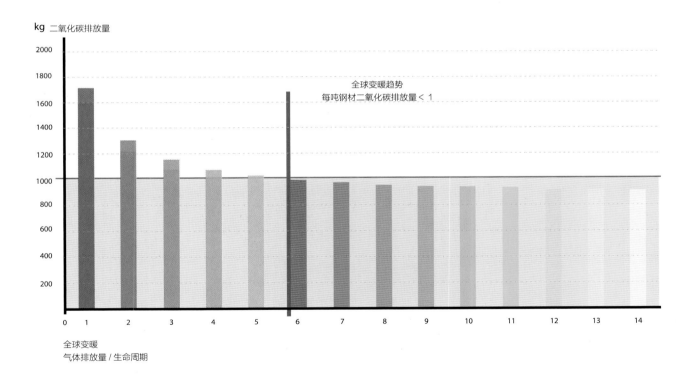

图 5.2.3　钢材生产与使用生命周期和全球变暖潜在趋势的关系

资料来源：尤塔·阿尔布斯，2014 年。根据钢铁中心资料，2014 年

铁物质和固体废弃物充分循环利用，对于节约资源，保护环境具有重要意义（钢铁中心资料）。

资源节约型材料的生产策略

在过去的 50 年，德国钢铁工业调整了生产模式，从节能降耗与余热利用做起，通过优化工业产业结构，转变产能增长方式，加大资源节约型材料生产力度，降低了总能源消耗，走上了资源节约型、环境友好型的行业发展道路。据目前数据显示，每吨钢材生产过程中可节约 17.9 千兆焦耳热量，节省一次能源消耗 39.2%。目前德国和日本成为全球钢铁节能生产的领导者，正在积极推进钢铁生产领域的变革。

钢铁生产的节能措施，主要是将生产过程中产生的废气、废渣等副产品回收再利用，变废为宝。对于废气，通过烟气净化回收系统，将钢铁生产过程中产生的大量的高温废气、粉尘，经过除尘处理后，用于取暖或发电，以减少二氧化碳的排放，控制高炉烟气对环境的污染。生产过程中产生的大量废渣，经过处理可以作为建筑材料使用，例如，高炉渣经水淬处理成为粒化高炉矿渣，作为矿渣水泥的原料。

钢铁工业固体废物处理，也是钢铁制造企业在资源节约型发展道路上的重要环节。钢铁生产过程消耗了大量的矿石原料和燃料，80% 以上的消耗又以大量固体、半固体的工业废弃物的形式出现，且种类繁多。由于矿石原料多为各种元素共生矿物，因而废物中蕴含着各种不同的有价元素，如：铁、锰、钒等金属元素和钙、硅、硫等非金属元素。因此，钢铁工业固体废物是回收再利用价值最高的二次资源。固体废物的回收再利用，提高了钢铁工业资源的利用率。图 5.2.3 说明了钢材生产循环过程对于环境的影响，展示了钢材生产与使用生命周期和全球变暖潜在趋势之间的关系。它说明只有通过循环利用和固体废物的回收再利用，同时加强生产过程中的节能措施，才能有效减少全球温室气体排放，实现资源节约型、环境友好型循环经济的发展。由于工艺的调整和生产方式的转变，对钢铁工业的发展产生了一定影响。如何解决随之而来的产品质量和经济效益问题，需要钢铁行业积极寻找解决方案（钢铁中心资料）。

材料性能

除优化资源利用效率外，钢铁生产方法对改善钢铁产品性能，推动其在建筑项目中的应用产生影响。如图表 5.2.2 中 C 部分"技术潜力"所示，钢材在建筑领域中的应用蕴含着巨大的潜力，特别是钢材达到 1200MPa 的拉伸强度（甚至更高），可以在大跨度或高层建筑中应用。钢材是均质材料，材料内部各组成成分均匀分布，具有各向同性。在钢结构受到的应力处于钢材的屈服强度之内，钢材发生的是弹性形变，这保证了钢结构质量的稳定，以及建筑荷载在结构内部均匀传递。这些材料特性，为钢材在预制装配建筑行业中的应用奠定了基础，推动了钢构件产品的开发，促进了产品性能的提升（钢铁中心资料）。

优化性能措施与防腐蚀

为了充分发挥钢材特性，需要对钢材采取防腐蚀措施，以保证其强度、塑性、韧性不受影响。由于不同的钢材耐火等级和安全要求不同，其防腐措施也有所不同，以应对不同气候和环境对钢材造成的影响。通常情况下，钢材的腐蚀速度与环境、湿度、温度以及有害介质有关，其中湿度是决定性的因素。钢材性能在温度 0℃、湿度 80% 的情况下开始发生明显变化。如果长期处于处于海洋大气、工业大气环境下，即使在较低的湿度条件下，也会对钢材造成重大影响（建筑用钢，2001）。

一份研究报告指出，采用金属或非金属涂层，对钢材表面进行和防护性处理，在表面形成保护膜，使钢材与腐蚀介质隔离，从而防止因天气和环境影响而引起的腐蚀。锌、铝等材料具有很大的耐大气腐蚀的特性。锌和铝是负电位，对钢铁构件进行喷锌、铝或镀锌、铝处理，和钢铁形成牺牲阳极保护作用，从而使钢铁基本上得到了保护。目前，普遍采用热镀锌的金属涂层工艺，对钢材进行表面处理，即在

450℃的高温下将钢材浸入熔化的锌水中，大约 5 分钟，使之产生化学反应，生成镀锌涂层。采用这种方法形成的金属涂层，与钢铁基体结合力牢固，寿命长，长期经济效益好。工艺不同，锌涂层的厚度也不同，涂层的厚度为 50 微米至 150 微米，整体镀锌时涂层的厚度为 10 微米至 40 微米。德国工业标准 DIN EN ISO 1461 中，规定了钢材镀锌的技术要求和检验标准，并指出锌涂层的厚度与金属材料的厚度和使用位置的关系。

非金属涂层具有高效的隔离功能，阻隔空气、水分及紫外线与金属基材的直接接触，杜绝了腐蚀的源头（建筑用钢，2001）。非金属涂层主要由底漆、中间涂层和面漆三部分组成。底漆（BC）是用锌粉或磷酸锌调制而成的红丹、环氧富锌漆、铁红环氧底漆等涂料，附着在钢材表面，确保了后续各层的粘合。中间涂层（IC）是非金属涂层的中间防护层，起到保护底漆，增加防护功能的作用。实际应用时，根据需求调整中间涂层的厚度。面漆（TC）由颜料、黏合剂和填料调和而成，有装饰功能，并对紫外线辐射、化学品和气候侵蚀起到足够的防护作用。图 5.2.4 展示了钢铁产品的防腐处理过程，介绍了金属涂层和非金属涂层的工作程序。底漆、中间涂层和面漆，必须兼容，相互协调，才能达到最佳保护效果。德国工业标准 DIN EN ISO 12944-5 规定了相应的涂层防腐蚀保护措施，标准中根据腐蚀类别和预期保护年限，规定了涂层材料和厚度等一系列技术指标（建筑用钢，2001）。此外，喷锌或喷铝涂层加防腐涂料封闭，可大大延长涂层的使用寿命。从理论和实际应用效果看，喷锌或喷铝涂层是防腐涂料的最好底层。由金属喷涂层与防腐涂料组成的复合涂层的防护寿命，较金属喷涂层和防腐涂料层二者寿命之和还要长，为单一涂料防护层寿命的数倍。因此，目前钢铁工业优选采用双重防腐措施。在德国工业标准 DIN 55633 "组合措施" 一节中，对此有明确的规定。

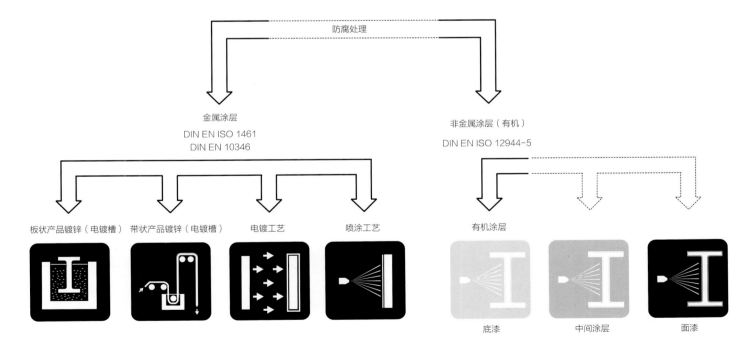

图 5.2.4　钢铁产品的防腐处理
资料来源：尤塔·阿尔布斯，2015 年。根据热镀锌研究所等资料

单层结构宽度为 5.5-6.5 米

价格 欧元/公斤	类型	≤ 6.00m 净跨度	≥ 6.00 - 12.00m 净跨度	≤ 6.00m 净跨度	≥ 6.00 - 12.00m 净跨度
1.60 - 2.05	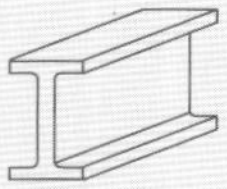	25 - 35 kg 25 kg 40 - 56 € /m² (NFA) 35 kg 51.25 - 71.75 € /m² (NFA) 8 - 18m	35 - 55 kg 35 kg 56 - 71.75 € /m² (NFA) 55 kg 88 - 112.75 € /m² (NFA)	55 - 80 kg 55 kg 88 - 122.75 € /m² (NFA) 80 kg 128.5 - 164.0 € /m² (NFA)	85 - 110 kg 85 kg 136 - 174.25 € /m² (NFA) 110 kg 176 - 225.5 € /m² (NFA)
1.95 - 2.45	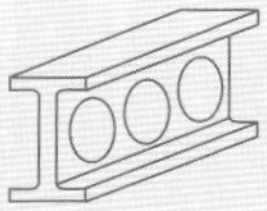	25 - 40 kg 25 kg 48.75 - 61.25 € /m² (NFA) 40 kg 78 - 98 € /m² (NFA) 15 - 45m	30 - 50 kg 30 kg 58.5 - 73.5 € /m² (NFA) 50 kg 97.5 - 122.5 € /m² (NFA)	50 - 80 kg 50 kg 97.5 - 122.5 € /m² (NFA) 80 kg 156 - 196 € /m² (NFA)	80 - 110 kg 80 kg 156 - 196 € /m² (NFA) 110 kg 214.5 - 269.5 € /m² (NFA)
2.05 - 2.50	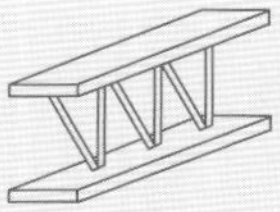	20 - 35 kg 20 kg 41 - 50 € /m² (NFA) 35 kg 71.75 - 87.5 € /m² (NFA) 15 - 45m	22 - 40 kg 22 kg 5.1 - 55.0 € /m² (NFA) 40 kg 82 - 100.0 € /m² (NFA)	75 - 110 kg 75 kg 153.75 - 187.5 € /m² (NFA) 110 kg 225.5 - 275.0 € /m² (NFA)	85 - 130 kg 85 kg 174.25 - 212.5 € /m² (NFA) 130 kg 266.5 - 325.5 € /m² (NFA)

图 5.2.5　2015 年，德国单层钢结构体系中结构钢架的成本资料
资料来源：尤塔·阿尔布斯，2015 年。根据钢结构建筑造价，2015 年

防火安全处理

除了防腐蚀以外，建筑用钢研究报告（2004），强调了火灾和高温条件下钢材保护措施的重要性。无防火保护的钢结构在大约 500℃ 或更高的温度下，将失去结构强度和承载能力。由于钢材厚度和生产工艺的差别，通常情况下，无保护的钢结构耐火极限为 30 分钟。德国工业标准 DIN 4102-1"建筑材料和建筑部件防火性能"一节中规定，必须进行防火安全处理，防止钢材在火灾中迅速升温而降低强度，使钢结构失去支撑能力并导致建筑物垮塌。（建筑用钢，2004）。

建筑用钢研究报告中（2015）指出，以刷涂或喷涂的方式将涂料附着在钢材表面，能起防火和隔热作用。钢结构防火涂料，按胶结料种类分为溶剂型防火涂料和水性防火涂料；按涂层膨胀性能分为膨胀型防火涂料和非膨胀型防火涂料。一般情况下，超薄型钢结构防火涂料和薄型钢结构防火涂料属膨胀型防火涂料，厚型钢结构防火涂料属非膨胀型防火涂料。在钢结构表面可形成膨胀层的涂料，适合于可见的结构部件。

不同制造商生产的防火涂料各不相同。通常，膨胀型防火涂料由底漆、膨胀层和面漆组成，具有优越的黏结强度、耐候耐水性、流平性和装饰性等特点，受火时缓慢膨胀发泡形成质密坚硬的防火隔热层。该防火层具有很强的耐火冲击性，能延缓钢材热传导，有效地保护钢构件。

厚型钢结构防火涂料，是用无机胶结料（如水玻璃、硅溶胶等），再配以无机轻质绝热骨料材料、防火添加剂、增强材料（如硅酸铝纤维、岩棉玻璃纤维等）及填料等混合配制而成。涂料的颗粒较大，涂层外观不平整，影响建筑的美观，因此多用于结构隐蔽的工程。据涂层厚度（钢结构建筑论坛，

单层结构宽度为 5.5-6.5 米

价格 欧元 / 公斤	类型	≤ 6.00m 净跨度	≥ 6.00 - 12.00m 净跨度	≤ 6.00m 净跨度	≥ 6.00 - 12.00m 净跨度
1.80 - 2.20		25 - 35 kg	30 - 35 kg	—	—
		25 kg 45 - 55 € /m² (NFA) 35 kg 54 - 66 € /m² (NFA)	30 kg 54 - 66 € /m² (NFA) 35 kg 63 - 77 € /m² (NFA)	— —	—
	5 - 8m				
1.95 - 2.45		35 - 40 kg	45 - 65 kg	—	—
		35 kg 56 - 71.75 € /m² (NFA) 45 kg 72 - 92.25 € /m² (NFA)	45 kg 72 - 92.25 € /m² (NFA) 65 kg 104 - 133.25 € /m² (NFA)		
	6 - 14m				
2.05 - 2.50		37 - 50 kg	42 - 60 kg	—	—
		37 kg 72.15 - 90.65 € /m² (NFA) 50 kg 97.5 - 122.5 € /m² (NFA)	42 kg 81.9 - 102.9 € /m² (NFA) 60 kg 117 - 147 € /m² (NFA)	— —	— —
	10 - 18m				

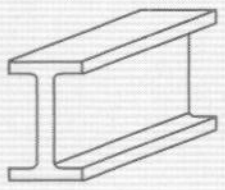

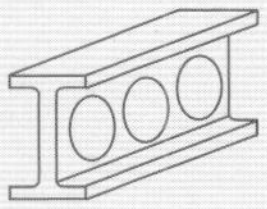

图 5.2.6 2015 年，德国多层复合结构体系中结构钢架的成本资料
资料来源：尤塔·阿尔布斯，2015 年。根据钢结构建筑造价，2015 年

2015）防火时间可达 30 至 180 分钟（F 30 和 F 180）。

目前，钢结构的防火措施也在不断发展，例如采用水冷法。使用中空型材产生冷却效果，保护钢结构不能彻底过热或燃烧。另外，复合构件在多层建筑的防火措施中得到使用，例如将混凝土与"Ｉ"钢型材相结合，将混凝土填充中空钢和空腔室填充梁等方法，使钢结构和混凝土深度融合，以达到相应的防火标准。当然，由于各地防火规范不同，需根据当地情况有针对性地调整和处理（钢结构建筑论坛，2015）。

经济效益

在建筑施工中使用钢材时，需要对使用钢材的成本和使用钢材的建筑系统进行评估。每个项目开始时的经济评估报告，通过区分钢材应用领域，钢材类别和建筑体系类型等内容，准确反映当地市场情况，及各部分的成本信息。因此，一份提供关于制造、组装、运输、物流、维护以及回收的信息的成本计算对于整个项目的成功实施至关重要。

2015 年度，德国"钢结构预算"研究报告显示，随着钢铁在建筑施工中的应用，工业建筑和住宅建筑的建造成本发生了变化。图 5.2.5 展示了德国建筑行业应用钢铁产品的范围。图表中区分了工业单层建筑，和办公、住宅等多层建筑的不同成本情况。为符合防火安全要求，在多层结构体系中使用了复合材料。通过该表格可对钢铁产品的市场状况，进行初步评估和判断，有助于确定不同类型建筑的结构系统和成本。

与轻钢框架结构相比，热轧型钢已成为工业与民用建设中使用最为广泛的材料之一。热轧型钢是指通过热轧的方式，将钢坯轧成各种不同几何断面形状，以适应使用需求的一种钢材。热轧钢具有截面面积分配和外形构造更加优化，强重比更加合理，便于同其他构件组合和连接等优点。通过采取适当的保护措施，可以在多层，甚至是高层的建筑应用。图5.2.6 展示了在多层复合结构体系中，钢结构和钢筋混凝土复合材料的使用和成本信息。

关于轻钢框架（LSF）构件的应用，在 5.1.2"装配式住宅中木材应用"一节中，分析比较了砖石实体墙体和木材框架预制墙体。轻钢框架预制墙体的成本，比砖石实体墙体增加了 5% 至 25%。根据 2013-2014 年度德国轻型结构研究所的报告显示，木结构系统的成本在 90 至 120 欧元/平方米之间，轻钢框架系统的成本在 95 至 150 欧元/平方米之间，而砖石实体结构系统则约为 110 欧元/平方米（数据基于 2015 年度德国 BKI 建筑造价统计获得）。

图 5.2.7 轻钢框架结构系统的现场安装和装配流程
资料来源：尤塔·阿尔布斯，2012 年

轻钢框架结构系统：冷弯型钢技术性能

冷弯型钢，是用钢板或带钢在冷状态下，弯曲成的各种断面形状的成品钢型材。由于经济的轻型薄壁钢材，易于直接连接，是制作轻型钢框架结构的主要材料。冷弯型钢品种繁多，应用领域不同，截面形状也不相同。按截面形状分为半封闭、封闭、开放、C 型、U 型、L 型等种类，截面厚度在 0.6 毫米至 2.5 毫米之间。其中，厚度在 1.5 毫米至 2 毫米，腹板高度 150 毫米，凸缘宽度 50 毫米的 C 型标准型材，在轻钢框架结构中大量应用（伦茨和路易格，2002，p. 12）。在建筑工程中，采用冷弯型钢能提高综合经济效益，减轻建筑物重量，提高构件工业化程度，方便施工，缩短施工周期。图 5.2.7 展示了轻钢框架结构系统现场安装和装配流程。现场装配预制轻钢框架构件，要耗费大量劳动力，只有优化施工流程，采取综合规划设计策略，才能节约施工时间和经济成本。

目前只有少数生产商可以提供较为完整集成解决方案，其中包括模块化建筑子系统等。在预制装配工厂批量化生产的预制构件，包括建筑结构部件、围护结构和绝缘层、机械、

气囊式体系

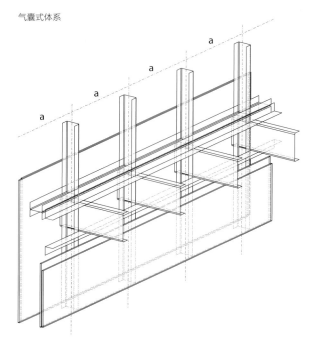

图 5.2.8 轻钢框架结构外墙系统中的墙体内部结构
资料来源：尤塔·阿尔布斯，2015 年。根据梯谢尔曼和弗勒克魏恩，2002 年

图 5.2.9　预制装配生产线制造轻钢框架结构和外立面预制构件
资料来源：尤塔·阿尔布斯，2016 年

气囊式体系

平板式体系

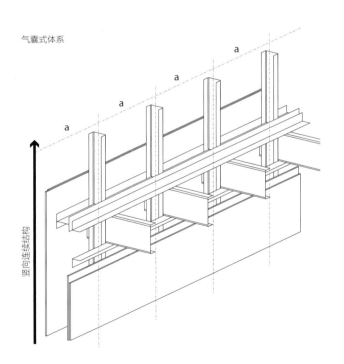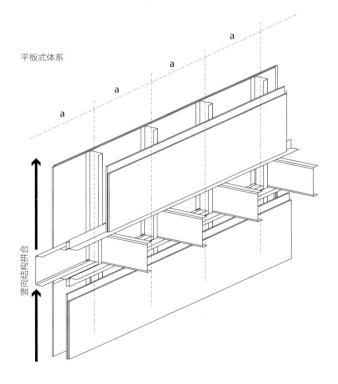

图 5.2.10　应用轻钢框架结构的气囊式和平板式体系的结构原理
资料来源：尤塔·阿尔布斯，2015 年。根据梯谢尔曼和弗勒克魏恩，2002 年

电气及卫生设施等，并对构件表面进行了处理。然而，现场施工建造过程中，仍旧需要大量工人，经济效益没有体现出来。随着对建筑质量、设计水平、建造施工要求的不断提高，轻钢框架结构系统的批量化、定制化特点得到了充分展现，也逐渐占据了预制钢结构体系中的重要地位。系列化、标准化的生产优化了轻钢框架结构系统装配流程，对于提高建筑质量，增加项目的经济效益有明显的作用。

轻钢框架结构系统中轻量化的建筑构件，在施工现场无须借助重型起重设备，就能实现预制构件的吊装和现场装配，同时也有助于优化连接构件的设计，明显加快施工建造速度。图 5.2.8 展示了使用预制装配线生产的，轻钢框架结构外墙系统的墙体内部结构。图 5.2.9 展示了使用预制装配生产线，制造轻钢框架结构外立面预制构件的生产过程。通过预制工厂的现场图片可以了解，操作平台上承重构件的组装工序，以及固定在结构构件下的水泥支撑基础。该制造商是美国生产轻钢框架结构外墙部件最大制造商之一。

轻钢框架结构系统结构性能

轻钢框架结构与木框架结构相似，由墙板、楼板、屋顶构件及标准轻钢结构框架组成。墙体的结构板材与内侧板板固定于轻钢框架龙骨，龙骨之间填充保温材料。结构板材外侧依据建筑节能设计标准要求，敷设保温隔热层。外饰面可根据需要选择不同材质，墙体内部设置隔汽层，防止保温材料受潮，同时保证墙体的透气性能。轻钢框架结构体系（LSF），通常选用固定在顶部水平 C 形截面，以及底部垂直 U 形截面型钢组合而成。螺栓、铆钉用于构件连接，有的则根据情况采用焊接或铆接方式，以保证结构体系的稳定。各国的板材质量和板材规格有所不同，一般情况下，结构板材铺装到轻钢框架龙骨上。轻钢框架龙骨的尺寸在 40 厘米至 60 厘米之间，如果建筑过大，间距可减小到 32.5 厘米。德国的结构板材和轻钢框架质量比较稳定，因而轻钢框架龙骨的尺寸可以在 62.5 厘米至 125 厘米之间调整。

由热轧钢型材等构件组合而成的承重框架，为轻钢框架结构提供了更多的解决方案。一般来说，轻钢框架结构建筑

系统，可根据建筑功能需要，在确保建筑物具有足够承载力、刚度和变形能力的情况下，能够实现复杂造型的设计要求。也可按照建筑模数进行结构扩展，以满足大跨度建筑空间的需求（根据梯谢尔曼和弗勒克魏恩，2002，p. 10）。

通常，在北美木结构建筑中，采用类似于"气囊式"或"平板式"的墙体结构。通过设置垂直和水平的梁或桁架，在单侧或双侧木板支撑下，将建筑荷载均匀传递到建筑基础。木板通过结构框架的紧密连接，具备足够的刚度，在材料和结构受力的情况下，抵抗弹性变形，避免结构遭到破坏（根据梯谢尔曼和弗勒克魏恩，2002，pp. 9-10）。

图 5.2.10 展示了"气囊式"和"平板式"墙体结构。它们的主要区别在于墙体和楼板的连接方式。"气囊式"墙体结构可以纵贯多层，在每层横梁处连接，悬挂天花板，铺设楼地板。该结构用大型建筑构件组装，保证了墙体构造的完整度，提高了建筑结构的气密性和隔音性能，但连接部位复杂，有一定的技术难度。"平板式"墙体结构，是墙体结构与楼地板逐层连接，逐层叠加组合，最终形成一套完整的建筑系统（根据梯谢尔曼和弗勒克魏恩，2002，pp. 9-10）。通常，在没有外部支撑的情况下，轻钢框架结构的建筑高度可达到四层。通过使用热轧钢型材，可实现建筑高度的进一步突破。当然，也要根据实际情况，在符合建筑规范的前提下，基于稳定性、技术性以及美学等因素的综合考虑，选择相应的钢型材和结构板材。

轻钢框架结构截面尺寸较小，具有良好的空间感，与砖石等传统结构相比，能显著增加建筑使用面积，是环保型和节能型建筑结构。相较于钢筋混凝土结构，可增加建筑面积 8% 左右。由于钢材的"容重与强度比"一般小于木材、混凝土和砖石，因此钢结构比较轻。为实现预制装配的最佳经济效益，在轻钢框架结构住宅建筑中，使用的预制构件的长度一般不超过 600 厘米，地板部分通常使用长 700 厘米的组合构件。建造 120 平方米左右的住宅建筑，通常可增加 5% 至 10% 的有效使用面积（根据梯谢尔曼和弗勒克魏恩，2002）。

轻钢框架结构住宅建筑中，使用的型材品种规格较多。钢材制造厂家将具有一定强度和韧性的钢材，通过轧制、挤

出、铸造等工艺制成一定断面和形状的型材。经过塑性加工成形的型材，最大长度为 1200 厘米，厚度在 1 到 2.5 毫米之间。型材的分类方法较多，有按生产方法、断面特点、使用部位、断面尺寸等方法分类。可依据德国工业标准 DIN 18 800 中 DAST 016 / EC 3 1-3 的相关规定，查找适合轻钢框架结构住宅建筑的型材类型和尺寸。（根据梯谢尔曼和弗勒克魏恩，2006，p. 827）.

能耗状况与高温条件下材料性能

为应对日益增长的建筑能源需求，并提供技术先进，设备完善的住宅建筑，以下措施是至关重要且必须考虑的：

- 构件与连接部位的刚度
- 构件的隔音性能
- 与建筑围护结构的间距
- 表面材料的柔韧性（延展度）
- 绝缘材料和板材的材料特性
- 连接部位的密封性
- 建筑体系的适应性（梯谢尔曼和普福，2000）

由于轻钢框架结构建筑采用了现场装配的建造方式，钢框架或钢龙骨作为承重结构主体，内外层构造必须与框架结构直接铆接或栓接，框架翼缘则必须与外部构造层紧贴，这使得墙体无法避免"热桥"效应。为了减少能耗，改善性能，利用计算机数字模拟技术对墙体热工性能进行仿真，并在构件上增加保温系统，以满足未来的能源需求。

墙体热传导是个复杂的物理现象。要对墙体内外表面的温度分布与热量传递状况有直观了解，找到产生"热桥"效应的关键部位，改善建筑保温性能。通过相应措施，轻钢框架结构建筑较容易达到被动式住宅建筑标准。根据德国工业标准 DIN 4108-3 中关于"建筑保温节能"的相关规定，由于钢型材和结构空腔内绝缘体的热阻变化，以及外部建筑构件的 U 值无法精确测定，在附加导热系数为 0.04W / mK，厚度大于等于 6 厘米保温隔热材料时，可以忽略墙体"热桥"存在，也不必考虑墙体内部的冷凝结露现象。为了提高墙体的保温节能性能，需要多重外保温层与框架体系结合。然而，单纯靠增加墙体厚度降低能耗，不仅不符合规范要求，而且能耗不降反升，所以最大限度降低墙体材料的传热系数，而不增加墙体厚度，甚至减少墙体厚度，才是较好的办法。因此要对轻钢框架结构墙体的分层及各层构造进行深入研究，降低建筑整体能耗。（根据梯谢尔曼和弗勒克魏恩，2006，p. 829）

此外，轻钢框架结构墙体的气密性设计，对于营造良好舒适的室内环境，满足住户对舒适性的要求至关重要。它能保证建筑内墙表面温度稳定、均匀，减小室内温差，增加舒适感，并具有良好的隔音效果。与砖石等传统建筑相比，轻钢框架结构接缝的抗渗处理和保温密封材料的合理运用，是防止墙体内部结露造成建筑损坏的关键。

基于德国工业标准 DIN 4102-2 和 DIN EN 13501-2 所做的燃烧测试表明，虽然轻钢框架结构不可燃，但不耐火。当温度超过 300°C 以后，屈服点、抗拉强度和弹性模量均开始显著下降，500°C 时构件会失去承载能力（根据梯谢尔曼和弗勒克魏恩，2006）。因而要对结构表层进行处理，用隔热层加以保护。常用的办法是，将熔点大于 1000℃ 的耐火绝缘的矿物纤维石膏板等覆盖在结构表面，使之达到耐火等级 REI-90 的要求。这些常用的板材包括石膏、玻璃垫、石膏板、石膏纤维板和硅酸钙板等。为达到德国工业标准 DIN 4102-2 规定的防火等级，轻钢框架结构选用的材料，要达到建筑主管部门或建筑监理部门的认证要求。

用金属涂层对轻钢框架结构表面处理时，厚度达到 27μm 的镀锌层在其表面形成保护膜，使钢材与腐蚀介质隔离，从而防止因天气和环境原因而引起的腐蚀。在物流运输过程中，密封包装保护，可以防止预制构件受损，延长轻钢框架结构的使用寿命。（根据梯谢尔曼和弗勒克魏恩，2006，p. 830）

轻钢结构预制原理

单元式或模块式轻钢框架结构预制建造方法，与木结构框架系统有类似特点。其工艺流程、建造效率，受到"一体化"规划设计思路影响，也受到制造、组装、物流、运输等环节，

a

b

T30A 酒店项目

建筑师：BSB 远大可建科技有限公司团队

位置：中国长沙

建筑类型：酒店

建造年份：2011-2012 年

建筑尺寸（宽 × 长 × 高）：24 m × 24.4 m × 99 m

建筑层高：30 层

现场施工：9/2011-7/2012，共 10 个月

现场装配：2012 年，15 天

建筑面积（总建筑面积）：17,388 m²

建筑体积：57,734 m³

建筑模块数量：30

年运行能源：70-150 kWh/m²

一次能源消耗：32 kWh/m²

图 5.2.11（左）
（a）塔楼主立面
（b）入口的顶部视图
摄影：BSB T30 的报告，2012 年

所使用设备或工具的制约。通常情况下，较经济结构尺寸是 3 米到 8 米之间，最大尺寸为 6 米 × 12 米。大部分预制构件设计定型后，在预制工厂生产，并在施工现场进行标准化的装配工作。标准化的预制构件和标准化的连接方式，极大地提高了轻钢框架结构（LSF）系统的经济效益。在预制装配过程中，涉及构件连接问题，如何处理不同构件之间"松"与"紧"的连接问题，是保证轻钢框架结构（LSF）系统稳定的重要内容。据统计，在构件连接部位的支出约占总成本的 30%。因此，不断改进连接技术，提高构件装配率，对于提高项目的整体经济收益有重要意义（根据梯谢尔曼和弗勒克魏恩，2002，pp. 21-22）。

以下将介绍 2012 年在中国完成的一座预制装配式酒店项目。该项目采用的"一体化"建筑系统，曾在 2010 年上海世博会的展馆建设中应用。随后这些经验被成功移植到这座酒店项目中。可持续建筑技术和施工方法是该项目的亮点，在缩短施工时间的同时，提升建筑质量，减少建筑材料浪费。该项目可以抵御 9 级地震的破坏，同时具有施工成本低、节能环保、耐久性好、建筑垃圾少、室内空气质量好等特点（远大可建科技，2012，pp. 1-2）。在项目实施过程中，远大可建科技有限公司（BSB），通过积极研发预制构件产品，丰富建造手段。

远大集团成立于 1988 年，原是一家生产空气净化设备的企业。2009 年组建远大可建科技有限公司（BSB），开始涉足建筑工业化领域。2008 年，发生在中国汶川的大地震，导致当地无数房屋倒塌，给当地居民的生命财产造成了巨大的损失。这场举世瞩目的大地震，引起了建筑行业对抗震防灾的关注，展开了一系列改善建筑抗震性能的研究，也促使 BSB 公司积极研发快速建造方案，加快灾区重建工作。该公司通过上百项实验，以及多种方案的评估测试，发明了"钢构＋斜撑＋轻量"的抗震技术。该公司推出的装配式建筑构件系统，在 2010 年上海世博会上首次亮相，并应用在一座六层展馆建筑上。

"一体化"建筑系统，强调预制生产环节和设计建造环节同步，强调构件生产和建造流程统一协调。BSB 公司始终致力于技术变革，以及技术创新的深度延续，不断提高资源整合强度和信息梳理密度。T30A 酒店项目，在抗震防灾、空气净化、节能节材、可循环建材、无醛铅辐射石棉建材、无扬尘污水垃圾施工等方面，达到了相当高的技术水准。特别是抗震防灾性能方面，建筑主体结构抵御地震灾害破坏的能力，达到了世界领先水平。经过中国建筑科学研究院的测试和评估，该体系的结构完整度和抗震性能，优于全球平均抗震标准。图 5.2.12 展示了长沙工厂预制构件的施工和组装。

每一步骤都经过精心安排，以最大限度地提高施工速度。预制板设计要满足卡车装载要求。

将同样类型的地板和屋面板进行分段预制，每个模块的尺寸为 15.6 米 X3.9 米，厚度为 45 厘米

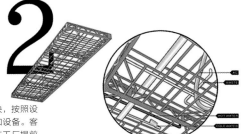

标准尺寸的卡车每次可运输两个模块，首先将模块放置在卡车上，随后将模块配备的立柱、螺栓、连接装置以及安装所需的设备一并装载。

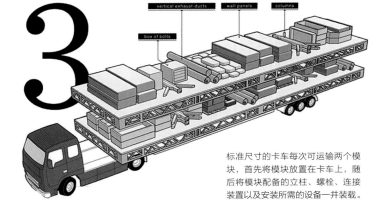

在预制工厂将每一块模块，按照设计预先安装相应的管道和设备。客户选择的个性化产品也在工厂提前铺设。

整齐统一的建筑外围护结构，以及预制墙板和窗户，由起重机起吊装到相应位置进行装配。虽然缺乏鲜明的建筑特色，但在提高建造进度的同时保证现场施工安全。

模块运抵施工现场后由起重机吊装到相应位置。工人们用模块配套材料和设备，迅速连接管道和电线。

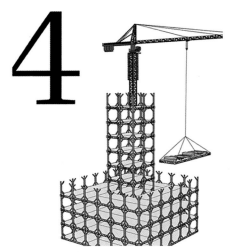

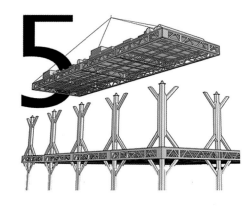

该公司预制建筑可抵御 9 级地震，非常安全。主要原因在于，独特的立柱设计，每一端都有对角支撑，并与相邻楼层相连，可在一定弹性范围内保证建筑结构稳定。

图 5.2.12　BSB 公司预制构件的装配和组装流程
资料来源：BSB T30 的报告，2012 年

短短 15 天。图 5.2.12 展示了 BSB 公司预制构件的装配和组装流程。

酒店主体结构布置在模块化的网格上，网格尺寸为 3.90 米 ×15.60 米。主体结构钢柱两端的三角形支撑构件，传送竖向载荷。建筑内部依据结构网格铺设的横向钢桁架，传递横向载荷。预制楼板是该建筑重要构件，楼板面层是该楼层地板层，楼板底层是楼下空间的天花板。预制楼板连同建筑结构、墙体、门窗及内部装饰进行了一体化整合。楼板厚度为 0.49 米，预装了 60.84 平方米构件。楼板内部空腔也得到了充分的利用，其内部排布着空调、通风、给排水、电气管线等设备管线系统。预制楼板在出厂时，附带了该楼层所属的立柱、斜撑、墙体、门窗等建筑构件。施工现场预制楼板吊装到指定位置后，工人用螺栓将楼板与主体结构进行连接，快速而准确地完成装配工作，避免了施工现场的湿作业与火灾隐患（BSB T30 的报告，2012）。

为提高工作效率，在预制楼板设计环节就考虑物流运输问题。因此，在预制楼板出厂时，与楼板相关联的立柱、斜撑、门窗、墙体，甚至洁具、厨具等同时运往施工现场，提高了施工现场工作效率。

T30A 项目中，大量使用了节能技术和节能措施，大大降低了建筑能耗。该项目的外围护结构，采用了 3 层玻璃窗和 15 厘米保温层相结合的方式，有效控制了建筑的热传导，防止了建筑能量损失。此外，远大集团的新风热回收系统，可回收 70% 到 90% 的热量，对建筑能量损耗起到了关键作用。由于远大集团的核心业务是空调设备和空气过滤系统，所以他们特别关注该项目中高效节能技术的实施，以提高室内舒适度和空气质量。远大集团将开发的"超低成本"的"超级净化"技术，整合到了热回收新风机内，通过三级过滤器组合系统，过滤收集较大粉尘，静电除尘器用电荷正负相吸原理吸附粉尘，最后通过高效过滤器进行过滤。经新风彻底除尘，室内就只剩下人带进来的粉尘。该技术对于许多空气污染的中国城市非常重要（远大可建科技有限公司，2012，

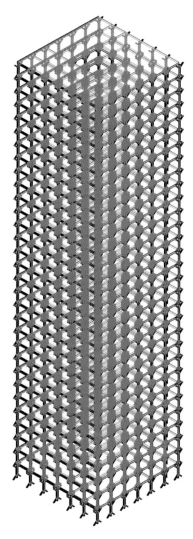

图 5.2.13　长沙 T30A 酒店塔楼的建筑结构
资料来源：尤塔·阿尔布斯，2015 年

项目概述

T30A 酒店项目，位于长沙市近郊的湘阴县，建筑层高 30 层，分为主体结构、前厅、地下室三个部分。该项目除地下室为钢筋混凝土结构外，酒店主体部分皆为钢结构，预制装配率非常高。该项目实现了整体构件化设计，几乎所有的建筑构件都在工厂生产完成，主体结构的装配工作只用了

pp. 1-2）。

图 5.2.14 展示了不同的预制建造方法，在工厂预制环节和现场装配环节工作量的差别。该项目系统化的设计思路，大大减少了现场施工环节的工作量，而且简洁明快的几何造型，标准化的构件，以及安全高效的连接方式，都对装配和建造的顺利实施产生了重要影响。因此，高度预制化的构件生产，有助于提高精度，优化操作流程，提高施工效率。该项目中，组合构件体系的确立和推广，带来了较高的设计灵活性。特别在住宅建筑领域，大量预制构件及多功能子构件的推广和使用，有助于推动住宅建筑的更新换代。

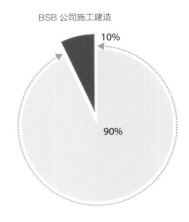

BSB 公司施工建造

10%

90%

设计建造方法的优缺点

T30A 酒店构件系统的确立，无论在预制生产环节，还是在现场装配建造环节，都对项目的顺利实施起到了关键作用，不仅加快了项目的实施，而且也提高了施工的品质。然而，由于大量标准化构件的使用，会导致建筑造型单调，建筑细节不丰富等问题。为了保证项目概念设计及实施阶段，具有更大的灵活性，必须在项目开始，就充分考虑并评估项目的特点，制定相应的方案。例如，标准化的制造方法、系列化的设计思路、针对性的解决方案，以及实施计划。因此设计流程，必须考虑扩展零部件的应用范围，为设计提供更大的自由度，实现更复杂的几何形态。这样就需要使用先进的设计工具，不断研发和生产建造有关的技术。目前，采取引入大规模定制的数字化制造工艺，取代标准化、规模化重复生产构件的方式。先进制造工具的使用，在高速生产制造的同时，极大地提高施工精度和建造品质。因此，必须对预制装配构件进行深入研究，探讨新材料新技术对构件生产的影响，促进轻钢或钢结构系统的应用和发展。

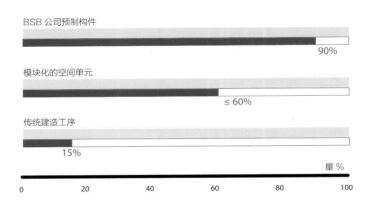

BSB 公司预制构件

90%

模块化的空间单元

≤ 60%

传统建造工序

15%

量 %

0　　　20　　　40　　　60　　　80　　　100

■ 非施工现场工作量

▨ 施工现场工作量

图 5.2.14　不同施工方法在预制建造工作量上的差异。
资料来源：尤塔·阿尔布斯，2015 年。根据可持续建筑相关资料，2012 年

施工方法对工艺效率的影响

影响和制约项目实施与工作效率的因素各不相同。在建造和装配过程中，要充分考虑设计方法与材料选择之间的关系，以及项目实施阶段的实际情况。随后将探讨预制模块化钢结构系统，评估钢结构的优缺点，探索预制装配式钢结构建筑的发展途径。

钢或轻钢构件在建筑中的应用，不仅与建筑的结构体系有关，而且与建筑所在的区位、项目类型、适用范围都有关联。当然，业主的偏好也会影响建筑材料的最终选择。如第 5.2.1

节"概述与应用"中提到的钢结构建筑在某些特定地区受到青睐。

　　与预制构件组合而成的单元化建筑系统相比,模块化钢结构可以加速施工进度,推动项目尽快落地。预制工厂和施工现场的相互配合,可以节省大量时间和资金,降低项目风险。但要考虑运输和物流对项目的制约因素,以及由于预制模块体量增加,带来的建材消耗和成本升高。一般来说,由于建筑结构和建筑系统的差异,在建筑材料的消耗上,预制模块化钢结构比预制钢构件的数量要多。这就需要对施工环节进行精确的测算和评估,改进工艺流程,减少材料浪费,减少潜在成本支出。

　　常见的模块化建筑有医院、学校、酒店、养老院、学生宿舍等类型,这些建筑都有标准化的平面布局和均值化的室内空间。特别在战争频发的国家和地区,预制模块化建筑为这些地区的居民,以及流离失所的难民提供紧急庇护场所,为避免出现更大的人道主义灾难,提供了便捷可靠的建筑解决方案。不过,批量化、标准化模块建筑的经济效应,影响着预制模块的生产和制造,预制模块的尺寸和重量,也对物流运输产生影响,这些问题都需要在项目实施过程中寻找解决方案。

日本预制装配式住宅建筑

　　20 世纪 90 年代,工业化预制装配技术在日本住宅建筑领域的应用达到了顶峰。在 20 世纪 60 年代,由于经济发展和人口增长,日本一度出现住宅短缺的局面,促使一些大型建筑企业致力于住宅建筑系统的研究,积极推广建筑工业化发展。随着现代工业生产方式的不断发展,产业分工进一步细化,研究者们将工业领域成熟的生产模式和先进的生产理念,在建筑领域进行转化和推广,同时提出符合标准化、规模化定制需求的预制装配式建筑理念。日本住宅建筑市场中,预制装配式住宅曾一度占据 18% 至 19% 的市场份额,目前大约维持在 12% 至 13% 左右。日本最大的房屋制造商之一积水房屋株式会社(Sekisui House),于 2009 年建造了 55088 套住房。(该公司是在 1960 年以积水化学工业株式会社的房屋事业部为主体组建的,当时名为"积水房屋产业株式会社",1963 年改为现在的名字。目前积水化学工业株式会社仍然持有股份,但已非旗下子公司——译者注)。其他竞争对手,如大和住宅株式会社(Daiwa House),积水海慕住宅株式会社(Sekisui heim),丰田住宅株式会社(Toyota Home)等公司都在预制住宅建设领域也发挥了重要的作用(莉特纳和博克,2012,p.158)。

　　通过梳理和分析这些大型住宅建筑企业的生产策略就会发现,这些企业的共同的点就是在建筑工业化发展初期,充分借鉴其他行业的成熟经验。其中,汽车行业是建筑行业学习的重点,通过借鉴汽车行业的生产组织模式、批量化生产与定制化需求相结合等模式,促使了这些大型住宅建筑企业根据自身特点和需求,转化升级,更新换代(莉特纳和博克,2012 年)。例如丰田集团子公司丰田住宅株式会社,通过对丰田汽车公司生产线及生产流程的研究和分析,制定了基于定制化原则的批量化生产模式,开发了经典的 TPS 生产系统,提高了生产效率。为了满足日益增长的预制装配式住宅需求,丰田住宅株式会社以及积水房屋株式会社,都将关注点放在预制建筑构件的批量化生产和标准化装配上。特别是积水房屋株式会社研发的,以钢框架为骨架的模块化建筑,将建筑围护结构、建筑机械设备和内部装修整合,实现了批量化生产(博克等,2010)。

模块化构件生产

　　积水海慕住宅株式会社是日本积水化学工业株式会社的子公司,成立于 1968 年。该公司成立伊始,便致力于模块化建筑的研发与制造,最初的模块化产品为整体式浴室和整体式厨房,之后不断扩展产品线,增添产品类型。1970 年,首个预制模块化建筑,在该公司的生产流水线上诞生,标志着该公司具备了生产模块化建筑的能力。目前,该公司成为日本最大的住宅公司之一,具备了年产 13000 套预制住宅的产能(博克等,2010)。

在古濑和交野 2006 年撰写的研究报告指出，1968 年建筑师大野和彦为积水海慕住宅株式会社，研发的"积水海慕 M1"建筑系统，开启了三维建筑模块规模化生产的先河。该系统创造性地引入了钢框架模块，并研发了一系列与之相匹配的建筑构件，建立了整套构件列表系统，满足了多种建筑布局和建筑平面需求。总的来说，整条生产线可生产 300000 种建筑构件，满足 70 种不同布局的模块化建筑的预制装配工作。

通常情况下，每个模块化建筑由 30000 个构件组成。这些构件在装配生产线上按照建筑的功能需求，经过类比筛选、拼装组合、装配加工等步骤，经多重工序制造完成。常用的模块化建筑约 40 种，尺寸各异，包含十种不同长度、宽度和高度。按照该公司目前的产能，在预制率达到 80% 至 85% 的情况下，每天可生产 135 个模块化建筑（古濑和交野，2006，p. 352）。因此，保证制造流程的顺畅，精确控制生产制造的时间节点十分重要。为此，积水海慕住宅株式会社开发了序列化生产方式，即装配式复杂生产规则。具体的程序是，将原材料投入生产后，进行平行加工，生产出产品所需的各种零部件，最后将平行生产的零部件组装为成品。这种序列化的生产方式，实现了持续生产和组装，保证了高质量模块化建筑的预制和装配。

图 5.2.15 和 5.2.16 展示了与积水海慕住宅株式会社类似的积水房屋株式会社，模块化钢框架的生产原理和支撑结构。从钢框架组装开始，建立模块化建筑的结构支撑体系，之后逐步安装设备管线、结构墙体、分隔墙体及内部饰面层。由于每道工序是由可间断的若干生产步骤组成，这样既可以在一个企业或车间内独立进行，也可以由几个企业或车间，在不同的工作地点协作进行。通过严格的生产计划限定产品的生产周期，由不同企业或车间协作进行，这种在汽车行业中广泛应用的多步骤生产模式，推动了模块化建筑发展，在精确工作计划安排下，逐步完成制造环节，直至产品出厂。

为提高工作效率，积水海慕住宅株式会社聘请机械自动化专家，开发了"HAPPS 自动化零件拾取与装配系统"。该

系统可以有效地控制和管理生产流程，以生产需求为导向，准确有效地进行内部生产调配和物流运输，确保了经济效益。该系统通过参数化的计算方法，用引领未来自动化发展方向的协作机器人，迅速实现建筑平面的三维化建造（博克等，2010，p. 7）。这种系统基于数字化的方式，动态地管理和控制生产流程，并将复杂的协同生产高效整合。目前，欧洲的住宅制造商还没有像日本企业这样，普遍采用序列化的建造方法，预制模块化建筑。究其原因，主要是由于欧洲建筑业受到传统建造工艺和流程的影响太多，制约了行业的发展。此外，这些建筑企业的营业额和市场占有率等，相比日本企业要小很多，因而没有额外的动力刺激，推动规模化生产，以获取更多的经济收益。

"积水海慕"（Sekisui Heim）系统的施工和装配流程

为了确保提供低成本高效率的方案，满足客户多样化的产品选择，积水海慕住宅株式会社，除了开发钢框架系统等多种模块化建筑外，还在 1978 年研发了以木框架为结构主体的预制装配产品线。

为确保生产流程高效运转，专业化的数控系统和流程管理软件，对生产过程进行了数字化监控和管理。基于预制装配线的生产原理和"看板"供应制度（看板供应制度，指企业为降低原材料或零部件的仓储成本，在需要前夕才进货的制度——译者注），实现了供应商与制造厂商之间工作流程的无缝衔接。通常序列化生产方式，将制造工序周期性间隔设定在三分钟，将装配环节压缩在三个小时以内，其中包括从焊接钢框架，到模块化建筑出厂，再到海运码头物流运输的全过程。（霍尔和山田，1993，p. 9）最重要的是，序列化的制造策略确保了部件和最终产品的高质量。

根据霍尔和山田 1993 年的研究表明，"积水海慕"系统的建筑单元模块，由大约 28000 至 30000 个构件、13 个单元模块组合而成，建筑面积约为 130 平方米，其尺寸误差保持在 1 毫米左右。"积水海慕"系统的工作流程，秉持了日本企业先调查、再建造的一贯工作风格，通过量身定做的方式，

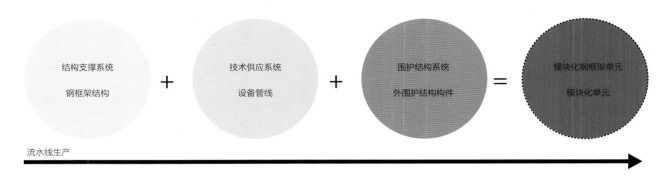

结构支撑系统
钢框架结构

＋

技术供应系统
设备管线

＋

围护结构系统
外围护结构构件

＝

模块化钢框架单元
模块化单元

流水线生产

图 5.2.15　积水房屋株式会社的模块化钢框架单元的生产原理
资料来源：尤塔·阿尔布斯，2015 年

图 5.2.16　积水房屋株式会社模块的支撑结构
资料来源：尤塔·阿尔布斯，2015 年。根据福尔和罗瑟

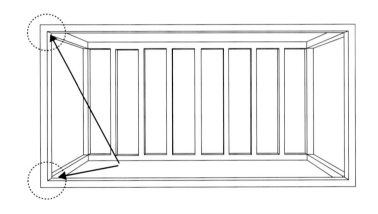

设计建造具备工业化、多类型化等特点的住宅形式，
满足了不同客户的需求。在概念设计阶段，首先通过
APEX 编程软件系统，评估客户的需求，同时生成
客户资料、场地条件，以及满足结构稳定性，和防火
需求的模块化建筑设计方案。随后在三维软件协助下，
进一步明确建筑模块配置、建筑材料、结构系统等信
息，同时生成一系列二维图纸，完成设计深化阶段工
作。为保证 CAD 图纸信息传递，和数据传输的稳定
性，以及在生产阶段进行有效控制，采用"HAPPS
自动化零件拾取与装配系统"，监控自动化构件的传
输，以及内部生产管理流程的顺利开展，最大限度地
提高了生产效率。

　　从结构系统上分析，钢结构模块属于箱形的刚
性结构单元体，钢梁、钢柱之间的连接采用熔接方式。
采用这种结构的特点是，建筑荷载不会集中于某一
点，而是通过梁柱均匀传递到基础，即使出现较大

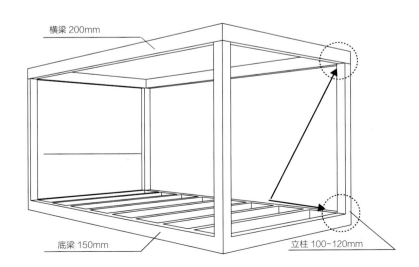

横梁 200mm

底梁 150mm

立柱 100-120mm

结构变形时也不会遭到整体破坏，保证了充足避难时间，完全符合日本的抗震设计基准。由于模块化建筑应用的钢结构系统基本相同，只是在屋面、墙体材料、室内外装修及设备上有所区别。因此，除了墙体和地板等部分，使用自动化机器人进行装配外，其他部件，例如门窗、室内设备等需要手工安装。模块化建筑出厂时完成了 80% 的工作量，其余部分在施工现场完成。预制工厂和施工现场不间断地进行质量控制和故障安全测试，确保了产品的精度和质量（福尔和罗瑟，pp. 3 ff. ）。

日本住宅领域的工业化发展历程，有其独特的历史背景。第二次世界大战之后的住宅短缺，导致战后的重建计划，既鼓励住宅产业化发展，又鼓励创新的工业化建造方式，政府也将建筑工业化确定为国民经济发展的目标。在政府的支持下，拥有专业运营能力、投资管理能力的财团，以企业化的方式进行运作，以其创新生产方式，从精益建造到大规模定制战略，从工厂自动化到建筑工业化，推动了建筑产业的升级换代。随着计算机辅助系统的应用，施工效率、定制程度和产品多样性都得到极大的扩展。专业化系统开发和制造过程的统筹管理模式，改变了原有的生产方式，逐步将序列化生产转变为个性化定制，形成以客户为导向的建造策略，实现了从战后大规模生产，到今天的高质量定制与规模化生产相结合的局面（博克等，2010 ）。日本住宅建设，在 20 世纪 90 年代达到峰值后，住宅的销售量和营业额持续下降，这表明住宅建筑行业需要积极地调整以应对市场变化，同时采取更加灵活的建造策略，在实现工业化、多样性，以及与传统方式结合的同时，推动规模化生产方式的推广，重新定义预制建筑系统，通过高质量和高精度的预制构件，实现高效率的生产建造。

由于模块化概念在一定程度上对设计灵活度造成制约，因此有必要采用有针对性的制造方法和建造策略。虽然辅助设计工具的使用，为预制装配式住宅建筑，增添了更多的产品类型，但目前的施工建造手段依然有限。为了推动预制装配式住宅建筑的发展，需要设计师与生产厂商紧密联系，共同推动个性化产品或建筑类型的诞生。

5.3　多层装配式住宅的预制混凝土构件

概述与应用

本节将对混凝土在预制建造领域中的应用，以及在多层装配式住宅应用状况，进行概述和评估。在上一章"预制装配式建筑的历史发展及未来前景"中，概述了混凝土的发现及应用过程，对其生产制造方法、早期应用实例以及历史影响等方面进行了概述。

19 世纪中期，混凝土制造技术在欧洲出现后，混凝土材料性能不断发展。20 世纪初，混凝土预制构件，广泛应用于给排水管道系统、建筑砌块和建筑板材等领域，提供了经济高效的工程建设手段。随着近代工业的迅速发展，混凝土技术和装配方法得到了进一步发展，混凝土预制构件与钢筋混凝土的发展几乎同步，而具有现代意义上的工业化混凝土预制构件，是在半个世纪前才得到真正发展。特别是第二次世界大战之后，城市化的发展，战争和难民危机，以及区域经济增长低迷，为预制混凝土构件的发展提供了机遇。目前，预制混凝土构件的应用已相当广泛。不断进步的预制技术，扩大了预制混凝土构件的应用领域，满足了建筑设计及结构设计更大的灵活性，在住宅工业化的发展过程中有着不可替代的作用。

在过去的几十年中，随着混凝土预制技术的应用，在建筑施工领域实现了高效率、高品质的发展，充分展现了混凝土预制构件广泛适用性，以及显著的经济社会效益。由于生产混凝土预制构件的建筑材料较为普遍，不存在供应短缺，而且可根据项目所在地的原材料情况适当调整，因而特别适合经济条件薄弱地区的低成本建设。目前，虽然使用混凝土预制构件经济优势明显，但在建设过程中生态效益较差，希望能在未来的混凝土预制技术发展中不断改进。

过去的五六十年中，预制混凝土技术得到较大发展，采用预制混凝土技术建造的建筑数量显著增长。无论是用于建筑外墙，或是用于结构构件的预制混凝土，都建立了完备的产品和技术标准，可以最大限度满足技术先进、经济合理的要求，实现节能、减排、清洁等绿色施工要求。随着预制混凝土技术的发展，预制构件的制造精度、通用性、标准化程度也在不断提高。高度集成的预制构件，以及复杂几何形状的预制构件，都能以较低成本生产。预制构件的生产加工和装配环节均得到了进一步的提升和改善。

目前，混凝土预制技术的重点是发展订单式的预制构件生产模式。特别是定制化和小批量生产，已成为预制混凝土行业发展进程中重要的发展方向和催化剂（博查特和施维姆，2000）。最重要的是，资源利用率也对预制构件的制造和使用产生影响。因此，优化制造和创新应用的理念，将有助于改善预制构件节能环保性能。

预制构件的优缺点

与现浇混凝土结构相比，预制混凝土构件有很多优点，同时也存在着不足，亟须改进。以下将逐一展开叙述。

制造精度

随着现代化高性能制造设备的普及，提升预制混凝土构件的制造水平，减小了构件公差。数控机床等自动化制造设备的广泛使用，对于提高预制加工精度，减少生产误差，有重要的意义。

构件质量

在遮风挡雨的预制工厂，使用现代化设备加工制造和标准化生产，从源头上保证了预制构件的质量。此外，由于自动化制造设备的使用，操作人员能及时监控主要的生产数据，当出现错误时，可立即采取措施，从而确保构件质量。

施工效率

由于自动化制造设备的使用，实现高效率、低成本的生产制造，确保了预制流程顺利进行。此外，在预制工厂可以优化装配程序，实现精密制造，同时减少施工作业，提高工作效率。与现浇混凝土相比，预制混凝土构件养护时间更短，混凝土质量可达到 B45 或 B55 标准，极大地改善窄剖面混凝土构件的加工与应用（博查特和施维姆，2000）。

低成本效益

通过工业化流水线方式，进行预制混凝土构件生产，有利于降低生产成本，推动系列化的墙／地面板的生产流程的开展。通过对于成本密集型模板的控制使用，以及增加标准化构件数量，可以显著提高项目的经济效益。此外，使用预制混凝土构件，可以最大限度减少施工现场脚手架的搭建，节约施工时间和项目成本。在工业化生产流程中，进行非标准预制构件的定制生产，要通过标准和非标准构件的智能连接和模式设定，实现模板的自由转换。

可持续发展潜力

由于预制混凝土构件的制造是在预制工厂使用自动化设备开展的，可以通过监测设备，以可视化的方法，了解整个工厂生产状况，以及构件的制造情况，提高生产风险管控。同时及时处理生产环节产生的建筑废料，如废水、废渣等。避免了物料浪费，实现生产环节的可持续发展。预制混凝土构件的使用，提高了施工环节"干作业"的比例，可以更好地控制施工工艺。

复杂几何造型能力

通过混凝土构件预制生产模式，提高了复杂几何造型构件制造能力。首先，根据构件材料成分和造型的复杂程度，确定是否定制生产。之后，智能化设计工具和自动化制造设备，可直接从设计图纸上提取数据模型，控制生产顺序。从复杂的饰面构件到特殊几何造型的专用构件，均可通过建筑模型直接生成，当然，也可以使用部分现成的模板预制加工。通过多种预制加工技术的结合使用，提高了预制生产可操作性和预制构件质量。

卓越技术性能的实现

随着现代工业的发展，高性能制造设备得到了广泛应用。随着制造业不断吸收电子信息、计算机、机械制造等方面的高新技术成果，并将这些先进技术应用于产品的研发设计、生产制造和管理，逐步形成了以信息化技术为核心，集成制造技术为载体的现代制造业发展态势。在预制混凝土构件生产领域，如何在现有预制构件生产基础上，附加信息化科技成果，实现集成发展，是预制混凝土行业需要面对的问题。预制混凝土构件已为技术集成提供了物理基础，如何在预制构件中应用信息化科技成果，实现卓越技术性能，这点需要考虑。

构件尺寸和重量限制

生产设备的规模限制了构件的尺寸和重量，对于超过生产线标准尺寸和规格的预制构件，需要进行分解或分步骤生产的方式。此外，必须在项目开始阶段，考虑构件尺寸和重量对出厂和运输的要求。

物流与运输

超规格的混凝土构件，不仅在预制生产时有一些困难，也会对物流运输环节造成一些难度。受预制建造方法和施工流程的制约，有时必须动用重型设备才能完成构件运输。同时，超规格混凝土构件的现场装配，也必须动用大型起重设备才能完成，这势必影响到施工进度。

标准化与定制

一般来说，大量使用规格统一、批量生产的标准化构件，会带来一定经济收益。然而，随着多元化建筑设计的不断涌现，复杂造型预制构件的定制生产，将有助于设计理念的实施，同时提高项目的经济效益。

住宅建筑预制混凝土构件

住宅工业化是住宅产业化发展的前提，混凝土预制技术是实现住宅工业化的途径之一。考虑到建筑材料和结构系统，使用预制混凝土构件可以实现高效率、高品质的住宅建筑，同时也将节约建造成本和时间，带来显著的经济和社会效益。为了更好地发挥预制构件的材料特性，推动预制混凝土构件在未来的应用与发展，对材料性能和技术性能进行分析和评估显得至关重要。图 5.3.1 展示了依据欧盟 EN 15804 标准生产的 C30／37 型混凝土的生态、经济和技术性能。

虽然预制混凝土构件的生产技术在不断进步和发展，极大地提高了资源利用率，但由于混凝土生产仍然属于传统的能源密集型行业，产生的废弃物和排放物，对周围环境造成巨大的影响。因此，应积极改进混凝土生产工艺，尽量使用可再生混凝土，提高混凝土材料的环保性能，促进混凝土行业的可持续发展。

混凝土构件具有耐磨损、耐腐蚀、生产效率高、经济耐用、

便于维护等特点，与木或钢结构构件相比，更容易满足建筑防火与隔音要求。特别是当混凝土与钢筋结合后，将会提高混凝土承载能力，减小构件截面尺寸，降低结构自重，对大跨度和重荷载结构有着明显的优越性，应用于多层建筑结构中有较大优势。据目前统计数据显示，由于预制混凝土构件优良的材料特性，具备广泛的适应性特点，在住宅建设中的应用越来越频繁，目前对预制混凝土构件的需求将会持续增加（博查特和施维姆，2000）。

住宅是普通民众最基本的需求。混凝土和预制混凝土构件，以其经济高效的成本优势，和使用方便适用性强等特点，得以在住宅建筑中广泛应用。使用混凝土和预制混凝土构件，可以在短期内建造满足大多数社会阶层和居民需求的住宅，在住宅工业化的发展过程中发挥着不可替代的作用。但大量造型单一的多层住宅建筑在城市中出现，其呆板的外立面，会造成千篇一律的单调感。

在第 4 章"预制混凝土结构的历史影响与未来展望"一节中，介绍了约翰·布罗迪和格罗夫纳·阿特伯里在其研究成果中，阐述了 1905 年至 1910 年间，预制混凝土板的发展对多层住宅建筑产生的重大影响（荣汉斯，1994）。在随后的五十至六十年间，大量的住宅需求为混凝土预制件的出现提供了机遇，同时技术的发展带来了建造方法的提升和改善，欧洲各国出现了各种类型的大板住宅建筑系统，主体结构构件采用混凝土预制楼板和墙板等。这使得建造活动具有快速高效和低成本等特点。20 世纪 60 年代末至 70 年代初期，混凝土预制板体系在欧洲城市的发展和应用日趋成熟，但由于各国的经济发展，建筑技术水平存在一定的差异，因此导致预制装配式建筑的发展程度有所不同。随着欧洲国家经济复苏，以及积极的"住房刺激计划"促进住宅建设，同时人们对住宅舒适度的要求也在不断提高，预制混凝土大板技术建造的住宅，功能基本合理，拥有现代化的采暖和生活热水系统，独立卫生间，比没有更新改造的 20 世纪初期建造的传统住宅更加舒适。另外，随着预制构件的机械化生产方式的普及，降低了建筑工人的劳动强度，这也促使预制混

A	生态方面		+ 优点　－ 缺点
A1	主要生态指标，不可再生资源	1,318 MJ/kg	+ 资源丰富
A2	主要生态指标，可再生资源	23.9 MJ/kg	+ 可利用回收材料和中水
			+ 增加回收潜力
A3	矿物资源消耗量	817 kg	－ 能源密集型生产制造（产生废弃物和烟尘）
			－ 排放废水废气
A4	全球变暖趋势	262 kg CO_2Eq	－ 新拌混凝土的碱度会对环境造成污染
A5	环境酸化趋势	0.458 kg SO_2Eq	

B	经济方面		+ 优点　－ 缺点
B1	生长周期	> 80	+ 使用周期较长
			+ 维护频率低
B2	产品维护	低维护	+ 高耐用性
		高耐久性	+ 制造和装配效率高
			+ 材料的成本效益高
B3	生产成本	低	
		（相较于木结构降低10%-15%成本）	－ 劳动密集型工作需要人力
			－ 劳动密集型工作导致成本增加
B4	水资源利用	高	

C	技术方面		+ 优点　－ 缺点
C1	密度	2,365 kg/m³	+ 承载力强
			+ 材料结构和性能均匀
C2	弹性模量	32 GPa /	+ 优异的物理性能（防潮、隔音、防火）
		32,000 N/mm²	
			－ 材料重量大（自重）
C3	U 值（传热系数）	2.1 W/mK	－ 热阻较大
		（增加添加剂）	
C4	λ 值（导热系数）	W/mK	
		（增加添加剂）	
C5	耐火性能	A1	

图 5.3.1　混凝土（C30/37）的生态、经济和技术性能（EN 15804）

资料来源：尤塔·阿尔布斯，2014 年。根据黑戈尔，2005 年，pp. 67 ff.

凝土大板住宅的流行。大批新建的低成本住宅在这一时期出现，导致城市中原有历史街区中的住宅吸引力下降，这些街区的建筑逐渐破败。这一时期的预制混凝土住宅项目大量重复使用同样户型、类似的立面设计，建筑外形较为呆板僵硬缺少变化，在老城区的建筑活动，破坏了原有城市肌理，对城市面貌造成了影响。欧洲国家纷纷意识到这个问题，尝试从规划和城市空间塑造方面，借鉴传统城市空间布局与建筑设计，增加灵活性和多样性，打破单调的建筑风格。

1972 年，民主德国制定"国家住房计划"，以此推动建筑标准化施工体系的发展。在这项计划的推动下，建立了常用的预制混凝土板建筑体系。该体系分为 WBS70，WHH GT 18，PS2，M10 等类型。直到 1985 年，在民主德国地区共建造了 180 万至 190 万套住宅，促进了装配式建筑的发展，也极大地缓解了当时住宅短缺的局面（哈讷曼，1996）。

与民主德国由政府投资主导的住宅计划不同，在欧洲其他国家，如法国、俄罗斯、斯堪的纳维亚半岛国家和地区，大型建筑企业直接推动了住宅工业化的发展，同时也推动了预制混凝土建筑体系的发展。图 5.3.2 展示了位于瑞典瓦克索的预制混凝土板多层住宅建筑。该项目是典型的预制混凝土大板建筑的早期实例。该项目的预制外墙板为混凝土夹芯板，由两层混凝土板内衬玻璃棉隔热层构成，除具有隔声与防火功能外，还具有隔热保温等作用。开放式的外墙构件与槽型悬挑预制阳台板，增加了建筑设计语言。预制混凝土墙板的外围护结构，与窗洞口形成虚实对比，丰富了建筑外立面造型，改变了建筑单调的形象，同时与周边环境，及其他住宅建筑融为一体（施密特，1966，p. 18）。在同一时期，随着混凝土预制大板技术的广泛应用，兴建了大量住宅建筑，主要用于社会保障性住宅的建设。其中最著名的例子就是，格罗皮乌斯和柯布西耶参与的著名的柏林汉莎街区设计，和保罗·博萨德在巴黎附近的克雷泰伊的住宅项目。通过这些案例，我们可以看到，通过新技术、新材料在设计中的应用

图 5.3.2　瑞典瓦克索多层住宅建筑，外墙采用槽式混凝土夹芯板
资料来源：© 拉尔夫·厄斯金，1960 年代。施密特，1996 年

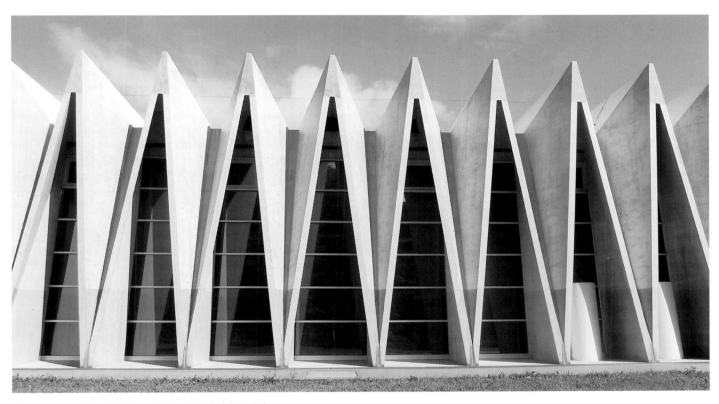

图 5.3.3　瑞士文迪什体育馆，由瓦奇尼建筑师事务所设计
资料来源：© 尤塔·阿尔布斯，2014 年

与创新，不仅满足了人们居住生活的需求，而且也推动了建筑与环境的可持续发展。如今，预制混凝土大板建造技术已逐步退出历史舞台，取而代之的是追求个性化的设计，要采用现代化的美观、实用、环保的技术解决方案，满足使用者的需求。

材料制造和生产过程

混凝土是指由胶凝材料将骨料胶结成整体的工程复合材料的统称。通常用水泥作为胶凝材料，砂、砾石、火石或高炉矿渣等作为骨料，也会根据需要添加缓凝剂、加气剂等，与水按照一定比例配合，经搅拌得到水泥混凝土。在混凝土制造过程中，可以通过添加额外骨料，以满足特定的材料性能。骨料成分和晶粒尺寸的不同导致混凝土表观密度不同，影响最终的产品质量。水泥、石灰、石膏等无机胶凝材料与水拌和，使混凝土拌合物具有可塑性，进而通过化学和物理作用凝结硬化而产生强度（联邦环境部，2015）。德国工业标准 DIN 1045 对于混凝土技术指标做了相应规定，欧盟规范 ENV 206 和 EUROCOD2（EC 2）也对混凝土的技术性能，及混凝土行业的生产和工程应用做了详细规定。

材料成分组成

水泥是粉状水硬性无机胶凝材料，在混凝土的生产中具有重要意义。德国工业标准 DIN EN 197-1 对混凝土中水泥品种进行了规定。主要有以下五种类型：

5. 装配式住宅预制技术

构件标准化生产

←————————————————————————

自动化 95%

CAD 基础资料	模板制作	配筋	混凝土浇筑
根据生产任务确定生产工艺，绘制 CAD 文件，确保构件制造精度和效率	根据生产工艺确定模板种类和套数，计算模板在不同周转次数，及相应条件下的承载力和变形情况，保证模板使用过程中的精度和尺寸要求。通过自动化流水线和数控设备的配合，进行模板预埋孔、预埋件、预留洞等工作流程，完成模板的组装生产	根据配筋要求，使用机器人将钢筋调直切断，同时根据需要对预应力钢筋进行焊接、墩头、冷拉等处理，并绑扎成型。随后按规定进行隐蔽工程检查，验收合格后方可进行下道工序	对模板及其支架、钢筋和预埋件进行检查，采用自动化混凝土浇筑设备连续浇筑，以保证结构整体性良好。混凝土浇筑层的厚度应符合标准要求，同时避免材料浪费。预制构件的最大尺寸为 3600mm×9000mm×300mm（宽×长×高），重量为 15 吨

CEM I　硅酸盐水泥（波特兰水泥），

CEM II　硅酸盐复合水泥，

CEM III　高炉水泥，

CEM IV　火山灰水泥，

CEM V　复合水泥。

水泥生产工序分为生料制备、熟料煅烧、水泥粉磨这三个步骤。生料制备环节，首先将用于制造水泥的原材料石灰石、黏土和泥灰等生料混合、干燥、研磨。在生料研磨车间，原料被磨得很细，确保充分搅拌混合。熟料煅烧环节包括三个步骤：烘干或预热、煅烧（一次热处理，在其过程中生成氧化钙）以及焙烧（烧结）。煅烧是此工序的核心部分。生料被连续称重并送入预热器最顶部的旋风分离器，在巨大的旋转窑内部，预热器中的材料被上升的热空气加热。通常情况下，混合物加热至约 900℃ 分离出二氧化碳，再继续加热到 1200℃ 达到烧结极限，原料在 1450 摄氏度下转化成为熟料。水泥粉磨环节中，将熟料与石膏和添加剂，如：渣

砂、粉煤灰、石灰粉等配比混合。在熟料粉磨过程中，熟料与其他原料被一同磨成细粉，石膏或添加剂再添加进来，以控制水泥的凝固时间。同时加入的还有其他化合物，例如用来调节流动性或者含气量的化合物。与混凝土类似，水泥也按强度等级分类，但水泥的强度对混凝土的强度等级影响有限，与水泥比例、压实度和固化程度更为相关。

根据 DIN 4226 规定，骨料是混凝土的重要组成部分。骨料不仅有填充作用，而且对混凝土的容重、强度和变形等性质有重要影响。混凝土按照表观密度不同，可分为重混凝土、普通混凝土、轻质混凝土。这三种混凝土不同之处就在于骨料的不同。为改善混凝土的某些性质，可加入添加剂。由于掺用添加剂带来了技术性能的提升，因此日益成为混凝土不可缺少的组成部分。为改善混凝土拌合物的和易性或硬化后混凝土的性能，节约水泥，在混凝土搅拌时也可掺入磨细的矿物材料——掺合料。掺合料的性质和数量影响混凝土的强度、变形、水化热、抗渗性和颜色等。添加剂或掺合料

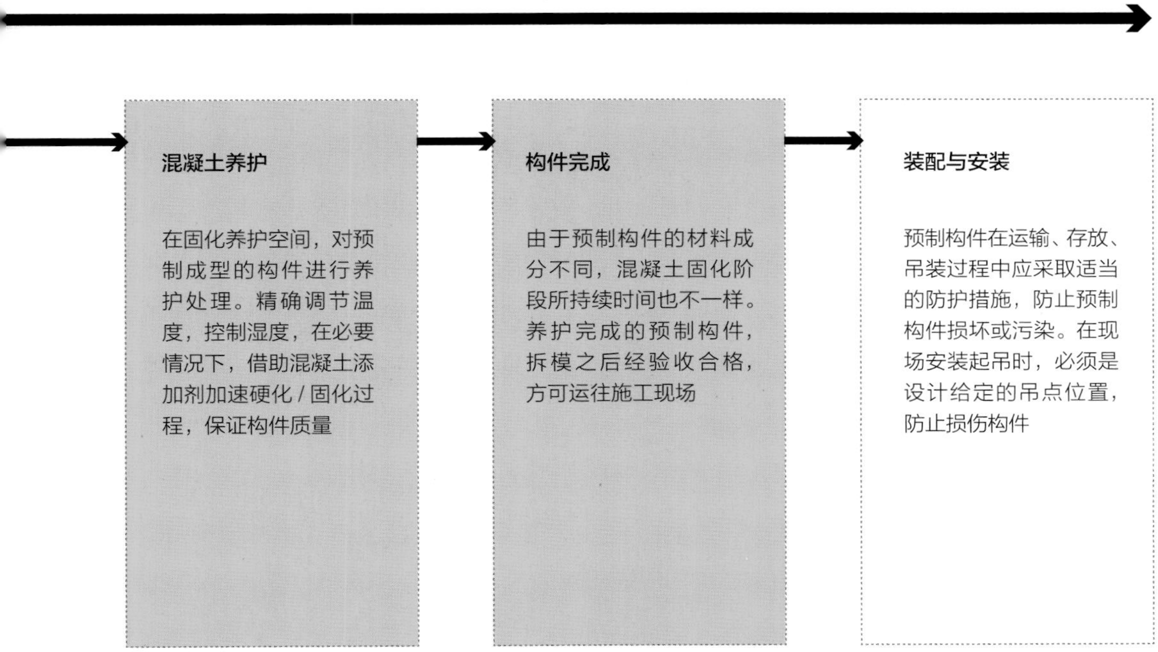

混凝土养护

在固化养护空间，对预制成型的构件进行养护处理。精确调节温度，控制湿度，在必要情况下，借助混凝土添加剂加速硬化／固化过程，保证构件质量

构件完成

由于预制构件的材料成分不同，混凝土固化阶段所持续时间也不一样。养护完成的预制构件，拆模之后经验收合格，方可运往施工现场

装配与安装

预制构件在运输、存放、吊装过程中应采取适当的防护措施，防止预制构件损坏或污染。在现场安装起吊时，必须是设计给定的吊点位置，防止损伤构件

图 5.3.4 预制混凝土构件标准化工艺流程原理
资料来源：尤塔·阿尔布斯，2014 年。根据维肯曼工程技术公司，2014 年

用于改善产品的性能，提高抗压强度，或优化材料致密度。添加剂的化学或物理反应会影响混凝土某些特性，例如快速凝固、抗霜冻优化等（肯特·巴凯斯卡斯，2009，pp. 47 ff.）。不同类型的混凝土使用的添加剂数量不同，通常情况下每千克所含的添加剂在 50 克上下。

预制构件生产

预制墙板的生产工艺，可根据制造设备和产品需求作相应调整。在现有设备和技术条件下，通过改进工艺技术条件，可达到高精度和高质量的产品标准。

数控设备与自动化制造设备的使用，可以迅速地完成标准构件和定制构件的生产。图 5.3.4 展示了预制混凝土墙板或楼板的标准化工艺流程。

一般来说，流水线作业可实现约 95% 自动化生产流程。数控设备和自动化流水线，以及机器人焊接工具的配合使用，可大幅提高产品的精度和质量，同时节约了工作时间。此外，

精准高效的生产组织和管理手段，减少了物流环节的仓储需求，提高了流转效率，降低了物流成本。

符合出厂要求的预制构件，在相关施工机具的配合下，对施工的顺利进行带来了便利。沿主承重方向加固的预制板厚度约 5 至 7 厘米，围护格梁将安装在预制板的上部约 20 至 35 厘米处。在预制构件吊装之前，首先安装预埋件。通常在预制墙板施工和层梁钢筋绑扎完毕后，利用下层已安装的预制墙板预留的带丝套筒，使用螺栓将预埋件和下层的预制墙板连接，再将预埋件和梁面筋进行焊接。然后，将预制墙板吊装至安装部位后，把预制墙板上部预留的钢筋插入现浇梁内，使预制墙体与现浇结构框架有效连接，以保证装配过程中结构稳定。同时，将上下层预制墙板企口缝定位，通过斜撑和紧固件将预制墙板临时固定。然后，根据墙板的安装控制线和标高线，调节预制墙板的标高、轴线位置和垂直度。随后，将预制墙板与现浇结构节点连接，其中包括相邻现浇梁、相邻现浇柱，以及楼板。最后，对于预制墙体间的

拼缝进行防水处理，确保预制墙体均匀、顺直、密实（派克，
2013，P52）。

材料类型和分类

根据混凝土的使用功能，通过专用添加剂，提高材料性
能。其中，水灰比、水泥品种、用量，以及搅拌、成型、养
护，都直接影响混凝土的强度。针对不同的使用功能，骨料
颗粒尺寸和骨料结构对混凝土的容重、强度和变形等性质有
重要影响。提高材料密度则可提高抗压强度。

根据表观密度大小可分为：轻质混凝土，普通混凝土和
重混凝土。这三种混凝土的不同就是添加的骨料不同。通常，
普通混凝土的密度等级为 2.0-2.6 千克 / 立方米，主要以砂、
石子为主要集料配制而成，是住宅建筑施工中最常使用的混
凝土品种。图 5.3.7 是根据干容重和相关热传递值区分混凝
土类型。

有关轻质混凝土的研究表明，使用特定的添加剂和材料，
将提高产品的物理力学性能。选择浮石、火山渣、陶粒、膨
胀珍珠岩等轻集料制备的轻质混凝土，密度低于 2.0 千克 /
立方米，可显著降低构件自重。此外，轻质混凝土还受到纹
理类型、孔洞体积等影响。由于轻集料的使用，导致轻质混
凝土预制构件的强度降低，因此在相同的荷载下，构件的尺
寸较大。与普通混凝土和轻质混凝土相比，重混凝土采用特
别密实、特别重的集料制成，如重晶石或铁矿石等，重混凝
土的密度达到 2.6 千克 / 立方米。重混凝土具有防辐射特性，
可用作核工程的屏蔽结构材料，能够起到保护作用并防止墙
体开裂（肯特·巴凯斯卡斯，2009）。此外，在地下工程和
民用建筑基础部分中使用，可提高建筑的稳定性。

生态性能

混凝土由多种成分组成，其中每一种成分都会影响混凝
土生产的温室气体总排放量。在研究混凝土各生产要素的基
础上，分析生产过程中的碳排放源，建立温室气体排放计算

图 5.3.5　焊接机器人在预制混凝土构件生产过程中焊接钢筋
资料来源：© 鲁道夫混凝土公司

图 5.3.6　预制混凝土构件生产过程中的自动化设备
资料来源：© 鲁道夫混凝土公司

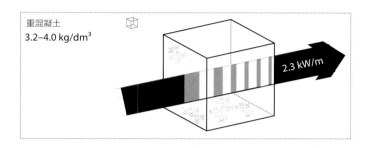

重混凝土
3.2–4.0 kg/dm³

2.3 kW/m

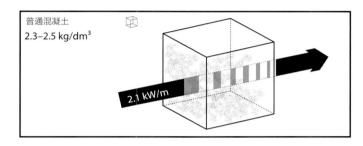

普通混凝土
2.3–2.5 kg/dm³

2.1 kW/m

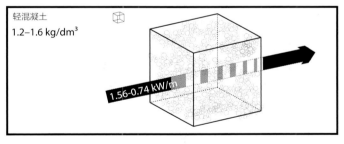

轻混凝土
1.2–1.6 kg/dm³

1.56–0.74 kW/m

图 5.3.7　体积密度和热传递值不同的混凝土
资料来源：尤塔·阿尔布斯，2015 年。根据肯特·巴凯斯卡斯，2009 年

模型，进而定量计算各环节温室气体排放量。砂和碎石作为混凝土生产环节的基本原料，具有广泛的应用空间，通过对建筑垃圾或废弃混凝土产品的回收再利用，或将工业废渣作为混凝土的基本骨料，将节约部分能源消耗。此外，在混凝土制作过程中使用雨水或中水，可节省饮用水资源，减少资源浪费。但混凝土行业不仅是碳排放大户，也是能源密集型的高能耗行业，生产过程中大约需要消耗约 85% 至 90% 的一次性能源，而且混凝土中所需钢筋的生产也会消耗大量的能源。混凝土生产过程中产生的废气，大部分被认为来自能源消耗，因此，有必要研究每项生产活动中的能源消耗，以确定与每项活动有关的二氧化碳排放量，并对混凝土生产过程中各组成要素的能耗指标进行量化，以此分析比较预制装配式建造模式与传统施工建造模式之间的异同，特别是在能源消耗和技术性能方面。

图 5.3.1 展示了 C30 / 37 型号预拌混凝土在生态、经济、技术等方面的各项指标。图 5.3.8 展示了预拌混凝土与预制混凝土生态性能的对比。如图所示，在生产过程中预制混凝土一次能源的消耗，要比预拌混凝土生产多出将近三倍。另外，在全球变暖潜能值（GWP 值）的比较中，预制混凝土以 455 千克／二氧化碳当量的 GWP 值，超过预拌混凝土的 262 千克／二氧化碳当量的 GWP 值将近两倍（绿色建筑资料 – 参数表 C30 / 37；黑戈尔 2005，pp. 58 ff）。

如第 5.3.2 节"预制构件优缺点"所述，材料的生产加工、包装、运输和存储会带来一次能源消耗。预制混凝土在生产和物流过程中消耗的电能和化石燃料，需要寻找合适的解决方案。通过大规模批量生产的方式，可降低资源消耗平均值，同时提高资源利用率水平，促进生产活动的可持续发展。

提高混凝土生产过程中一次能源利用率，必须寻找合适的替代解决方案。例如采用相同的技术手段，在水泥生产过程中，使用回收材料替代现有原料，降低其能源消耗。

现行的建筑规范允许使用 45% 的回收材料。目前，混凝土研究表明，使用 100% 回收材料制作的 150 毫米立方体标准混凝土制品，在抗压强度测试中显示了优异的抗压性和稳定性。

技术参数及实施

预制混凝土墙体，是按照其使用功能及应用位置生产制造，应满足结构、热工、防火等多方面要求。然而，墙体的各组成部分和构造特点会影响预制墙体的性能和技术指标。本章节主要研究预制构件在住宅建筑中的应用，同时对构件进行相应的技术性能评估。预制混凝土复合保温夹芯墙板，作为一种高效节能的外墙产品，由内外混凝土层和内置保温层组合而成，具有防火、防水、保温、隔热、节能、耐久等优点。主要应用于多层、小高层居住建筑及部分工业建筑的外墙工程中，其中包括混凝土结构中的装配式承重外墙、混凝土结构或钢结构中的非承重结构围护外墙等。在实际应用中，要根据其结构承载力、隔热、隔音、防火等不同要求进行调整。在下一节，将探讨相应的系统解决方案，评估其在建筑中的不同适用范围和技术性能。图 5.3.9 展示了预制混凝土复合保温夹心墙板的典型截面构造。该墙板由内叶墙、保温层及外叶墙三部分组成。墙板节能保温性能，以及整体防火性能良好，可用作结构墙体或非结构墙体。保温层和饰面层与结构同寿命，耐久性好。两层混凝土板之间的连接件及其构造，是该产品的关键技术，通常采用非金属连接件，以避免"热桥"产生。产品特点集结构（支撑）、建筑、装饰装修、生产与施工于一体，效率高、性能好。

预制混凝土构件的尺寸，取决于制造工艺和机器设备。通常情况下，高度介于 4.00 米至 17.00 米之间，宽度为 1.20 米至 3.70 米。预应力构件的标准厚度为 50 毫米，非预应力构件最小厚度为 76 毫米。保温隔热层的厚度，依据建筑能耗标准和围护结构功能的需求而变化（埃尼阿，1991）。

		普通混凝土 (C30 - C37)	预制混凝土
A1	不可再生的一次能源	1,318 MJ/kg	4,098 MJ/kg
A2	可再生的一次能源	23.9 MJ/kg	86.0 MJ/kg
A3	超负荷矿石产品	817 kg	1,000 kg
A4	全球变暖潜能值	262 kg CO_2Eq	455 kg CO_2Eq
A5	硫化物排放	0.458 kg SO_2Eq	0.496 kg SO_2Eq

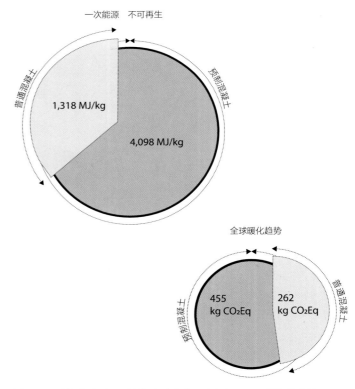

图 5.3.8 普通混凝土和预制混凝土的能源消耗与 GWP 值比较（基于 EN 15804 标准）

资料来源：尤塔·阿尔布斯，2015 年；根据绿色建筑资料 – 参数表 C30 / 37；预拌混凝土；黑戈尔，2005 年，pp. 58 ff.

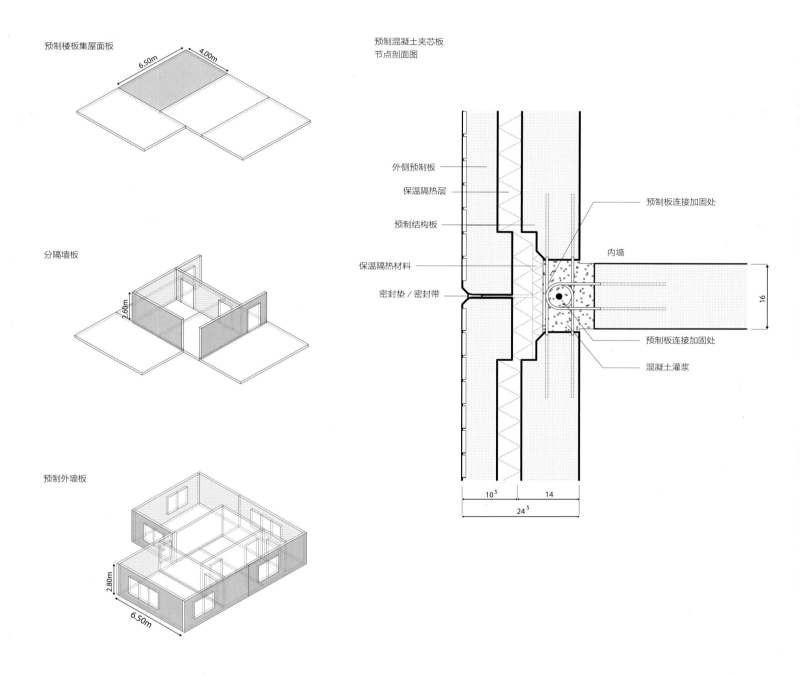

预制楼板集屋面板

分隔墙板

预制外墙板

预制混凝土夹芯板
节点剖面图

外侧预制板
保温隔热层
预制结构板
保温隔热材料
密封垫／密封带

预制板连接加固处
内墙
预制板连接加固处
混凝土灌浆

图 5.3.9　预制混凝土楼板、墙板和外墙板的建造顺序，以及立面与内墙之间水平连接处的构造详图
资料来源：尤塔·阿尔布斯，2015 年。根据埃尼阿，1991 年

5. 装配式住宅预制技术

		普通建筑	预制建筑	
A1	材料	38%	40%	制造工艺的经济评估
A2	制造	50%	35%	预制结构和传统结构比较
A3	仓储	2%	10%	
A4	物流	10%	15%	

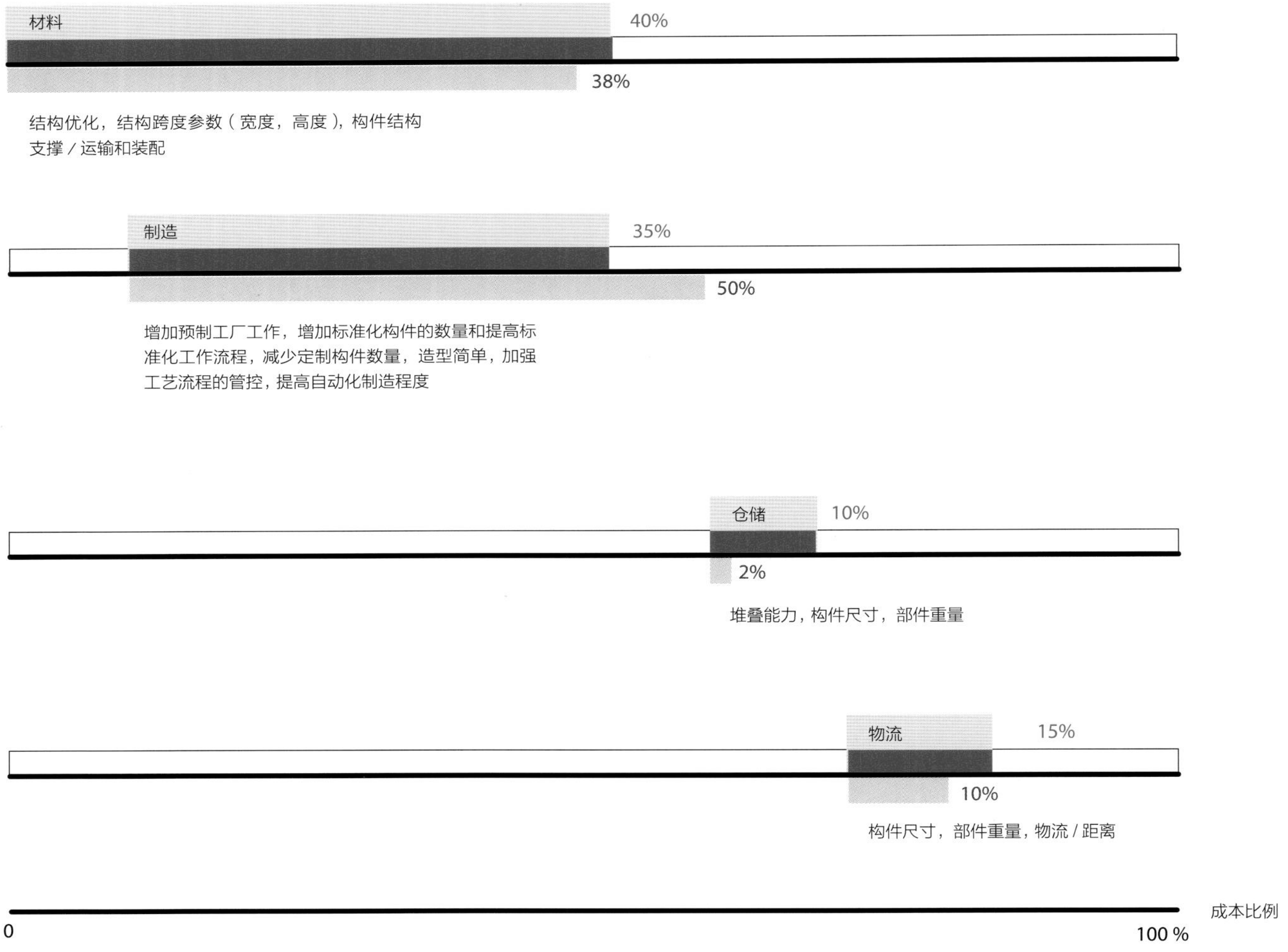

材料　40%

38%

结构优化，结构跨度参数（宽度，高度），构件结构
支撑／运输和装配

制造　35%

50%

增加预制工厂工作，增加标准化构件的数量和提高标
准化工作流程，减少定制构件数量，造型简单，加强
工艺流程的管控，提高自动化制造程度

仓储　10%

2%

堆叠能力，构件尺寸，部件重量

物流　15%

10%

构件尺寸，部件重量，物流／距离

0　　　　　　　　　　　　　　　　　　　　　　　　成本比例

100 %

图 5.3.10　针对传统和预制施工方式，在材料、制造、储存和物流等方面的异同，进行成本比较

资料来源：尤塔·阿尔布斯，2015 年。根据鲁道夫，赫尔曼；鲁道夫建筑材料公司，2015 年

构件的热工设计，要满足保温隔热性能和防结露性能要求。当然，结构尺寸也要根据建筑系统和预制构件生产商的不同情况进行调整。在欧洲，受力结构层的厚度介于 80 毫米至 100 毫米之间。为确保构件技术性能的发挥，必须保证保温隔热层内部的连续性和所用材料的低渗透性，薄弱环节要根据使用环境和使用年限，选用合理的防水构造和防水材料。此外，连接件的材料性质会显著影响构件的热工性能，必须慎重选择。连接件的设置间距和位置，应根据构件类型、使用功能而有所不同（鲁道夫，赫尔曼；鲁道夫建筑材料公司，2015）。

经济特性

不论预制构件是在预制工厂或是在施工现场生产，施工前都需要进行多方面考虑。构件的尺寸和重量都会对物流运输和仓储产生影响，这对于施工计划和成本预算具有重要意义。构件数量、构件尺寸和造型，会对施工造价和工艺流程产生影响。一般来说，简单的几何造型和定制化程度较低的产品有利于经济效益的最大化。

在第 5.3.2 章"预制构件的潜力和缺点"一节中，列举了预制构件的优点与缺陷。预制混凝土构件存在的缺点，会影响现场施工和装配过程。在预制装配式建筑设计之初，应对其进行综合评估，对材料需求、生产工艺、运输和物流等环节进行经济测算。图 5.3.10 展示了预制建筑与传统建筑施工过程的比较，以及成本构成比例。通过数据可以清晰地发现，预制构件在材料需求、仓储库存，以及物流运输环节，比传统建筑方式具有显著的优势。构件的工厂化生产，可以将施工现场的大量重复性工作，利用高度机械化和自动化的预制生产线进行工业化生产，再结合构件的定型化和标准化，提高工作效率，从而增加经济效益。与传统的施工建造方法相比，预制构件实行标准化工厂生产，"量体裁衣"，减少了材料的浪费，节约了成本。现场实行装配式施工，基本减少了人为因素产生的浪费，减少了湿作业中水、电、原材料的浪费。在预制装配建筑全流

程体系中，物流管理作为重要的一个环节，直接体现了企业管理全流程协同能力的高低。尽管目前侧重发展基于订单的生产流程，但预制构件的生产受到构件临时储存的制约，因此，"准时、序列化"的构件生产方法和优化构件仓储物流，成为装配式建筑物流管理的重点。

构件类型

预制混凝土构件为施工建造的顺利实施，提供了多种解决方案。下一节，对构件类型和结构系统进行分类，重点介绍住宅建筑使用的构件。

整体式预制构件

整体式预制构件，涵盖住宅建筑领很多成品构件，例如：预制外墙、阳台、楼梯、叠合楼板等。这些构件广泛应用于跨度较小，层高较低的多层住宅，而且相对容易预制生产。而在类似停车场、写字楼或百货大楼等多功能多层公共建筑及仓储设施，使用相对有限。在构件生产前期，根据预制构件设计图，将构件生产工作进行拆分。

预制混凝土中，连接方式决定了结构的整体稳定性。节点的连接，主要包括梁柱连接和墙板连接。从施工方法上，大都归于干连接和湿连接两种。干连接，即干作业的连接方式，连接时不浇筑混凝土，在连接构件内置入钢板或其他钢部件，采用螺栓连接或焊接。湿连接，即湿作业的连接方式，构件的"黏合剂"是现浇混凝土或水泥砂浆等。通常，预制叠合板的长度在 4.50 米至 6.00 米之间，物流运输最大构件的宽度为 3.60 米（肯特·巴凯斯卡斯，2009，P. 121）。

半成品构件

半成品构件是指经过一定生产步骤并已检验合格，仍需在施工现场进一步加工处理的中间产品。使用半成品构件，可节省装配时间，将干湿作业结合，提高现场施工效率。例如，绑扎在预制板上的钢筋笼就是典型的半成品构件，预制板是混凝土浇筑的底板。这样，节省支模材料，减少养护面积，简化了施工流程，提高了工作效率。

夹层式构件

夹层式构件有多层构造组成。通常情况下，内侧是受力的结构层，中间为保温层，最外侧是保护层，用阻热性能非常好的复合纤维连接件把三层连成一个整体。保温层，通常用泡聚苯乙烯泡沫（EPS）、挤塑聚苯乙烯泡沫（XPS）或聚苯乙烯树脂为主要原料，经特殊工艺连续挤压发泡成型的硬质板材。（阿丘迪，帕特雷欧；瑞士埃勒门特公司，2015）根据建筑类型和结构体系，在施工现场或在预制工厂采用类似浆锚连接、混凝土现浇连接、连接件等多种方式连接。

离心成型构件

离心成型混凝土，是将混凝土通过离心成型技术处理，获得的一种新型材料。离心成型混凝土构件的制造工艺，主要是将钢丝骨架在钢模内纵向张拉，然后使混凝土在离心力作用下将多余水分挤出，从而大大提高混凝土的密实性和强度。混凝土在离心成型过程中，以每分钟大约 800 至 900 圈的离心力，使混凝土在旋转的钢筒内旋转。由于受到离心力和振动力的双重作用，混凝土分层严重，由外层到内层分别为混凝土层、砂浆层和净浆层。通过离心机的高速转动，加速混凝土成型密实的方法，增强了材料强度和承载力，也使得构件轮廓或截面更简洁。采用这种成型方法制作的构件，表面均匀光滑，没有空隙，构件的压实度为 0.89。离心成型混凝土构件呈管状，构件中部有三分之一的空腔，筒形空腔内可放置相关设备。这种方式主要用于制作混凝土管道构件、空心混凝土管桩构件、混凝土电杆等，最高可达到 C70/ 85（B 85）标号混凝土强度。根据德国工业标准 DIN 1045 的相关规定，使用 C45/55（B55）标号混凝土，其中包括 9% 钢筋，制作的离心成型混凝土构件为标准构件。（肯特·巴凯斯卡斯，2009，p. 129）该类型构件可以在住宅建筑应用，但主要用于市政工程或地下工程。

结构系统

该部分主要针对预制装配式混凝土结构中三种通用结构系统，即预制框架结构、剪力墙结构、模块结构，进行分析和比较。图 5.3.11 中展示了不同结构系统的重要特征，重点强调了与结构系统相关的承重构件的类型和位置，省略了部分围护结构及非承重部分构件的内容。本节没有涉及预制装配式混凝土结构系统中混合结构系统和特殊结构系统。

框架结构

与钢、木为材料的框架结构类似，在以混凝土为材料的预制装配式框架系统中，水平方向的预制楼板（"二维构件"）铺设在预制梁和柱（"线性构件"）上，形成梁、板、柱为主体的结构系统。为保证结构系统的稳定，需要内隔墙、外墙以及交通核作为框架结构的辅助支撑。

预制梁和柱在预制工厂加工制作完成后，运到施工现场，通过焊接、吊装等步骤将其组装起来。框架结构的主要优点：空间分隔灵活，自重轻，节省材料，可以灵活配合建筑平面的布置。与预制装配式剪力墙结构相比，预制装配式框架结构的梁、柱构件易于标准化、定型化，可实现更大的建筑跨度。通常情况下，装配式框架结构住宅建筑的轴网为 6.00 至 8.00 米之间。当建筑跨度超过 7.00 米，楼板的厚度将相应增加。

预制混凝土框架结构与现浇混凝土结构，几乎具有相同的结构性能。预制装配式结构在建筑适用高度、抗震等级，以及设计方法等方面，与现浇结构相差无几。结构连接节点应满足承载力、稳定性和变形等方面的要求，在确保整体结构稳定的情况下，尽量使连接构造简单，传力直接，受力明确。从结构性能、构件生产及施工安装等方面综合考虑，预制装配式框架结构是简单、适用的结构系统。然而，水平和垂直方向构件的连接方式不同，会导致整体结构性能的差异，因此，深入研究预制混凝土框架结构的连接方式非常重要。

图 5.3.12 展示了预制装配式框架结构特点。随着预制装配式框架结构技术日趋成熟，构件的发展呈现高精度、结构功能装饰一体化、混凝土高性能化等特点，从设计和生产技术来看标准化、模数化、自动化生产以及构件应用领域细

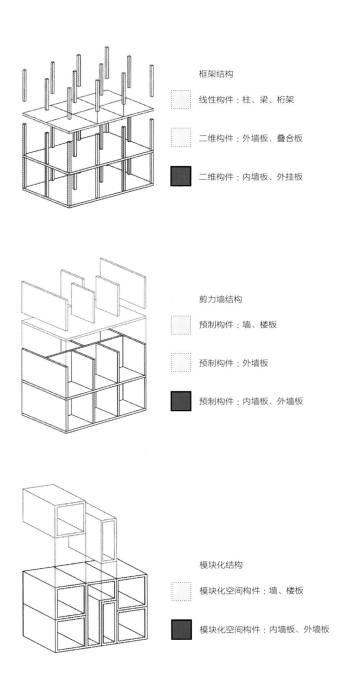

框架结构

☐ 线性构件：柱、梁、桁架

⬚ 二维构件：外墙板、叠合板

■ 二维构件：内墙板、外挂板

剪力墙结构

☐ 预制构件：墙、楼板

⬚ 预制构件：外墙板

■ 预制构件：内墙板、外墙板

模块化结构

☐ 模块化空间构件：墙、楼板

■ 模块化空间构件：内墙板、外墙板

图 5.3.11　基于预制混凝土构件的结构系统分类
资料来源：尤塔·阿尔布斯，2015 年。根据拜姆等，2010 年

分化是发展趋势。目前预制混凝土框架结构项目的预制率保持在 40% 左右，当然这也和预制构件的装配和连接方式有很大关系。

在以梁、板、柱为核心的预制装配式框架结构体系中，板作为直接承受荷载的平面型构件，属于受弯构件，通过板将荷载传递到梁或柱上。梁一般指承受垂直于其纵轴方向荷载的线型构件，是板与柱之间的支撑构件，属于受弯构件，承受板传来的荷载并传递到柱上。柱是结构中的承受轴向压力的承重构件，也是承受平行于其纵轴方向荷载的线型构件，有时也承受弯矩和剪力。由梁、板、柱组合而成的框架结构体系的连接方式，决定了结构整体的稳定性。通过合理的连接节点与构造，保证构件的连续性和结构的整体稳定性，使整个结构具有必要的承载能力、刚性和延性，以及良好的抗风、抗震和抗偶然荷载的能力，并避免结构体系出现连续倒塌。

构件节点的连接，主要是梁、板、柱三种构件的连接。主要连接类型有以下几种：

- 柱—柱
- 柱—梁
- 板—柱
- 板—梁

在保证经济效益的前提下，选择适当的连接方式，对保证结构整体的稳定性、耐久性、安全性具有至关重要的作用。例如，板与板之间，在相邻面处铺设钢筋网片，随后现浇叠合板连接而成，以此提高工作效率，加快施工进度。柱和梁之间，通过螺栓连接、机械套管连接或焊接等方式，形成整体，以传递内力，达到整体抗震目的。不管采取何种连接方式，分析荷载传递路径，验算梁柱承载力，采取适合的结构设计方案具有重要意义。

预制装配式框架结构的梁、板、柱的截面尺寸，取决于建筑的使用功能、构件的承载力、刚度，以及经济性等多方面因素。在承受的荷载和支撑条件都已确定的情况下，通过对预制构件内力和变形进行分析，选择合理的构件截面形状

5. 装配式住宅预制技术

框架结构

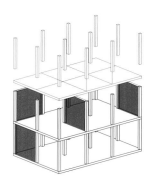

线性构件：柱、梁、桁架

二维构件：外墙板、叠合板

二维构件：内墙板、外挂板

优点   70%

增加设计和建造灵活性
增加建筑宽度 / 结构高度
提高生产制造效率
提高预制装配建造效率
建造技术及机械设备要求不高

缺点   30%

有部分定制构件
需要部分定制模板和工具
连接节点较多
物流运输制约构件重量和尺寸

40%

自动化程度

图 5.3.12　预制框架系统的结构部件：优、缺点及自动化程度概述
资料来源：尤塔·阿尔布斯，2015 年

剪力墙结构

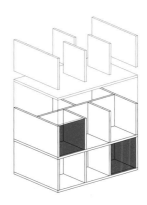

	预制构件：墙、楼板
	预制构件：外墙板
■	**预制构件**：内墙、外墙板

优点   50%

提高构件生产制造和装配建造效率
提高连接节点的标准化
提高标准构件在多层建筑的使用率
提高水暖电设备标准化应用
无支撑的自由建筑立面

缺点   50%

建筑设计灵活性受限
物流运输制约构件重量和尺寸
非标准大型构件应用受局限
建筑外观不够丰富

75%

自动化程度

图 5.3.13　预制剪力墙系统的结构部件：优、缺点及自动化程度概述
资料来源：尤塔·阿尔布斯，2015 年

和尺寸，能有效地提高预制构件强度。通常情况下，预制板等水平构件的截面为矩形，预制梁、柱等垂直构件的截面多为矩形或正方形，也有圆形。圆形截面的预制构件生产，通常采用垂直定向预制加工技术和离心预制加工技术。但垂直定向技术对预制工厂的净空高度和制造设备的尺寸有要求。圆形截面构件，由于连接节点处理相对复杂，生产和施工成本较高，因而使用范围相对有限。

为了保证预制装配式框架结构的稳定性，需要有足够的基础埋深，以应对强度、刚度的变化。套筒是经济、快速的基础处理方法，利用套筒桩基较长的特点，将上部荷载传递到地层内，提高基础结构的稳定性。具体做法是，将确定好连接方向的柱子插入套筒中，然后注入水泥、细骨料和外加剂等，组成无收缩高强度混凝土，其硬化后，套筒内壁与钢筋表面紧密结合在一起，使应力可以有效地传递。或者在保证建筑物基础安全、稳定、耐久的前提下，在水平基础或空间条件有限的情况下，使用螺栓连接的方式。这方法易于组装和拆卸，节省工程量，且便于施工，在建筑修复项目中应用较多（肯特·巴凯斯卡斯，2009，p. 134）。

预制装配式框架结构中，楼板和墙板是保证荷载传递和系统稳定性的关键因素。因此，作为水平构件使用的预制板，可按照设计对尺寸进行调整。预制板在生产过程中，一般采用预应力技术，提高抗裂性能和耐久性。由于预制板是通过标准化流程批量生产，因此产品质量更易得到控制，预制板的外观和质量较好。这样，在施工现场不需粉刷，减少了施工现场的湿作业量，有利于环境保护，减轻污染。

装配式结构连接节点处理是设计和施工的重点和难点，也是在施工现场中极易出现质量问题的环节。楼板和墙板的连接处理是预制装配式框架结构的重要组成部分，其作用是将墙板与墙板、墙板与楼板、楼板与楼板和其他构件连成整体，使内力均匀传递，达到整体抗震的目的。具体连接方式有混凝土连接、螺栓连接、焊接连接等。采用混凝土连接时，在墙板或楼板构件侧面做成榫槽或销键，并预留钢筋。在安装时，与相邻构件预留的钢筋相互搭接焊牢，并将一定长度

的钢筋伸入相邻的构件内，最后浇筑混凝土一次成型。采取螺栓和焊接连接时，在墙板或楼板构件制作过程中置入预埋件，安装时保证预埋件之间紧密连接。不管采用何种连接方式，必须保证墙板和楼板将建筑荷载顺利传递到建筑基础，必须保证连接部位的耐久性、安全性。与现浇混凝土结构施工相比，预制楼板和墙板的成本和材料消耗，会随着构件厚度的增加而增加。

剪力墙结构

预制装配式剪力墙结构，可分为部分预制剪力墙结构和全预制剪力墙结构两种。部分预制剪力墙结构，采取内墙现浇，外墙挂预制混凝土墙板的方案。全预制剪力墙结构，指全部剪力墙采用预制构件拼装方案。在这两种结构系统中，预制剪力墙与预制剪力墙现浇结构，通过钢筋牢固连接在一起，保证了结构整体性。装配式混凝土结构的钢筋连接方式，有机械连接、浆锚连接、钢筋套筒灌浆。该系统最大的优点是由节点控制荷载的传递路径。这样，可以容易地区分抗侧力剪力墙和竖向承重框架。墙板构件和剪力墙构件，作为预制装配式剪力墙结构的竖向承重和水平抗侧力构件，通过与梁、楼板等水平构件的连接而成的结构系统，承担着各类荷载引起的内力，并能有效控制结构的水平力。

预制混凝土剪力墙结构刚度大、承载能力强、整体性好，在住宅建筑中广泛应用。图 5.3.13 展示了预制装配式剪力墙结构系统的优缺点。随着研究和实践的不断深入，以新型的钢筋和混凝土连接产品，和以工艺工法为核心技术的预制装配式剪力墙结构系统不断涌现，推动了预制墙体设计、生产、施工一体化，以及应用范围的不断扩展。如第 3.3 节所述，在剪力墙结构系统中，根据建筑类型和平面图，布置相应的横向或纵向承重墙。因此，在应用预制装配式剪力墙结构系统的住宅建筑中，宜采用简单、规则、均匀、对称的结构系统，而不应采用严重不规则的结构系统，应具有必要的承载能力、刚度和良好的延性。结构的竖向和水平布置，宜

A 预制板铺设在支撑结构上方

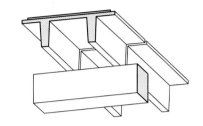

B 预制板嵌入支撑结构中

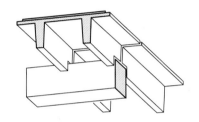

C 预制板与支撑结构结合

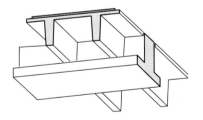

D 预制板与支撑结构融为一体

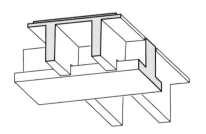

图 5.3.14 预制混凝土 T 型板实现大跨度宽度的承重类型
资料来源：尤塔·阿尔布斯，2015 年

具有合理的刚度和承载力分布。应避免因局部突变和扭转效应而形成的薄弱部位，以及由此产生的过大的应力集中或塑性变形集中。对可能出现的薄弱部位，应采取有效措施予以加强，或采用隔振、减震措施。

在预制装配式剪力墙结构系统中，按照构件生产模式，可以分为预制构件、现浇构件和叠合构件。按照构件的作用，可分为结构受力构件、建筑围护和分隔构件、功能性构件。图 5.3.13 展示了预制装配式剪力墙结构系统中构件的设计、生产以及装配过程的优缺点，和自动化程度。装配式结构中，所有预制混凝土构件都应具备统一、稳定的质量标准，以利于连续化和标准化生产，并有利于提高生产和安装施工的效率。通常情况下，预制墙板的宽度为 3.00 米。目前的制造设备，可生产宽度超过 4.00 米的预制墙板，也可根据构件形状、重量、拼缝位置等因素，对尺寸进行调整。当然，预制墙板、楼板的分块、大小划分，也应充分考虑施工现场运输、吊装机械的起重载荷、起升高度和工作幅度。

在 6.00 米到 7.00 米跨度时，可使用轻便的预制空心墙板构件。空心墙板具有生产安装效率高、产品和工艺标准化程度高等特点，可加快装配建造速度，提高预制装配效率。在跨度超过 7.20 米的情况下，预制墙板则需要结构梁支撑。混凝土 T 型梁和预制墙板结合，可以满足大跨度空间的需求。通常情况下，有单 T 型梁和双 T 型梁两种。带有预制板的混凝土双 T 型梁，具有跨度大、整体稳定性强的优点，在工业建筑领域，作为梁板合一的屋盖结构中得到广泛使用。跨度不超过 15 米的双 T 型梁和预制墙板最经济。通常，住宅建筑的跨度在 7.20 米以下，当跨度大于 7.20 米时，也能满足结构要求。受防火规范和荷载的影响，双 T 型梁的高度介于 200 毫米至 800 毫米之间（肯特·巴凯斯卡斯，2009，pp. 122 ff.）。预制混凝土双 T 型梁结构特点突出。首先，设备管线从板肋间的空隙中通过，甚至可以把设备层并入楼板层，节省了布置管线的空间，从而减小楼板体系的高度。其次，虽然现场工序较多，但楼板层质量轻、跨度大，

苏黎世 Triemli 区住宅项目

建筑师：冯巴尔莫斯克鲁克建筑师事务所
位置：瑞士苏黎世市
建筑类型：多层住宅
建造年份：2009-2011 年
建筑尺寸（宽 × 长 × 高）：NN×210 m×25.4 m
建筑层数：7 层（部分 6 层）
现场施工：2011 年 9 月 -2012 年 7 月，共计 10 个月
预制加工：2008 年 8 月 -2009 年 8 月设计阶段，2009
年 8 月 -2010 年 8 月预制生产
现场装配：2009 年 10 月 -2010 年 12 月，共计 15 个月
建筑总面积：108,217 m²
建筑总体积：35,812 m²
建筑单元数：192 个
预制成本：不详
项目总花销：€ 83,041,553
年运作耗能：不详
一次能源消耗：不详

图 5.3.15 北侧建筑视图（左图）
摄影：© 尤塔·阿尔布斯，2014 年

且接缝距离易于调整。但是，在接缝板达到强度之前，结构难以稳定，因而要用较多的支撑。

下面，将介绍瑞士苏黎世 Triemli 区多层住宅项目中使用预制混凝墙板的案例。由于该项目中建筑围护结构相对复杂，因而采用预制装配的方法，通过优化构件质量提高建造效率。

苏黎世 Triemli 区住宅项目，共 192 套房，是该市东部地区规划建设的"BGS"计划的重要项目之一。该项目

由分列基地南北侧的建筑群组合而成，建筑造型随地形起伏而相应的变化。南侧建筑长度为 210 米，北侧建筑长度为 160 米，南北两侧的建筑群围合而成的半公共庭院位于基地中央，隔离城市街道噪音，创造了封闭、安静的城市花园，向住宅区居民开放。该建筑通过场地立体台阶，将室内外空间流线串为一体，模糊了室内和室外、人工环境与自然环境之间的界线。该项目有三种公寓类型，共计 192 套，每间公寓都有双向采光的起居室，满足了居民对舒适宜人生活空间的需求。该项目是采用预制装配式方案施工建造的。

项目概况

该项目的设计遵循瑞士可持续建筑标准规定。在设计阶段，对建筑体型系数、保温厚度、开窗面积、门窗气密性等方面都要进行细致、周密的计算，以满足严苛的能耗标准。该项目选择了预制装配式方案，希望在减少对环境影响的前提下，以较快的速度完成施工建造。如何在现有的建造系统和混凝土构件制造体系里，既能满足低能耗建筑标准，又能使用预制装配式建造方式顺利完工？成为该项目的核心问题，也是该项目设计建造方式与传统方式的不同之处。首先，在设计和建造中，将"集成 + 整体性"思路贯穿在整个项目过程中，每个步骤都被视作项目协同管理链条中相互关联的环节。这不仅包括规划设计、构件制造、物流运输，还包括装配施工及后期维护。其次，对规划设计、构件选择、建造过程都进行了严格的评估。在施工建造过程中，不断进行校核验算和现场检测，确保了项目质量。该项目采用预制混凝土板和现浇混凝土相结合的方案，内墙主要采用现浇混凝土，部分内墙采用预制混凝土构件。建筑围护结构的外墙板、楼梯、电梯井都使用预制混凝土构件。建筑内部隔墙也部分使用了预制混凝土构件。该项目实施过程中，由于构件预制和施工建造同步进行，因而节省了施工时间和建造成本。在满足建筑设计要求，保证施工质量的前提下，充分发挥了预制构件优势，

图 5.3.16　预制混凝土夹心墙板南立面，
Triemli 区住宅项目北侧建筑
资料来源：© 阿尔尼，2013 年

图 5.3.17　不同位置和使用功能的预制混凝
土夹心墙板
资料来源：© 尤塔·阿尔布斯，2014 年

提高了构件生产和施工建造效率。该项目中，预制混凝土夹心墙板作为外墙板使用，墙板内侧是受力结构层，中间为保温层，最外侧是保护层。与普通外墙板相比，预制混凝土夹芯墙板符合低能耗标准，节能保温，整体防火性能良好。（弗兰齐丝卡·穆勒； 冯巴尔莫斯克鲁克建筑师事务所，2013）。图5.3.16展示了该项目北侧建筑外围护结构，及预制混凝土夹芯墙板的使用状况。

该建筑的立面，由横向和竖向拼接的预制混凝土墙板和连续的窗洞组成，没有较大尺度的缩进和挑出，外围护结构的局部也没有较大尺度的外悬挑结构。但却通过增加建筑结构进深，强化立面虚实对比和凹凸变化，展现建筑尺度感和韵律感，避免重复出现呆板单一的建筑形象。这种通过强烈的虚实对比，彰显了建筑个性，充分展示了结构之美。

为了适应气候条件和自然环境，最大限度地减少建筑能耗，除了采用具有保温隔热性能的围护结构，及双层或三

层气密性能更高的玻璃窗以外，该项目还配地源热泵、机械通风系统、中央供水和地板采暖系统。最大限度地降低建筑能耗，实现舒适的室内环境，满足可持续建筑设计标准。（弗兰齐丝卡·穆勒；冯巴尔莫斯克鲁克建筑师事务所，2013）。

设计与施工过程

位于瑞士菲尔泰姆的预制构件工厂，承担了该项目将近600种，共计3000块预制混凝土构件的生产任务。在将近两年预制构件的设计和生产过程中，建筑师对预制构件、部件进行标准化、系列化和体系化的分类，在"少规格、多组合"设计原则的指导下，通过增加标准构件的种类和类型，提高预制构件的通用性和可置换性，最终实现了涵盖各种构件、部件尺寸的目标。例如：不同类型和尺寸的护栏和立柱等。（阿丘迪，帕特雷欧；瑞士埃勒门特公司，2015）。在构件设计之初，考虑到施工过程中可能出现的公误差，设计

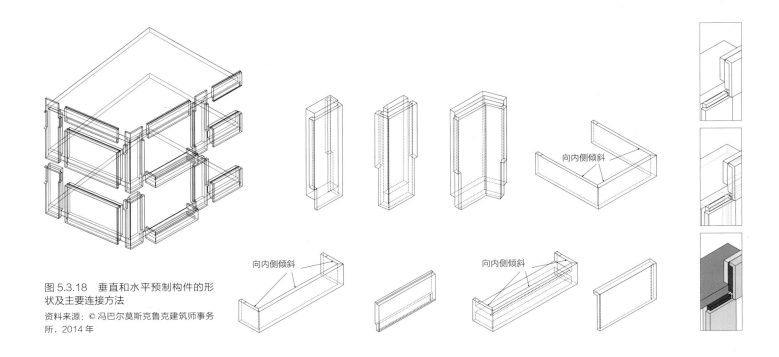

图5.3.18 垂直和水平预制构件的形状及主要连接方法
资料来源：© 冯巴尔莫斯克鲁克建筑师事务所，2014年

向内侧倾斜

向内侧倾斜

向内侧倾斜

了可调节伸缩的结构连接方式，在构件装配流程顺畅进行的同时，保证了构件连接牢固可靠。图 5.3.17 预制混凝土夹芯墙板装配完毕后，不同位置的使用情况。

由于所有构件都是在预制工厂生产，为保证构件质量，避免不必要的损耗和对后期施工的影响，将构件误差设定在 15 毫米以内。为了确保构件质量，所有构件在出厂前，必须经过严格的质量检测。预制混凝土夹芯墙板，是该项目中高效节能的外墙构件，由内侧 16 厘米受力混凝土结构层、中间 18 厘米保温层、最外侧 10 厘米保护层组成。由于构件预制的数量较大，耗费了一定的时间和人力，但在装配建造环节却节约大量的时间（阿丘迪，帕特雷欧；瑞士埃勒门特公司，2015）。

图 5.3.18 展示了部分水平和竖向预制构件的形状及主要连接思路。这些构件，由于使用位置和功能不同，采取了不同的连接方式。在构件设计和生产环节，在计算机辅助设计手段的协助下，准备了多达 600 种不同尺寸的模具。庞大的工作量，对生产和施工进度产生了较大影响。

由预制墙板组成的建筑立面，简洁有序，避免了复杂烦琐的线脚和装饰构件，实现了墙板与阳台、护栏等件合理组合。由于预制夹芯墙板的使用，在满足防水构造要求的前提下，解决了保温层和饰面层的连续性问题，避免出现热桥和板缝渗漏，确保外墙的可靠性和耐久性。预制夹芯墙板的生产和装配大约需要 13 个月。图 5.3.19 展示了预制构件的成型工艺和表面处理。

图 5.3.19　使用弹性衬垫对预制构件进行表面处理
资料来源：© 冯巴尔莫斯克鲁克建筑师事务所；© 尤塔·阿尔布斯

施工方法总结

为了提高预制构件的装配效率，必须解决预制生产工艺和构件标准化的连接方式问题，特别是复杂建筑项目的解决方案。首先，要贯彻执行设计标准化方案，通过先进的生产设备，减少预制构件的生产误差，做到标准化生产。其次，在预制构件规模化生产的前提下，提高定型预制构件的通用性，实现预制构件长期、持续、循环使用，才能通过规模化生产降低成本，实现连接技术通用化、构件制作简易化、安装施工便捷化。因此，需要进一步开展材料性能和预制装配构造系统的研究，开发新型的连接方式和建筑系统。第 6.2 节 "先进的施工技术" 介绍了潜在的应用领域，以及先进的制造方法，并介绍了施工建造过程中新技术和自动化制造系统的应用情况。

模块化结构

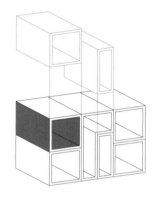

□ **模块化空间构件**：墙、楼板

■ **模块化空间构件**：内墙板、外墙板

优点   50%
_____

提高构件生产制造和装配建造效率
提高连接节点的标准化
提高标准构件在多层建筑中的使用率
提高水暖电设备标准化应用
无支撑的自由建筑立面

缺点   50%
_____

建筑设计灵活性受限
物流运输制约构件重量和尺寸
非标准大型构件应用受局限
建筑造型不够丰富

85%

自动化程度

图 5.3.20　预制混凝土模块化结构部件的优缺点及自动化程度概述
资料来源：尤塔·阿尔布斯，2015 年

圣库加特学生公寓项目

建筑师：DATAE & H 建筑师事务所

位置：西班牙巴塞罗那市

建筑类型：多层建筑

设计年份：2008-2009 年

建筑尺寸：28 m×65 m×6.5 m

建筑层数：2 层

现场施工：2011 年 9 月 -2012 年 7 月，共计 8 个月

预制加工：2009 年 4-5 月，共计 6 周

现场装配：10 天

建筑总面积：3101 m²

建筑总体积：2480 m²

建筑单元数：62 个

预制成本：1,872,752

项目总花销：2,784,739

年运行能耗：82 kWh/m²

一次能源消耗：88 kWh/m²

图 5.3.21 公寓内院和通道阳台的透视（左图）
摄影：© 康波克特哈比特公司，2014 年

模块化结构

与前面讨论的框架结构系统和剪力墙结构系统相比，模块化结构系统为装配式住宅提供了另一种解决方案。与采用木材或钢材为主要建筑材料的模块化结构系统类似，混凝土模块化构件是一种空间薄壁结构，自重较轻，与砖混建筑相比，结构自重可减轻一半以上，而且装配化程度较高，施工建造等大部分工作，在工厂完成，施工现场只进行构件吊装、节点处理、管线连通等工作。此外，住宅建筑的跨度较小，也适合预制混凝土模块化结构系统的应用。将预制和装配环节转移到预制工厂，既节省了建造时间，又能减少了材料浪费。同时，在优化结构的前提下，实现了标准化生产，使建造过程得以控制。

当然，由于模块化结构的构件体积较大，必须考虑物流问题。在公共道路上的运输，以及使用重型设备吊装，都会限制构件的尺寸。此外，模块化结构会显著制约建筑设计的灵活性。

下面，将介绍预制混凝土模块在一座两层建筑中的应用。该项目为了最大限度地节省成本和时间，采用了流水线方式进行模块生产，为每个生产阶段设定时间周期。此外，采用预制混凝土模块建造方法，可以显著提高生产效率，减少建筑废弃物，同时控制建造质量。

该项目位于巴塞罗那省圣库加特 - 德尔巴列斯镇一块低密度的住宅区，为解决当地高校学生住宿问题，通过公开竞赛方式，征集学生公寓设计方案。竞赛组织者设定的目标是，能够在较短时间内，采用工业化集成模数系统完成设计和建造。其次，设计方案应符合瑞士可持续能源标准。最终 DATAE & H 建筑师事务所的方案入选。该方案在原有建筑用地的基础上，采用两栋公寓楼围绕中央庭院平行排布的模式，在内部形成一个较大的公共庭院，以满足学生集体生活和日常交流的需求。

该方案采用了预制混凝土模块建造，由于模块化建筑具有产品化、通用性、组装灵活、施工速度快等特点，预制生产和装配建造同步进行，缩短了施工周期。该学生公寓总建筑面积为 3101 平方米，其中采用预制建造的面积为 3013.50 平方米。整个建筑共有 62 个预制混凝土模块，其中 5 个模块作为公共空间使用，其他 57 个模块为学生宿舍。每个模块的标准尺寸为 11.20 米 x5.00 米 x 3.18 米，室内实际使用面积为 39.95 平方米。模块内设施齐全，除了起居空间以外，还配有独立的浴室和阳台。

通过工业化集成模数的设计思路，实现了从模块单元到建筑整体的组合。这种模块化设计，注重的是建筑空间使用

图 5.3.22　预制工厂进行制造、安装工作的装配流水线

资料来源：© 康波克特哈比特公司，2014 年

的标准化、建筑资源配置的统一化，以及建筑内部管线的统一布置。标准化的尺寸，限定了宽度和高度，长度可根据情况进行调整。所有的预制生产在预制工厂内完成，有利于控制操作流程，提高模块质量。模板的重复使用，显示了巨大的经济优势。六周时间内完成了所有模块的预制工作（康波克特哈比特公司，2014）。图 5.3.22 展示了预制工厂进行制造、安装工作的装配线。

结构概念和装配策略

在预制模块结构设计时，遵循规整、均衡的平立面布置原则，采用 0.90 米的结构网格，确保模块各部分质量和刚度均匀，结构传力途径明确、简捷。在没有额外支撑结构的情况下，模块单元重叠组合，通过选用相应的连接节点，保证了构件的连续性和结构的整体稳定性。该项目的模块单元连接部位，采用柔性衬垫等隔振、降噪措施，有效地降低了模块接触面的固体传声（康波克特哈比特公司，2014）。

图 5.3.23（a）展示了混凝土模块单元的结构框架，以及连接节点的相关信息。预制模块的连接节点，均设置在结构受力较小的部位，防止预制模块变形对连接节点及其他模块的影响。图 5.3.23（b）展示了装配建造期间，混凝土模块单元的情况。现场施工时要使用重型起重设备，将重达 45 吨重的混凝土模块单元吊装到指定位置。

预制模块的水、暖、电等设备管线系统，采用集成化、独立组装模式，实现了管线系统设备与模块主体结构的分离，且不影响主体结构安全。管线系统在预制工厂安装后，在施工现场与市政管网进行相连。模块化设计的可替代特点得到体现，在建筑空间功能进行重组和替换时，只需把原来的预制模块拆解，替换为新的模块单元。在模块化结构体系下，可以实现最小代价的建筑更新和调整，而对整体建筑没有影响。当然，由于预制混凝土模块的体积较大，重量介于 25 至 45 吨之间，因此物流运输以及现场装配，必须借助

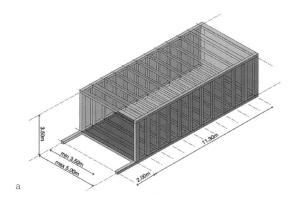

a

b

图 5.3.23
（a）混凝土模块的结构框架
（b）使用重型设备进行模块吊装
资料来源：（a）尤塔·阿尔布斯，2015 年。根据康波克特哈比特公司；（b）© 康波克特哈比特公司，2014 年

a

图 5.3.24
（a）在预制工厂完工的混凝土模块单元
（b）水暖电设备安装
资料来源：© 康波克特哈比特公司，2014 年

重型设备进行操作（混凝土产品，2014）。

　　图 5.3.24（a）展示了预制工厂内完工的混凝土模块单元出厂前的所有生产环节，已做好运输准备。图 5.3.24（b）展示了施工现场水暖电设备的安装情况，所有的管线已装配完成，可投入使用。

总结与成果

　　受财政预算影响，该项目规划和设计过程中成本控制占据了决定性因素。预制模块解决方案，以较快的建造速度，较少的材料浪费，标准化的生产流程等优势最终胜出。为了保证学生公寓能尽早投入使用，采取了现场施工与预制生产同步进行的模式，大幅度缩短了建造周期，排除了天气及季节变化对现场施工工期的影响。

　　在预制混凝土模块生产过程中，选用满足当地气候条件的保温材料。在楼板及洞口等容易产生热桥的部位，进行无热桥的设计等措施，通过复合保温系统极大地提升了建筑围护结构的各项性能，并将墙体传热系数（U 值）控制在 0.30 W/m²K，将屋面传热系数（U 值）控制在 0.22 W/（m²·K）

b

至 0.30 W/（m² · K）范围之间。在该项目竣工验收时，获得"A"类节能认证。同时，预制混凝土模块采用了良好的防噪减震措施，墙体隔音量可达到 55 分贝，地板和天花板隔音量可达到 56 至 57 分贝。

　　与传统建筑方法相比，该项目采用预制模块化建造方式，通过优化结构设计，使用节能建筑材料等措施，实现了从预制、装配、使用、维护到拆除，全生命周期节约能源和减少碳排放的目标。据测算，节能指标高达 60%（豪泽等，2013，p. 1399）。

　　图 5.3.25 显示了项目设计建造过程中的各项经济指标，其中包括成本分配和项目周期等。由于采用预制模块化的建造方法，通过优化构件设计、控制生产过程、合理组织装配建造等措施，降低了项目建设过程中不可预见因素的影响，实现了成本控制的目标。在该项目全生命周期的分析中，预制工厂和施工现场之间的物流运输，也需要在经济测算中综合考虑，有所体现。

01 成本信息

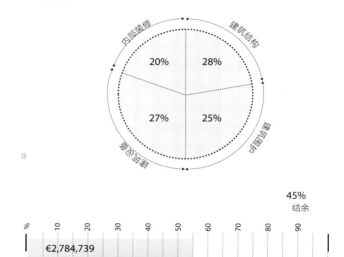

02 建造信息

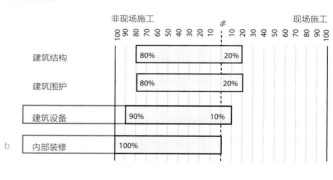

图 5.3.25
（a）成本分配；
（b）预制生产环节和现场施工过程；
（c）施工周期的持续时间
资料来源：尤塔·阿尔布斯，2015 年

德国施科伊迪茨预制工厂，预制混凝土模块生产场景。

资料来源：菲利浦·莫伊泽，2017 年

6. 先进的生产工艺

6. 先进的生产工艺

为促进装配式建筑自动化体系的构建，推动施工建造技术转化策略的研究，本章在分析其他工业领域制造流程特点的基础上，根据建筑业自身特点，对相应转化策略进行类比和评估。此前，我们已经对如何优化制造程序，提高制造效率，提出了相关指导性建议，也对建筑施工领域的推广应用，开展了相应的探索和研究。本章将聚焦汽车工业、船舶制造和航空工业设计研发过程中，具有代表性的先进生产工艺，及可供借鉴的生产制造策略，探索整合优化、统筹利用的可能性。上述工作，旨在探索建筑业提高生产效率，特别是提高装配式建筑工作效率的途径，同时梳理、总结庞杂的建筑设计体系，推动产业调整与升级，适应新的背景和环境，适应市场的快速变化，推动装配式建筑的发展。

6.1 工业领域的制造原则

与建筑行业情况不同的是，在其他一些工业领域，例如汽车、船舶制造和航空工业等，批量化生产和制造相同型号的产品。在某些情况下，某种型号的畅销产品甚至会连续生产成千上万批次，因此这些畅销产品的"原型"，都经历了相当长的设计和研发周期，进行了多次的设计调整和产品更新，才最终定型。这一系列的工作都需要精心准备和组织计划，所以在产品"原型"及其衍生产品的设计开发过程中，不管是在概念设计阶段、深化设计阶段，还是产品定型阶段，追求效率的最大化是其重要目标（曼格斯，2010，p. 26）。目前建筑业的生产效率依旧很低，过去十年的统计数据显示，建筑业生产效率呈缓慢增长态势，提升和改变的速度仍不太乐观（德国联邦统计局，2013）。图 6.1.2 和图 6.1.3，展示了建筑业自动化程度较低和生产效率提升缓慢的现状，而其他工业领域的情况则恰恰相反。随着科技的进步和生产效率的提升，许多行业保持了高速发展的势头，特别汽车行业，目前仍保持约 20% 的增长速度（埃森哲数据指数，2015）。因此，总结和评估其他工业领域具有推广价值的成熟经验，

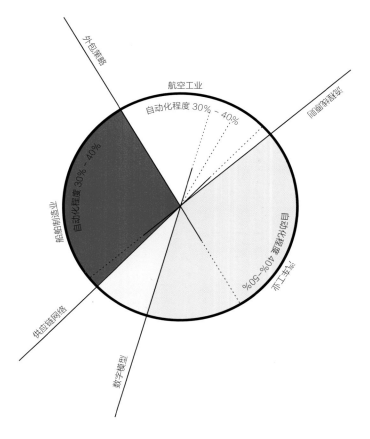

图 6.1.1　其他工业领域设计和生产策略
资料来源：尤塔·阿尔布斯，2015 年。根据表格 9.3 "其他工业自动化程度"

将其转化并应用到建筑行业中，同时密切关注行业发展趋势，进行相应的调整和创新，对于推动建筑行业的发展具有重要意义。

在借鉴其他工业领域经验之前，有必要首先审视建筑业与制造业自动化发展之间的关系。进入 20 世纪 80 年代以来，微电子和计算机技术发展迅猛，特别是微处理器的出现，为制造业发展注入了强劲的发展动力。随着信息技术的发展以及信息化水平的提高，为制造业带来的变化不仅是生产效率的提升，也提高了复杂项目的处理能力。随着数字技术与制

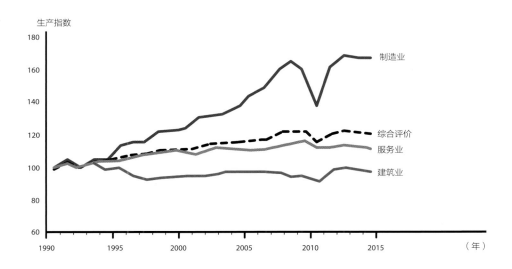

图 6.1.2 与制造业和服务业相比，建筑业生产
效率较低且发展缓慢

资料来源：尤塔·阿尔布斯，2015 年。根据德国联邦统
计局，2013 年

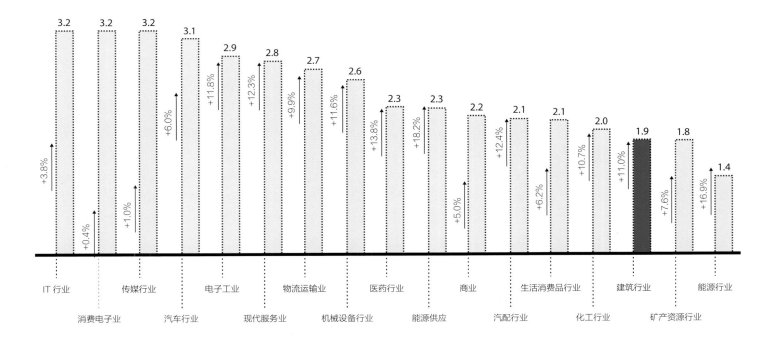

图 6.1.3 2014 年度不同行业自动化程度比较

资料来源：尤塔·阿尔布斯，2015 年。根据埃森哲数据指数，2014 年

造业的深度融合，在提高数据传输能力的同时，进一步推动了制造业网络化、智能化发展，从而带来了工作流程的优化（珀培，1995，p. 93）。

现代制造业的飞速发展，也给建筑业带来了改变。在过去的五十年间，建筑业已逐步开启了劳动力密集型向技术密集型转变的步伐。然而，由于建筑业自身的特点，这一转变过程相对缓慢，无法实现技术的有效整合与集成，从而制约了现代制造技术和经验在建筑领域的应用。在信息技术为先导的现代科技发展浪潮中，建筑业紧随时代发展潮流，走工业化、信息化融合的发展道路，就必须在统一的技术标准下，建立跨学科、多专业的研究支撑体系，加强信息技术与规划设计、施工建造的结合。但长期以来，由于缺乏与之相匹配的完整建筑体系，从而导致信息技术的优势无法展现，延误了建筑业的升级换代，制约了建筑业的发展。在随后的章节中，将介绍相关的建筑系统和技术手段，并评估它们的发展潜力和缺陷。

组织和策略

在过去的一个世纪里，汽车制造业在规模经济的刺激下，通过不断增加产量压缩成本，从而降低了汽车价格。为了以较低成本占有更大市场，自动化生产流程被广泛应用，由此带来的成本增长被规模经济所消化，新的生产工艺也能有效地降低生产成本。过去的 30 年间，随着客户需求呈现多样化的特点，也进一步推动了汽车制造业，在生产、配送、供应等环节的不断优化和相应工艺流程的改进，实现节约成本提高效率的目标（克罗皮克，2009 年）。原本通过扩大生产规模带动经济效益增长的模式，在这些需求的引导下产生了持续而缓慢地变化。也就是说，对规模化生产方式进行调整，将短时间单一产品大批量的生产模式转变为多规格、多品种的小批量生产（沃马克，2014）。与此同时，随着环保问题越来越受到关注，也促使汽车制造业必须积极寻找发展对策，进一步研发与之对应的先进技术，开发和构建新的系统化技术体系。

图 6.1.4 展示了自 20 世纪初开始，汽车制造业生产、销售状况的变化趋势。20 世纪 20 年代，随着福特大规模生产方式的推广，福特公司的产销规模达到巅峰。随后，汽车制造业进入了探索发展阶段。20 世纪 70 年代，日本的丰田汽车公司，通过对美国福特生产方式的学习，不断积累产品开发和生产管理方面的经验，创造出了精益生产方式，开创了汽车制造业生产方式的革命（沃马克，2014）。

供应链管理

在工业制造领域中，供应链是指围绕核心企业，将供应商、制造商、销售商和产品用户进行有机整合，实现从零配件供应到产品生产，以及通过销售网络进行产品配送的整体网链结构。以汽车行业为例，汽车制造商（OEM）作为行业的核心，将所有提供零部件及配套产品的供应商，按照供应链体系分工和相应级别，进行组合，建立供应商网络。一般来说，第一级供应商从第二级供应商那里获得零部件，用于中间产品或配套产品的制造。以此类推，第三级供应商、第四级供应商，甚至更多级别的上下游供应商，都被纳入到生产网络体系中，将各级供应商与汽车制造商以最小成本进行有效整合。这对优化供应链运作至关重要。供应链管理是以整合与协调的统筹管理模式，对整个系统进行计划、协调、操作、控制和优化。随着各级供应商数量的增加，涉及的企业众多，供应链内部的信息交换和协调整合趋于复杂化。因此，供应链管理要求，组成供应链系统的上下游供应商协同运作，共同应对外部市场复杂多变的形势。图 6.1.5 展示了汽车生产供应链网络中的层级架构。OEM 通过生产全流程的管理，确保信息及时、准确，生产过程平稳、有序，从而确保最终产品的质量。

处于供应链核心的企业，根据自身情况，采取企业内部供应链模式，由企业内部不同部门组成供需网络，或者采取企业外部供应链模式，即由企业相关产品生产和流通过程中

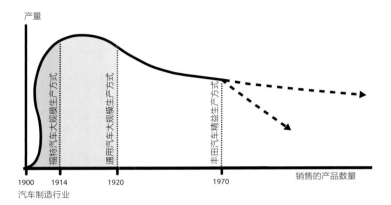

汽车制造行业

图 6.1.4 汽车制造业产量和销售额，在 20 世纪初达到峰值后持续下行
资料来源：尤塔·阿尔布斯，2015 年。根据沃马克，2014 年

图 6.1.5 设备制造商在汽车生产供应链网络中的组织与管理
资料来源：尤塔·阿尔布斯，2015 年

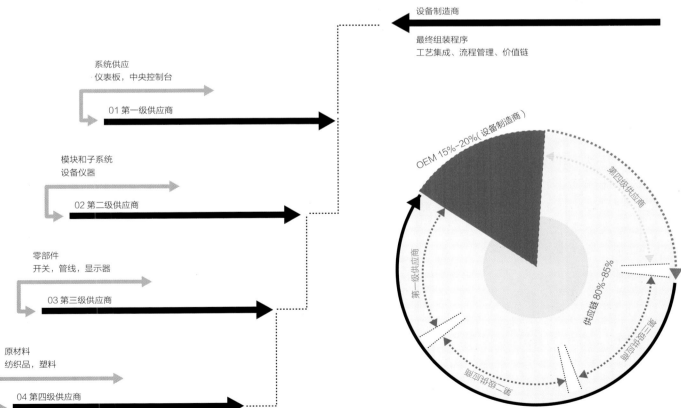

的上下游供应商组成供需网络，分工生产。无论内部或者外部的供应链管理，都是以客户和最终消费者的需求为导向，协调并整合供应链中的所有活动，最终成为无缝连接的一体化过程。

供应链的形成、存在、重构，是基于特定的市场需求而产生的。相关调查显示，与传统的大规模生产方式不同，在供应链的网链结构中，上下游供应商之间是一种需求与供应关系。居于主导地位的核心企业，通过积极应对市场需求变化的策略，对生产活动进行动态管理，在不断扩展供应链网络的同时，逐步缩小生产范围，聚焦在高技术、高附加值的产品上。例如：汽车行业中，发动机、变速箱、电子管理系统等重要部件，是汽车行业核心企业研发制造的重点（沃马克等，2014，p. 151）。在过去几十年间，随着工业生产领域中供应链管理的不断深化，以及上下游供应链关系的改善，带来了供应链中信息流、物流、资金流的不断整合与完善。通过不断优化和提升供应商、制造商、零售商的业务效率，带动了生产设备的更新换代，促进了生产技术的不断进步，为企业发展赢得了竞争优势。图 6.1.6 展示了从 1990 年开始，随着计算机辅助设计手段以及新的设计管理思路，在汽车行业中的推广和应用，改变了以往的供应链管理模式。

以新车型研发为例，通过引入数字辅助手段，实现了"原型车"的模拟建造，在减少研发成本和物料成本的同时，缩短了研发周期，极大地提高了工作效率。供应链管理也对企业内部的生产流程带来了积极的影响，一方面促进了生产流程组织框架的调整和改善，进一步提高了工作效率，另一方面带来了生产线的工作流程和工作模式的改变。

迈耶 – 沃尔夫特（Meyer-Werft）公司，是全球游轮制造的领军企业，同时也是德国最大的造船厂。2011 年，在公司内部的工艺流程评估中发现，现行的流程管理模式缺乏有效性，特别在生产流程中，核心工件的生产制造，以及不同部门的衔接耗费了大量的时间和成本，对后续的工艺流程产生了影响。这些关键生产环节的延迟，不仅造成了交货

周期的延误，而且也造成了产品回款的滞后，从而影响了生产活动的顺利开展，造成了企业利润下滑。该公司通过采取内部供应链模式，由同一企业不同部门组成供需网络，引入自动化装配生产线，采用中央控制系统对生产环节进行监控，将核心工件制造周期压缩到大约 4 个小时，加速了企业内部工序的流转速度。通过这种方法，大幅度提高了工艺流程的运转速度，生产效率提高 50%（库克，蒂姆；迈耶 – 沃尔夫特公司，2013）。

生产活动的顺利开展，对于生产效率的提升至关重要。为了实现生产流程顺利运转，必须进一步优化工序衔接以及供应链管理，因此工作周期、劳动绩效的管理必不可少。这不仅保证了生产活动的顺利开展，同时也有助于维持生产链的整体平衡。

在汽车、船舶制造和航空工业中，通过加强供应链管理，减少库存，可以提高生产效率，改善生产制造流程（泽尔巴赫，2011，pp. 40 ff）。在这种情况下，基于"准时、顺序"的供应链管理原则，要求所有参与的企业或部门，明确其在供应链中的分工，严格遵守生产计划和交货日期，保证生产活动的顺利开展。

精益生产法

在供应链管理过程中，除了提高工作效率之外，还要对工作流程不断调整和改进，使生产系统能快速适应用户需求的变化，为用户提供更多的产品选择，满足市场不断变化的消费需求。因此，迅速调整生产结构，缩短生产周期，至关重要（贝尔格，pp.21ff）。如前文所述，复杂的公司架构和供应链网络，会使生产流程和决策过程变得冗长，而小型供应网络，将大大加速参与方信息交换的频率，提升快速应对市场变化的能力。

第二次世界大战后，随着世界经济的蓬勃发展，西方国家对汽车的需求量持续增加，汽车制造商纷纷调整战略，推行美国大规模汽车生产流水线模式，通过标准化、大批量生

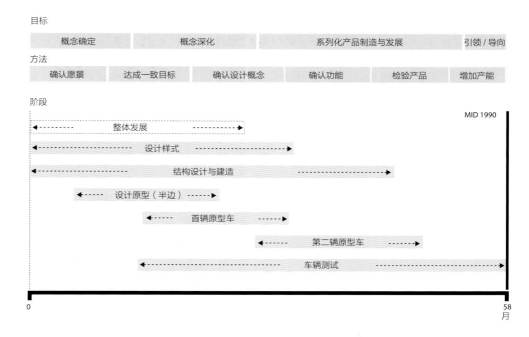

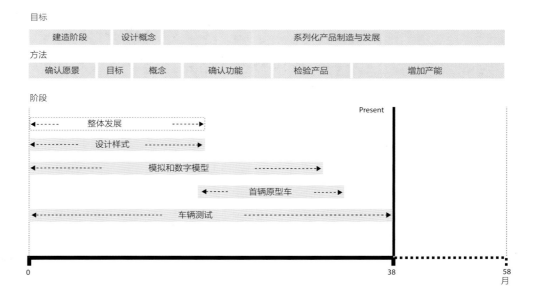

6.1.6　20 世纪 90 年代中期至 2015 年，汽车工业规划和建设周期逐步缩短
资料来源：尤塔·阿尔布斯，2013 年。根据基兰和汀布莱克，2009 年

产，增加产能，降低成本，提高生产效率。而日本汽车制造业则意识到，这种"大规模生产"方式与当时日本的经济社会发展水平不符。日本汽车工业的发展，必须首先解决矿产资源短缺和信息缺乏对汽车市场带来的制约，其次战后日本的汽车市场很快进入了需求多样化的新阶段，要求汽车生产向多品种、小批量的方向发展。日本丰田汽车公司审时度势，顺应时代要求，在实践中摸索出了适应日本国情的"丰田生产系统"（TPS），创造了多品种、小批量混合生产条件下，高质量、低消耗的现代化生产方式。

"丰田生产系统"，是日本工业竞争战略的重要组成部分，而衍生的丰田"精益生产"哲学，使丰田汽车公司在全球汽车领域崛起中扮演了至关重要的角色。"精益生产"，是通过对系统结构、人员组织、运行方式和市场供求等方面的变革，使生产系统能快速适应用户不断变化的需求，使生产过程中一切无用、多余的东西被精简，最终达到包括市场供销在内的最优化的生产管理方式。"精益生产"方式的优越性，不仅体现在生产制造系统，也体现在产品开发、协作配套、营销网络以及经营管理等各个方面，是当前工业界最佳的一种生产组织体系和方式。"精益生产"方式的提出，使丰田生产方式从生产制造领域扩展到产品开发、协作配套、销售服务、财务管理等各个领域，贯穿于企业生产经营活动的全过程，外延更加全面，内涵更加丰富，对指导生产方式的变革更具有针对性和可操作性（博克等，2010）。图 6.1.7 展示了丰田公司 TPS 体系的原则，着重介绍相关的原则和实施策略。

精益生产作为一种系统性的生产方法，其目标在于减少生产过程中的无益浪费，为终端消费者创造经济价值。精益生产涵盖的范围比较广泛，涉及生产流程的各环节，本节重点关注与生产制造相关的指导原则，及具有战略意义的工艺流程管理。其核心内容主要包括以下几点：

- 流程同步化
- 操作标准化
- 生产系统最优化
- 瑕疵最小化
- 培训常态化

这些要点都是以客户需求为导向，集约化利用资源，杜绝浪费，以最少的工作创造最大的价值。精益生产方式是彻底地追求生产的合理性、高效性，灵活地制造适应各种需求的高质量产品的生产技术和管理技术，其基本原理和诸多方法，对制造业具有积极的意义。精益生产方式的贯彻和执行，需要组织架构、生产流程和内部管理等方面配合，以及所有各方共同参与。精益生产方式以产品制造工序为线索，以整个大生产系统为优化目标，通过控制参与者数量和供应链规模，在降低企业协作中交易成本的同时，保证稳定需求与及时供应，有助于满足不同客户需求，在可供调整的生产制造体系，实现最大程度的生产灵活性。根据施托赫和利姆（1999）的研究表明，"精益生产试图从原材料到最终产品

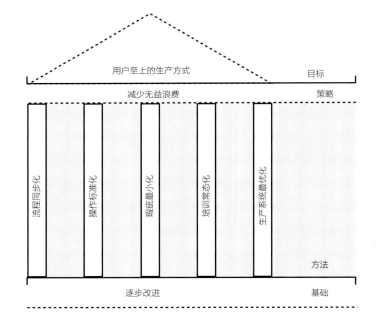

6.1.7　丰田公司 TPS 体系及其相关原则和实施策略。
资料来源：尤塔·阿尔布斯，2015 年，根据看板咨询有限公司

的所有生产步骤中，消除不创造价值的所有废物（包括劳动力，材料，设施，时间等）。然后将所有必要的、创造价值的生产活动重新架构，将其组织成最为行之有效的工作流程，并使整个工作流程以最小的调整和停顿顺畅运行。简言之，精益生产需要持续和统一的价值创造流程（施托赫和利姆，1999，p.128）。图6.1.8展示了在汽车生产过程中，不同的生产方式和管理模式，对于生产流程带来的影响。如左图所示，由于在不同的平台上同时进行多道生产工序，不仅耗费大量的人力物力，也增加了工作变量，严重影响了工作的流畅程度。右图则与之相反。基于线性的精益生产方式，消除了工作流程准备和计划中的不平衡，避免了工作设计实施

过程中的不均匀，消除了工时、操作等级等方面的波动和参差，达到了杜绝浪费的最终目的。

流程组织和设施分布

如前所述，供应链管理中的分工协作，不仅可以在压缩生产周期，降低生产成本的同时，提高产品质量，而且随着生产系统灵活性的提升，可以进一步优化工艺流程，扩展特定部件生产制造的供应链网络。因此，在汽车行业中，汽车制造商（OEM）作为行业的核心，主要工作是分配生产任务和完成最终装配。这也促使了制造商和供应商之间相互依存，紧密合作，承担部分工作的供应商，通过不断提高服务

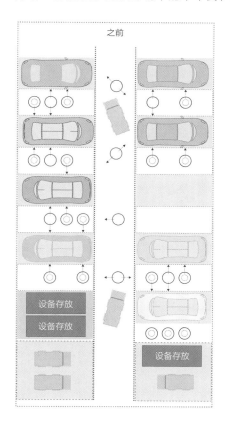

精益生产相关指标	
库存	− 30%
生产周期	− 20%
产能	+ 10%

经济效益	
资本回报率	+ 50%
总资本周转率	+ 30%
流动性	+ 80%

6.1.8　汽车工业领域的精益生产方式可提高生产效率和经济效益
资料来源：尤塔·阿尔布斯，2014年。根据泽尔巴赫，2011年，p.41

6. 先进的生产工艺

质量来降低成本。因此，汽车行业通过供应链体系管理和精益生产方式，建立完善的组织架构和严密的生产流程，以实现企业利润的最大化。

与汽车行业的情况类似，自从 20 世纪 80 年代以来，船舶制造业也积极引入供应链管理中的分工协作制度（凯尔和王尔德，2000）。然而，与汽车行业不同的是，船舶的大型部件，需要在生产车间或船坞，使用体积庞大的重型设备，及相关配套生产设备进行制造。由于制造船舶的类型和吨位不同，分为紧凑布局型的船舶制造厂和大型综合性船舶制造厂（库克，蒂姆；迈耶 - 沃尔夫特公司，2013）。

紧凑布局的船舶制造厂，可以将生产设备和相关生产部门进行有效整合，有助于改善生产流程，降低生产成本，缩短生产周期。而规模庞大的大型综合性船舶制造厂的组织管理要复杂得多，通常这些大型综合性船舶制造厂遍布各地，甚至由分布全球的多个合作工厂组成。因此，由于企业内部沟通较为复杂，数据传输和信息交换是否通畅，直接影响着企业的决策。意大利"芬詹蒂耶里"船舶制造厂是大型综合性船舶制造厂的代表。该公司拥有遍布全球的生产网络，涵盖多种业务门类，其中包括商业船舶、海军舰艇、私人游艇，船舶修理、船舶改装等产品类型。该公司总部位于意大利的

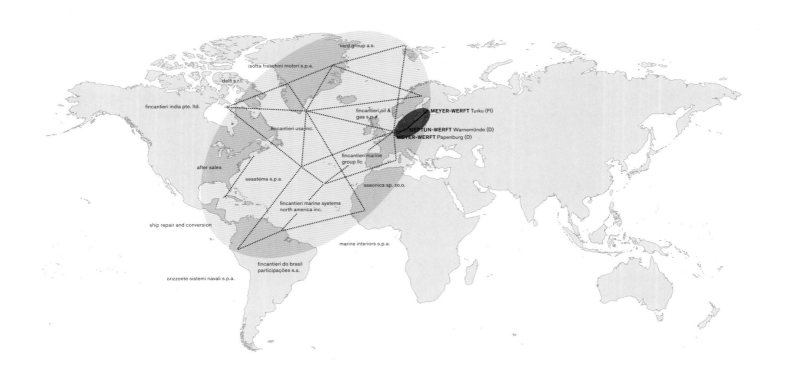

6.1.9　大型综合性船舶制造厂的代表，意大利"芬詹蒂耶里"公司的生产网络用浅红色表示。紧凑布局型的船舶制造厂的代表，德国迈耶·沃尔夫特公司的生产网络用红色表示。

资料来源：尤塔·阿尔布斯，2015 年，根据"芬詹蒂耶里"公司资料．背景地图：© 免费矢量地图

里雅斯特港，除了在意大利有很多工厂以外，在欧洲、美洲、非洲等很多国家和地区也有分支机构。图 6.1.9. 浅红色区域显示了该公司的全球生产网络分布图。

　　与此相比，德国迈耶·沃尔特公司的规模要小很多，如图 6.1.9 红色区域所示。该公司仅在德国瓦尔内蒙德和芬兰图尔库设有分公司。如前文所述，紧凑布局的船舶制造厂，通过内部协调管理，企业内部信息在管理部门和生产部门实现迅速交换，保证了生产流程的顺畅，确保了生产效率的最大化。图 6.1.10 展示了德国迈耶·沃尔特公司位于帕彭堡市的船舶制造厂的厂区布置图。该造船厂布局相对实用和紧

凑，体现了精益生产理念在工业企业管理及整体布局中的应用。这种紧凑型的布局，部件制造、储存、装配等所有生产活动都在相应的多用途车间有序开展。装配生产线、仓库和船坞等设施彼此相邻，减少了设备和人员在生产环节的不必要流动，减少了生产流程中不必要的生产物资运输，降低了零部件、半成品和成品在库存中的浪费，极大地提高了数据交换和生产流程运转的速度。帕彭堡市的船舶制造厂厂区占地面积约 1 平方公里，而位于瓦尔内蒙德的厂区面积更小，仅为帕彭堡市的船舶制造厂厂区的一半左右（库克，蒂姆；迈耶–沃尔夫特公司，2013）。

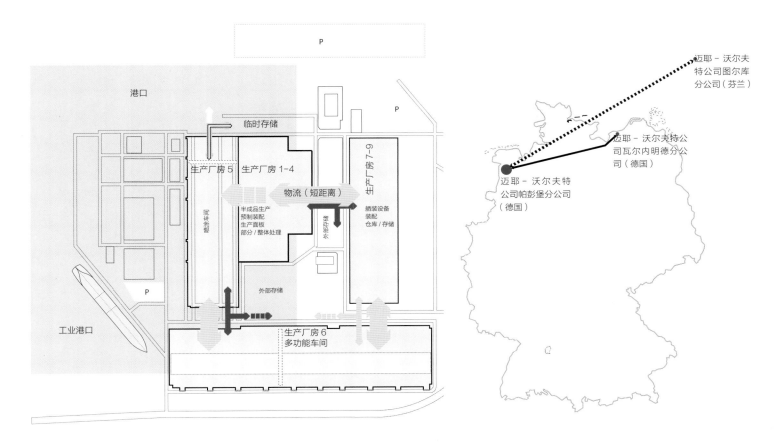

6.1.10　德国迈耶·沃尔特公司位于帕彭堡市的船舶制造厂的厂区布置图。该厂区将制造、组装和储存等设施进行有效的整合与合理布局。

资料来源：（a）尤塔·阿尔布斯，2013 年，根据维特霍夫特，2005 年，p.8；（b）尤塔·阿尔布斯，2013 年，背景地图：© 免费矢量地图

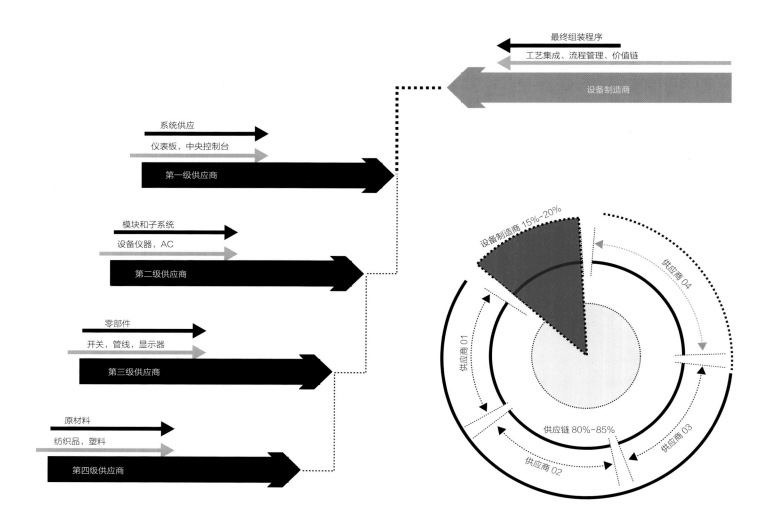

图 6.1.11 生产游轮的组织框架图，其中由船舶制造厂完成的部件生产、设备安装、内部装修等任务，大约 25%，其余部分均由供应链供应商完成。

资料来源：尤塔·阿尔布斯，2014 年。根据库克，蒂姆；迈耶 - 沃尔夫特公司，2013 年

与汽车行业相比，船舶制造业中供应链网络的增长较缓慢，变动较小。随着现代工业的发展和供应链体系的不断完善，船舶制造厂的角色逐渐发生转变，调整为战略性产品规划、产品设计研发、产品整合与项目管理的中枢，传统生产的制造工作量呈不断下降趋势，目前约占船舶制造工作量的25%左右。其他许多生产性工作,由供应链网络中的供应商，特别是钢铁制造业承担，其中包括钢铁生产、加工成型、组合装配、产品测试等生产环节。图6.1.11展示了游轮生产流程的组织框架，及相关的供应链网络。除了必须在船舶制造厂完成的部件生产、设备安装、内部装修等任务外，其他工作均由供应商完成。

制造和装配原则

船舶制造业与汽车行业的制造和装配原则类似，都要不断改善工艺流程，积极贯彻精益生产原则。通过系统结构、人员组织、运行方式和市场供求等方面的变革，使生产系统能很快适应用户需求的不断变化，并能使生产过程中一切无用、多余的东西被精简，最终达到包括市场供销在内的各个环节最佳的生产管理模式。

生产制造系统的目标是，无论最终产品是什么，都要根据客户的需求，以最低的成本生产出客户急需的产品。（施托赫和利姆，1999，p. 128）。与汽车行业体量庞大、产能扩张迅速的状况不同，船舶制造业和航空工业的产销量相对较小，主要集中在小批量的大型部件和产品的生产领域。这与建筑行业的情况非常相似，建筑的设计和建造过程，可被视作"多品种"、"小批量"大型建筑产品的生产过程，需要经过周密的规划设计，以及有效的建造施工管理，才可以取得最大的收益。

船舶业生产工艺

与其他工业领域的情况类似，过去的几个世纪，船舶制造业生产装配工艺的复杂程度进一步提高。一方面，日益增长的船舶功能需求和新技术的应用影响了船舶的生产过程，推动船舶制造业对现有工业体系的生产工艺进行全面升级。另一方面，和建筑业的情况类似，随着经济社会的不断发展，节能环保以及可持续发展等方面的要求不断加强，这也促使船舶制造业积极寻找新的生产解决方案。自20世纪80年代初以来，为满足不断提升的行业标准和客户需求，船舶制造业经历了漫长而持续的行业调整和转型升级。除了船舶尺寸在不断增加，更高的航速和运载能力也对船舶制造业提出了新的要求，促使船舶制造业的产品系统需要重新设计和开发，特别是随着现代电子技术的长足进步，电子信息技术的集成应用也对专家和工程师提出了新的挑战。所有这一切都对船舶制造体系提出了更高的要求。在向更加复杂的产品体系更新换代的过程中，需要改变原有的生产制造方式，更新产品结构数据，开发适应单件小批量产品模式,制造出更加自动化、智能化的产品。这对船厂现有的基础设施和设备条件构成了挑战（安德烈索斯和佩雷斯－普拉特，2000，p. 22）。

虽然远洋货轮、远洋油轮和海军舰艇等船舶类型的制造工艺大体相同，但由于船舶的尺寸、规格以及舶功能存在较大差异，导致了后期生产与装配工艺存在较大差别。图6.1.12展示了游轮的制造、安装等过程。以下将根据自动化或劳动密集型生产流程，进行概述同时区分制造方法：

- 准备生产原料和建造方案
- 标记、切割和调整钢板及其他型材
- 制作2D模块，焊接平面和造型组件
- 制作3D模块（在生产车间）
- 3D模块或组件进行预制，并组合成单元部件或部品
- 预制管道、支架、其他模块等
- 预装配
- 喷涂油漆或涂层
- 在干船坞或滑道进行装配组装
- 安装配套设备，包括管道、电线、机械等

- 在船坞内进行安装调试
- 试航和海上测试（安德烈索斯和佩雷斯－普拉特，2000，p.31）

正如第 6.1.3.1 节（"流程组织和设施分布"）所述，采用精益生产理念进行的生产组织和功能分区，与厂区布局息息相关。生产设备布局影响生产线设置，进而影响厂房布局，最终影响船舶制造厂整体布局。在生产制造过程中，以生产工艺为基础，以物流运输方便、快捷为前提，充分考虑组件加工、组件传输和组件组装等相关问题。除此之外，持续的质量监控和标准化工作程序，对于确保工艺流程的一致性至关重要。它不仅可以提高产品质量，也将提高生产和装配效率。在船舶制造厂，室内车间的生产和装配效率，伴随着物料有序传递，使生产线更简洁，工艺更加流畅，从而大幅缩短生产周期。相比之下，在室内车间每个工时的工作量相当于在室外船坞 1.5 至 2.0 工时的工作量（安德烈索斯－普拉特，2000，p.30）。

目前，大量自动化装备在钢铁部件生产环节得到应用，主要生产标准化的 2D 模块和相应的部件。通过机器人等自动化装备的使用，使得激光焊接、激光切割等高精度工作得以顺利开展。而在 3D 模块预制装配环节，以及部分劳动密集型和定制化的工艺流程中，仍需要大量工人进行手工生产。图 6.1.12 展示了游轮生产流程，重点介绍了制造、安装和装配等阶段的情况。为了扩大自动化装备应用范围，需要对工作流程进行相应的优化和改进，调整控制系统和生产流程的关键节点。然而，自动化改造的高额费用，会增加生产链其他部门的推广成本（库克，蒂姆；迈耶－沃尔夫特公司）。这种情况和建筑行业的情况类似，如果建筑产品标准化程度较低的话，需要高度定制化的建造和装配体系与之相匹配。

为提升船舶制造业的自动化水平，需要对船舶类型和船舶产品的特点进行分析和研究。船舶产品具有非标准化、高度定制化特点，自动化装备的引入，需要充分发挥设备的高效率、高质量及易操控的特点，提高产品质量和工作效率。

基于此，采用自动化应用程序的船企机器人，可以按照预先编排好的程序自主或半自主地执行一系列动作，辅助并替代人工操作。由于机器人具备柔性生产的特点，因此可以完成不同层次的生产任务。但要注意两个方面：首先，操作机器人等自动化装备，应将工作重点调整到对于高层次生产任务（如规划和监督等）的关注，而不是简单执行低级别任务（如避碰、精确定位等）。其次，对于工件或工作平台中"小"的调整，不要对自动化工作流程或机器人设备进行重新编程，保证工作流程的顺畅。（安德烈索斯和佩雷斯－普拉特，2000，p.6）。

加强自动化装备在生产活动中的应用，对于缩短船舶建造周期有重要意义。对于大多数生产环节，例如材料切割、修剪或弯曲等工序，CAD 和 CAM 工具的应用已相当普遍。以游轮建造为例，使用船企机器人激光切割工艺，在钢板、钢梁和管道等制造环节已相当普遍。自动化装备，既能按照预先编排的程序运行，又能按照人工智能技术确定的技术原则独立工作。通过将自动化装备连接并整合到生产网络中，实现设计工具与数据平台实时交互，可以大幅提升设计集成能力。部件或组件三维设计图纸，如板材和管道尺寸、几何形状等信息，可以直接传输到制造设备中，进行实时生产（安德烈索斯和佩雷斯－普拉特，2000，p.69）。将产品数据信息与自动化装备紧密联系，优化了设计、生产和产品交付的工作流程，大幅缩短项目周期，达到事半功倍的效果。

图 6.1.13 展示了一艘正在建造的中型游轮的生产信息。图 6.1.12 和 6.1.13 的图示信息是根据对德国迈耶·沃尔特公司帕彭堡市船舶制造厂销售和设计部主管蒂姆·克鲁格的访谈归纳总结而成。

数据交换与制造策略实施

为了保证船舶建造计划顺利执行，并按时交货，需要为船舶制造厂和客户提供准确的产品报价和交货计划。在当今工业大数据和智能制造深度融合的情况下，以新一代

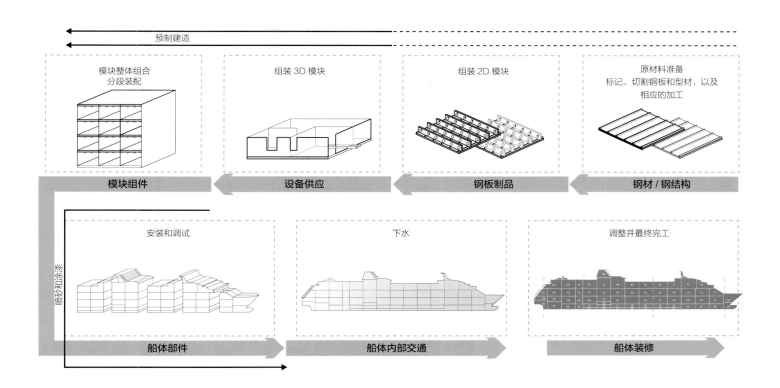

图 6.1.12　中型游轮的生产制造流程及装配程序
资料来源：尤塔·阿尔布斯，2013 年。根据 P+S 造船厂

信息技术应用为导向，推进船舶设计、制造、管理、维护等全流程智能化管理，以数字化、模块化和网络化平台为支撑，确保船舶建造按照生产计划有序开展，并在规定的时间内准时交付。

随着大量数据的收集和存储，大大增加了需要管理的数据量。在造船项目中，数据的顺畅传递，以及生产系统内部数据的传输和应用，对于项目顺利实施至关重要。但在不同生产阶段，所需数据信息的内容、用途，及形式的多样性，也对制造策略的贯彻带来了一定困难（安德烈索斯和佩雷斯－普拉特，2000，p. 33）。

船舶制造商通过建立实时数据采集，实时数据流分析，可视化监控的软硬件平台，以及跨平台的数据交换中心，应用物联网技术，在生产设备自动化的基础上，实现制造过程中各种数据源的互联互通，用于快速的信息交换、识别和过程控制。大数据分析工具，可以对主要产品类型进行分类和分析的基础上，协助设计单位和生产厂商确定适合的产品系列，并为每种类型的产品提供与之匹配的系统解决方案。在此背景下，船舶制造商积极推动生产制造环节的数字化、网络化和智能化技术的协同发展，通过开发应用程序来定义设计规则，加快产品设计和产品定型，推动生产制造的更新换代（施托赫，2011，p. 188）。

船舶业发展展望

虽然新一代信息技术与制造业的快速融合，有助于推动船舶制造技术的发展，特别是制造工艺和制造技术的改进，但是在生产过程中将自动化装备与数据交换中心链接，实现制造过程的柔性化，仍然不能覆盖生产制造的全流程。为确保产品质量，缩短生产周期，精确制造仍然是船舶制造业的核心内容，以避免生产后期的调整和改动所带来的巨额花费。

信息技术与船舶制造技术的深度融合，会对传统的造船模式、流程乃至整个船舶制造业结构产生影响。一方面，由于新设计理念、新材料的使用，带来船体造型和结构的变化，从而导致传统结构的用钢量下降，但另一方面，船舶内部空间设计和改造的需求在持续上升。当然，这部分工作也需要借助自动化装备进行生产加工（安德烈索斯和佩雷斯－普拉特，2000，p. 23）。事实上，随着人工智能、物联网、大数据等新技术，贯穿于设计、生产、管理、服务等制造活动的各个环节，势必带来船舶产品的需求和船舶生产技术的不断变化，小批量的个性化定制，促使船舶制造行业根据客户需求提供相应的解决方案。因此，需要进一步加强数据收集和分析技术，通过定制化的生产方案来应对这一变化。目前，在经济风险可控的前提下，船舶制造厂的生产组织和工作流程，可根据市场需求灵活调整，积极推进智能化装备和精益生产技术在船舶制造业的应用。未来可能会发展为类似于汽车行业的供应链模式，将船舶部件生产进一步分散，船舶制造商将自己制造的部件数量压缩到最少，仅进行最终产品的集成装配工作。这种转变，标志着船舶制造业由产品供应商向集成装配商转变，也必然会带来产量和质量的提升。考虑到市场波动因素，特别是在欧盟境内，当前行业的状况影响了船舶制造商进一步投资，或对现有工作模式进行改进，对生产设施升级换代。

目标

概念	设计阶段		建造阶段	

方法

合同	方案	方案深化	建造阶段	系列化产品制造与发展

确定目标 　　　　确认方案 　　　　确认功能

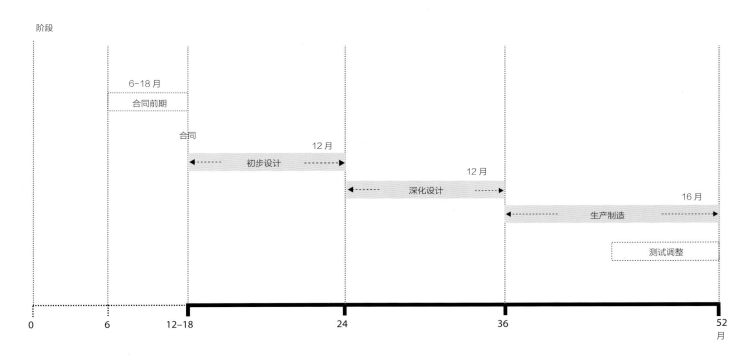

阶段

图 6.1.13　中型游轮的生产制造计划，载客量取决于船舶容量、尺寸和整体技术方案

资料来源：尤塔·阿尔布斯，2014 年。根据库克，蒂姆；迈耶 - 沃尔夫特公司，2013 年

6. 先进的生产工艺

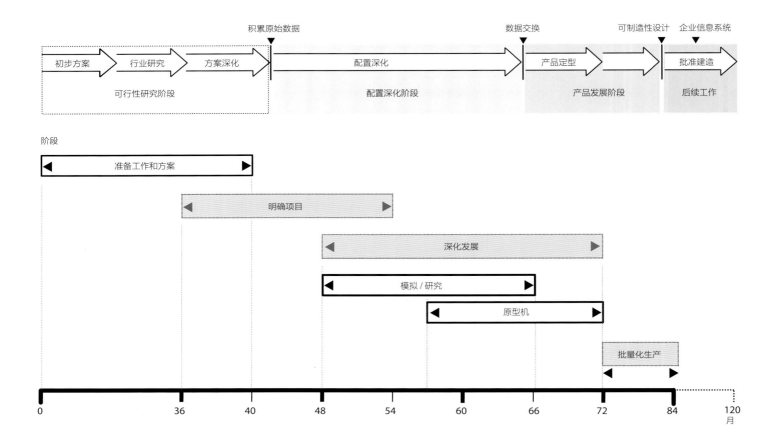

图 6.1.14 商用飞机从概念设计到投产使用的不同阶段

资料来源：尤塔·阿尔布斯，2014 年。根据阿尔特费尔德，2010 年

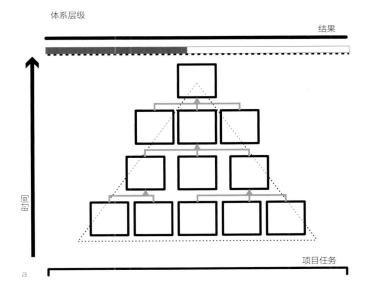

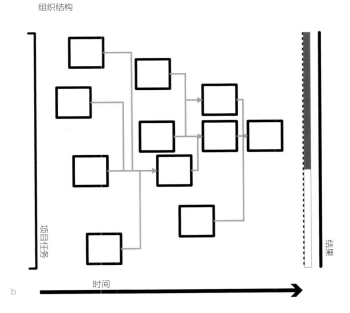

6.1.15　商用飞机设计生产阶段典型体系层级和组织结构
资料来源：尤塔·阿尔布斯，2015 年。根据阿尔特费尔德，2010 年，pp. 219-220.

航空工业的设计、生产与装配

　　商用飞机的设计、生产与其他行业类似，是由不同分工和职责的合作企业组建而成的工作网络共同完成（赫尔佐格，拉尔斯；空中客车集团，2014）。由于商用飞机属于高度复杂的定制产品，具有体系规模庞大、结构复杂的特点，同时可独立运行完成各自功能，体系内各分系统在实现共同目标时又相互依赖。因此，需要将飞机研发和生产作为"体系工程"进行综合管理，通过严密的体系层级和组织架构，联合各方团队协调推动生产链各部门的工作，使其达到最大的生产效率。工作任务在组织框架内被拆分，各团队按照各自分工生产，在生产过程中实时数据交换，保证生产性数据源互联互通，在规定的时间周期内实现既定的生产目标。与汽车行业及船舶制造业相比，商用飞机设计、生产周期较为漫长，通常情况下，新机型的设计研发周期为 6~8 年，衍生产品的开发周期为 28~40 个月（阿尔特费尔德，2010，p. 47）。图 6.1.14 展示了商用飞机从概念设计到投产使用（EIS），不同阶段的示意图。

　　商用飞机大约由五百万个零部件组成，标准部件占配件份额较小，约 80% 的部件由几千家配件供应企业定制生产，其中部分小型部件通过 3D 打印完成（赫尔佐格，拉尔斯；空中客车集团，2014）。商用飞机的设计、研发是一项非常复杂的"体系工程"，由飞控系统、航电系统、液压系统等多个复杂系统集成，各系统之间的信号交联、安装干涉、协同工作，又进一步加剧了飞机研制的复杂性。因此，商用飞机项目的研发管理，对于飞机制造商来说至关重要。

　　2010 年阿尔特费尔德将"结构化体系架构"总结为两种模式："分解结构"和"顺序结构"。具体采用何种结构方法，将取决于设计策略和操作流程。"分解结构"是一个静止的体系，一般采用自上而下分解树的形式，层次结构清晰。该体系中，将顶层任务模块进行拆解，分为多个模块，自上而下串联成任务模块体系。"顺序结构"是一个动态的体系，是基于输入 – 输出关系的横向开发结构体系。一一般采用自前向后的输入输出方式，并以时间作为水平轴。该体系可以对外界的工作流程产生快速响应，并做出与之相适应的调整，同时也允许潜在的变更和调整（阿尔特费尔德，2010，p.219 ff.）。图6.1.15展示了这两种不同的结构模式。

这两种的结构模式都会对商用飞机项目的研发产生重大影响。因此，在有限的成本和时间管理的背景下，重新审视设计和制造环节的制约因素，最终实现多学科优化设计是非常重要的。在赖斯－鲁哈尼和迪恩（1996）的研究成果"多学科飞机设计中的制造和成本考虑"一文中，概述了制造方法与项目预算之间的相互关系，强调了将制造方法和成本纳入设计规划以及生产流程中的重要性。为了将该领域收集到的信息进行整理，创建了基于多学科优化设计（MDO）的快速数据交换平台。MDO作为通过充分探索和利用系统中相互作用的协同机制，来设计复杂系统和子系统的方法论。基于MDO理念，将各学科的高精度分析模型和优化技术有机地集成起来，寻找最佳总体方案的一种设计方法。通过这种方法，在数值分析模型动态环境中，通过持续的数据交换，创造出一种量化交互效应的设计方法。由于设计研发过程中的相互关联作用，可以迅速确定在设计流程出现变化时所带来的影响（赖斯－鲁哈尼和迪恩，1996，pp. 2603 ff.）。

将上述讨论航空工业的情况与建筑业现状进行横向比较，就会发现项目各阶段数据交换与共享在建筑项目中应用的重要意义。通过工程信息的集成化管理，对于提高生产效率、节约成本、缩短工期发挥决定性作用。随着建造过程自动化水平的提升，也有助于提高施工建造效率，提高工程质量。在建筑项目决策阶段，特别是评估资金投入时，需要充分考虑施工阶段自动化机械的应用情况，合理规划安排，避免造成工程造价失控。

在该研究报告中，赖斯－鲁哈尼和迪恩（1996）进一步指出，定性数据和定量数据之间的区别，以及这两种数据对于飞机设计过程中测算与制造成本相关参数的重要性（赖斯－鲁哈尼和迪恩，1996，p. 2604）。定性数据，通过评

估与概念设计规划相关的指导性意见，有助于对项目工艺流程的调整和控制，通过这些"软因素"，可以确定制造工艺，提升潜力。定量数据，用来分析劳动强度和工作效率之间的关系，以便准确估算成本（赖斯－鲁哈尼和迪恩，1996，p. 2607）。

商用飞机的设计研发阶段，通过定量和定性的综合性评估分析，避免在后续阶段出现难以预料的缺陷和难以修正的错误。与之相比，虽然建筑业项目控制和成本控制关注的要点，商用飞机项目有相似之处，但飞机设计研发的体系规模和结构更为复杂，需要跨学科的技术支撑和统筹管理。

因此，建筑业需要根据行业状况，积极提升项目可视化管理和优化控制，提高建筑施工项目管理的信息化程度。目前，建筑业对施工阶段进行动态模拟，虚拟推演施工方案，动态检查方案的可行性以及存在问题的工作，并没有推广和

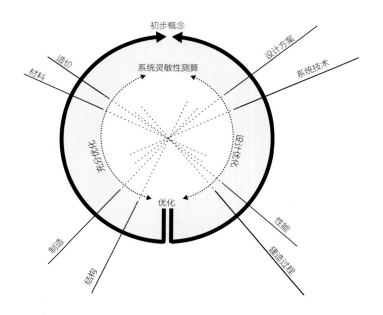

图6.1.16　多学科优化设计策略，从飞机项目设计、研发、转化到建筑项目
资料来源：尤塔·阿尔布斯，2016年。根据赖斯－鲁哈尼和迪恩，1996年，p. 2604

普及。虽然通过数字模拟和 BIM 技术，可以和施工现场管理平台进行交互协同管理，但是由于住宅建筑项目通常规模小（欧洲情况——译者注），这意味着并不需要复杂施工管理体系与之相对应。在这种情况下，项目规模限制了技术应用范围，阻碍了建造技术的更新与提升，导致传统的现场施工方案始终没有办法改进，不仅限制了技术进步，也无法对建造质量进行持续的定性和定量的研究分析。

工作流程

商用飞机内部空间狭小，铺设电缆等很多装配工作都需要人工完成，不利于自动化装备发挥其应有的作用，这样势必会造成开支居高不下。基于全球化带来的成本压力，迫使飞机制造商针对飞机"结构复杂性"的问题，采用"结构化的体系架构"方法，重新划分工作流程，将复杂任务简单

化，同时结合系统工程、需求管理等工具和方法，调整工作流程，以保持国际竞争力（赫尔佐格，拉尔斯；空中客车集团，2014）。

图 6.1.17 展示了设计和制造相互关联的示意图，强调了产品制造和组装策略的优化措施。如上文所述，该图是"结构化体系架构"中"顺序结构"模式的三维视角关系图。通常情况下，产品分解结构（PBS）、工作分解结构（WBS）、组织分解结构（OBS）作为项目管理的三大分解体系，共同形成了复杂项目管理的基础。商用飞机采用的工作流程基于 PBS-WBS-OBS 信息融合的全系统、全过程、全特性的项目管理模式，通过"制造过程架构"、"通用过程架构"和"工作分解结构"之间的关系，完善从零部件制造、组件拼装，到装配组件等工作流程。由于受产品供应商分布地域的限制，或同一产品不同生产地点的制约，这些都需要根据

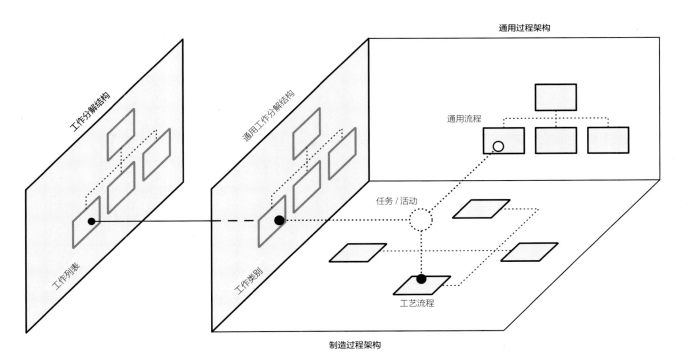

图 6.1.17 "制造过程架构"、"通用过程架构"和"工作分解结构"三维关系视角
资料来源：尤塔·阿尔布斯，2016 年。根据阿尔特费尔德，2010 年，p.226

具体情况，在项目进展过程中建立责任矩阵，即建立"工作分解结构"与"制造过程架构"直观的对应关系。将每一项生产或供货任务，落实到"工作分解结构"中的一个节点执行，通过不断完善供应链网络，进一步完善和充实"结构化的体系架构"的工作流程（阿尔特费尔德，2010，p226）。

波音公司是全球最大的航空业公司，也是世界领先的民用飞机制造商。虽然波音公司通过不断完善供应链网络，引入大量标准部件和标准化系统，以降低制造成本，然而在"结构化的体系架构"工作流程中，依然有大量高科技的定制产品。随着大数据、物联网应用的不断深化，生产工艺将延伸至各级组件、零件或原材料供应商层面，这对传统的工作流程和工作模式提出新的挑战。空客公司作为波音公司在民航领域最大的竞争对手，业绩非常骄人。根据空客公司2016年的报告，2015年度创造了为85个客户交付了635架飞机新纪录。此外，又同时接到了1036架飞机的订单（空中客车集团，2016）。除经济因素的考量外，生产周期的压缩、质量标准的提升，都必须优化工作流程和工作模式。

当今的飞机制造业，已广泛采用自动化解决方案，通过配备大量专业化终端设备，集成到联网的飞机生产线中，通过人工智能、云计算等新技术，将生产活动串联起来，实现产品全生命周期的实时管理和优化的智能制造模式。这些变化都将推动传统工作流程的升级换代，并释放大批人工劳动。随着飞机制造业引入智能制造系统，通过信息深度自感知，智慧优化自决策，精确控制自执行等功能，实现信息技术与制造技术深度融合，并创新集成应用，使其发挥更大的作用（赫尔佐格，拉尔斯；空中客车集团，2014年）。鉴于商业飞机制造流程的复杂性和综合性，在引入和推行新的工作流程及生产策略时，需要通盘考虑。

定制化生产

施托赫等人的研究报告中指出，标准部件生产对于保证工作效率至关重要。虽然目前在智能制造的推动下，定制化生产成为未来的发展趋势和方向，但是通过组装标准部件，创造复杂终端产品，仍是当前工业生产的主流。在目前的"生产环境中，有效的大规模定制的原则之一是，在不同的终端产品中使用通用模块。为了提高工作效率，保持工艺流程稳定，终端产品的部件，能够以类似批量定制的方式，进行生产和组装。对于这些大规模定制化产品的组装，其工作标准、工作技能和生产工具必须相似"（施托赫，2011年，p.187）。

这些思路对于装配式建筑的实施和推广，具有借鉴意义。通过类似的建筑构件生产策略，对建筑构件进行分类，梳理标准化零部件体系，提高制造和装配效率。为了使制造和装配有更多创造性，必须克服系列化、批量化生产的局限性。在当前工作流程中，引入新的技术手段和技术标准，来提高和适应，如CAD，CAM和CIM等方法。因此，考虑制造和施工策略，确定应用工具和组装原则，对于设计和进一步规划开发的早期阶段必不可少。

项目一体化的设计开发

在过去一个世纪里，现代信息技术的发展带来了生产力和生产技术的飞跃。特别是计算机技术、计算机网络技术的发展，为虚拟制造的发展创造了有利条件。在汽车工业、船舶制造业、飞机制造业中，虚拟产品模型、虚拟设计、虚拟制造，作为常见的设计建造辅助手段广泛应用。虚拟制造技术，作为沟通信信息系统与制造系统的桥梁，为沟通信息系统与制造系统间的"语义鸿沟"，提供了有效的工具和环境。虚拟制造，采用计算机建模与仿真技术，在高性能计算机及高速网络的支持下，通过3D模型或虚拟现实，实现产品设计、工艺规划、加工制造、性能分析、质量检验、成本估算等项目一体化的设计开发。随着以互联网为代表的新一代信息技术作为核心驱动力，将引发产业变革，势必加速从图纸、工作模型、虚拟制造到智能制造的转变，而且这种转变势不可挡。虚拟技术被广泛使用于模拟、测试、预测对象，或物理系统的行为（安德烈索斯和佩雷斯－普拉特，2000年，p.27）。

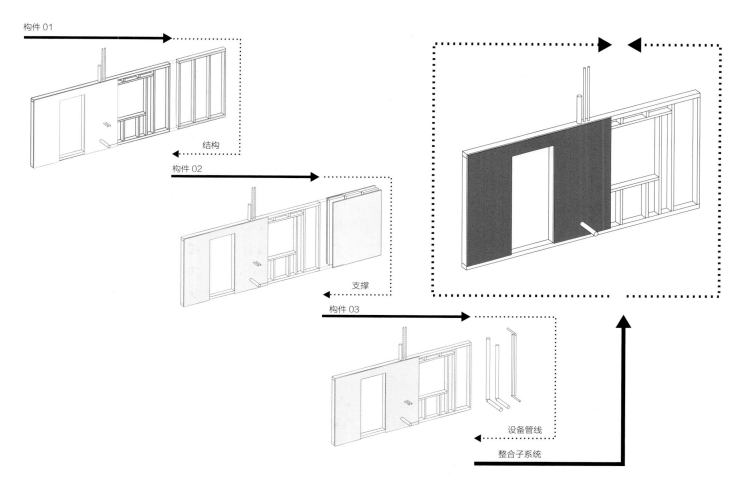

构件 01

结构

构件 02

支撑

构件 03

设备管线

整合子系统

图 6.1.18　木制框架结构墙体的示意图，其中包括木结构框架、墙板和集成设备线槽等。
资料来源：尤塔·阿尔布斯，2014 年

与实体工作模型相比，虚拟技术实施，节约了大量的人力、物力，使一体化设计、生产过程快速适应，并达到更高的效率和质量标准。当然，随着设计和规划过程复杂性的增加，有必要明确协调和管理所有参与方，共同推动项目一体化设计、开发策略的完善。

优化策略与自动化应用潜力

通过对汽车、船舶制造和航空工业领域中，工艺流程、

制造装配原则、组织管理策略等方面的研究和评估，特别随着新一代信息技术与制造技术的融合发展，制造业产业链呈现智能化发展趋势，对于数据交换和信息技术提出了更高的要求。

推进汽车工业、船舶制造业和航空工业的智能化发展，是一个长期的、渐进的、持续的系统工程，需要以现代信息技术手段为支撑，以精益生产方式为引导，通过严密的体系架构和完善的工作流程，全面提升制造业生产水平。这些行

业，需要根据自身特质、产品和工艺特点，不断完善供应链网络，搭建数据信息平台，积极开展定制化生产和虚拟制造技术的应用，培育新型生产方式，积极应对智能化发展和智能制造的需求。这些工作的总体目标是，不断提高生产效率，全面提升企业研发、生产、管理和服务的智能化水平，特别是提高制造和装配环节的工作效率。因而，对建筑业现有生产体系进行梳理和总结，并进行相应的优化升级，以适应外部快速变化的环境，推动行业的持续发展。

目前，建筑业对于蓬勃发展的信息技术、基于数据的制造业智能化发展，以及数据信息平台缺乏足够的重视。其他工业领域的经验表明，完善供应链网络、推动一体化设计和批量定制，对于建筑项目顺利实施至关重要。批量定制，对于预制建筑行业而言，既能发挥自动化制造的优势，又能根据场地条件、使用功能以及业主要求，建造差异化、个性化的建筑。在这方面，汽车工业给我们提供了很好的案例。众所周知，汽车底盘是汽车重要组成部分，底盘的作用是支撑、安装汽车发动机及其各部件、总成，形成汽车的整体造型，可以说底盘系统是汽车的基础。设计之初，需要对底盘框架结构、各子系统、及相同型号系列产品的更新换代，进行综合考虑。在相同的底盘架构基础上，根据不同配置，安装不同的车载设备和其他装置，这些设备均为标准化产品。随着智能设备的普及和定制化需求的增加，汽车行业既能保持较高的标准化程度，同时又满足了客户日益增长的个性化要求。

因此，一体化设计和批量定制的核心，在于保证接近批量生产的成本和效率，同时最大限度地为客户提供定制的产品和个性服务。将前文所述的优化策略，引入到建筑构件、部件生产制造环节，对于解决建筑多样性需求与工业标准化生产之间的矛盾，为预制建筑的发展提供了新的研究视角。通过调整和改进工作流程，加强构件和部件的集成化生产，即开发多功能、多用途的构件系统，可以加快装配进程。然而，集成构件结构复杂，增加了制造的复杂性，需要接口和连接区域严格地协调和配合。因此，在生产标准化构件的基

础上，积极拓展多种变形和衍生产品，成为研发的重点。以下案例，通过在建筑节点和细部层面，对标准化构件进行设计，在不增加构件种类的前提下，大幅度提升其组合的多样性，从而在满足不同配置要求的同时，增加设计灵活性，达到多元化产品的目标。图 6.1.18 展示了用于生产多功能组合、墙体的构配件。该墙体以标准的木结构框架为基础，通过预制装配技术，实现了多种功能。该墙体主要由结构木框架、木制底板和集成设备线槽等组装而成。

为最终实现多样化和定制化，模块化构件本身需具备可拓展性。图 6.1.19 展示了钢梁的建造实例。该构件为模块化构件，可以基于标准尺寸模块，生成多种变体。该装置可用在建筑物承重结构、水平桁架和垂直柱内，集成设备管线和管道系统，为楼层布局和建筑物室内空间设计，提供相当高的自由度。

直线型的建筑结构，保持在标准桁架模块的正交网格体系内。为了适应多种建筑造型的变化，以及更大角度的灵活度，扩展连接部位的适应性，将结构柱的研究进一步推进，引入圆柱形轴，并进一步调整连接部位，允许单向旋转。因此，通过技术辅助系统和固定装置等水平支撑，实现各种旋转角度的可能性。通过组件的优化配置，提高了系统的灵活性，实现大跨度和开放空间的多种可能性。然而，纵向和横向支撑体系之间的连接，以及与之相对应的各种连接角度的标准化构件的设计非常重要。

图 6.1.20 展示了旋转连接节点的连接情况。通过正交系统，可调节接合板和相关固定装置的连接。该节点的技术要点包括：

1. 技术系统的纵向一体化整合：以柱为轴，有 20 厘米的交接部分；
2. 旋转节点放置在内侧接合板边缘：接合板连接部分与其有 24 厘米半径的重合；
3. 容差范围：以柱为轴，最小半径为 24 厘米内，允许施工容差和水平支撑的调整。

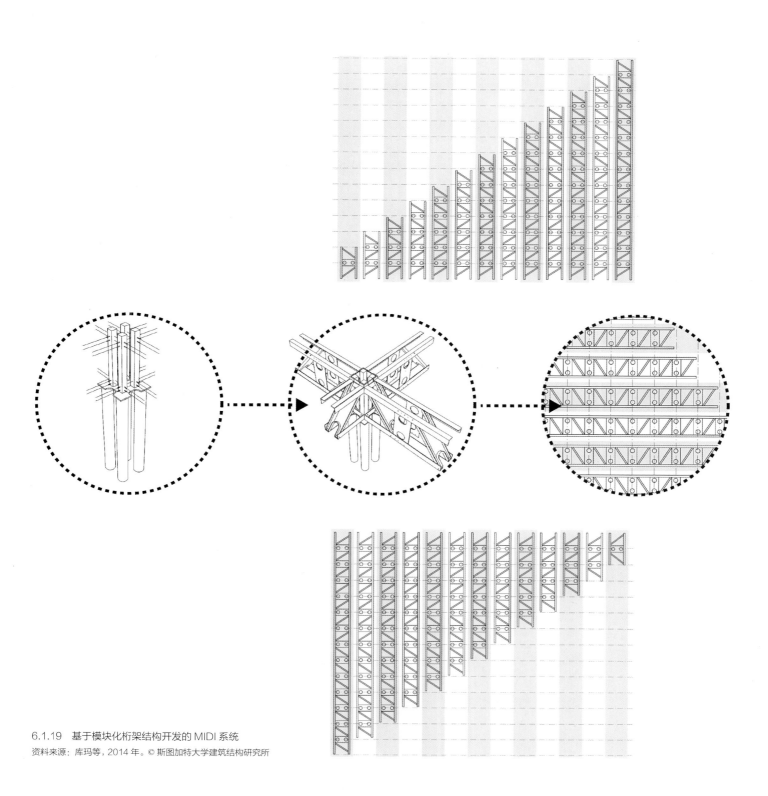

6.1.19　基于模块化桁架结构开发的 MIDI 系统
资料来源：库玛等，2014 年。© 斯图加特大学建筑结构研究所

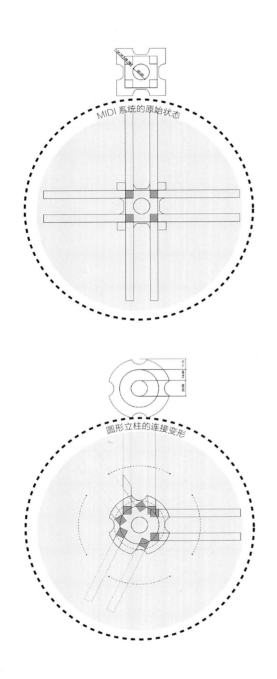

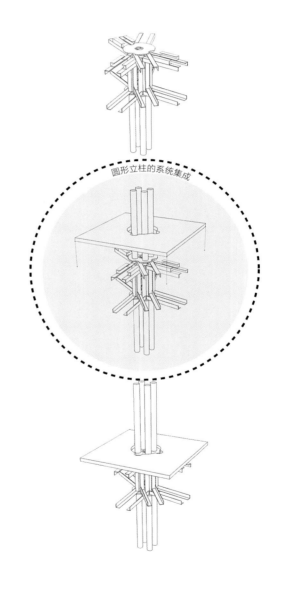

6.1.20 设计开发的标准节点，柱与桁架梁的连接界面
资料来源：库玛等，2014年。© 斯图加特大学建筑结构研究所

6.1.21 圆形结构中的技术系统集成
资料来源：库玛等，2014年。© 斯图加特大学建筑结构研究所

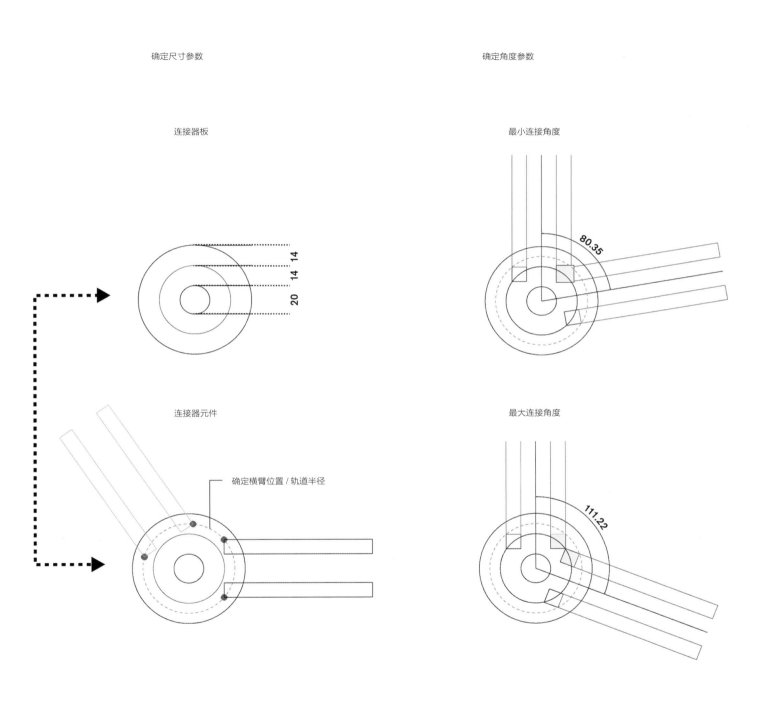

确定尺寸参数

确定角度参数

连接器板

最小连接角度

连接器元件

确定横臂位置 / 轨道半径

最大连接角度

6.1.22

（A）连接器板设计参数的定义；（B）连接器元件的尺寸；（C）连接处桁架之间的最小角度距离；（D）连接处桁架之间的最大角度距离

资料来源：库玛等，2014 年。© 斯图加特大学建筑结构研究所

桁架梁，由 12 厘米 ×12 厘米钢型材组成。因确定了连接构件在连接部位的最小和最大连接角度。最小连接角度为 80.35° 时，不同方向的桁架将汇集于一点（图 6.1.22 C）。如果接头角度超过 111.22°，需要附加两个连接器元件，以确保接头界面的稳定性（图 6.1.22 D）。图 6.1.22 展示了接合板的设计参数和桁架之间的角度关系。

6.2　先进的施工技术

建筑的设计和建造具有相当的复杂性，因为它们共存于相互作用、相互影响的项目周期体系中。虽然，按照进度安排的各项任务，对于项目的成功实施和经济收益非常重要，但并不像其他行业那样，关注被严格规定的交货期限。因为其他行业生产订单一旦下达之后，就已规定了项目的周期，交付的时间节点，并要严格遵守执行。而建筑行业的情况有所不同，设计和建造活动受到多方面因素制约，导致在项目的时间控制方面与其他行业相比有一定欠缺。与近代起步的现代工业相比，建造房屋是人类最早的生产活动之一，可以追溯到上古时期（贝内沃洛，1983 年）。正因为如此，建筑行业从传统模式向工业化制造转变的过程中，面临着新的挑战和要求。这就需要对这一领域的复杂性和关联性，进行透彻的分析和理解借鉴其他行业的工业化解决方案，寻找合适的发展战略，制定切实可行的解决方案。

自动化建造技术

在建筑领域推行自动化建造，不仅涉及建筑师群体，也包括其他相关从业者，如项目策划师、规划师、结构工程师、施工承包商等。长期以来，自动化建造这个话题备受争议。一方面，对于建筑师和规划师来说，建筑被视作一门传统的艺术学科，标准化设计、工厂化生产，以及自动化工具的引入，使他们担忧对传统建筑创作模式产生冲击，担心设计的灵活度和自由度会因此而降低或改变。另一方面，随着信息化管

6.2.1　机器人砌砖机提高建造速度
资料来源：© 澳大利亚法斯特布瑞克公司

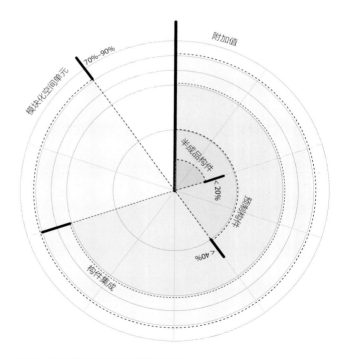

6.2.2　产品附加值和行业规模的关系
资料来源：尤塔·阿尔布斯，2016 年。根据吉尔姆沙伊德和霍夫曼，2000 年

理和智能化应用的实施，以前通行的建造方法需要调整，推动各相关参与方，共同协调紧密配合，保证项目的顺利实施。

　　一般来说，自动化建造受到建筑材料、结构体系、建造流程、组装技术等方面的制约，通过创新策略和建造技术的引入，对于推动建筑领域发展起到积极作用。这就需要对原有的技术体系升级换代，提高施工质量和工作效率，同时提高建筑物的性能。以下章节，将探讨与自动化建造相关的话题，寻找提升自动化建造水平的途径。

自动化水平提升效果

　　通常来讲，提高自动化流程可以直接减少所需的劳动力。在采用工业化流水线生产模式的行业，这种经济优势业已凸显。例如，汽车生产车间的智能机器人，在物联网、云计算的支撑下完成冲压、焊接等繁重的生产任务。在船舶制造工厂，船企机器人按照跨平台数据中心的指令，完成大型钢构件的切割、加工以及表面处理等工作。由于在工作中这些自动化设备的广泛使用，带来了生产效率和产品质量的提升。

　　图6.2.2展示了产品附加值与行业规模之间的关系。虽然自动化生产提高了工作效率和经济效益，但在建筑行业中大量建筑构件的技术含量仍然较低，其中包括预制柱梁、预制楼板等。相比之下，一体化、集成化模式，将建筑物的各子系统和部品构件，通过工厂制造，现场装配，最终集成为一个有机整体，大幅度提高了建筑构件的技术含量，也提升了构件产品的附加值。虽然现代零部件和构件生产已经具备了较高产能，但是集成化、多功能构件的生产能力仍然不足。

　　在施工建造阶段，使用自动化生产设备进行生产和装配等工作，如果构件组装越复杂的话，自动化设备应用就会受到局限，有时需要采用传统的手工模式辅助生产。在这方面，日本住宅行业通过复杂构件产品实例，展示了自动化水平提升带来的变化。在传统的日本房屋建筑中，木

制梁柱连接部位技术难度加大，这些连接部位需要技艺高超的工匠来处理。直到20世纪70年代，只有经验丰富的木匠才能掌握这些技能，在日本各地的木材加工厂从事这种劳动密集型的手工劳动。随着金属连接装置的出现，改进了木构件的连接技术，特别在住宅需求增加，熟练工匠减少的情况下，传统方式已经不能适应现代建筑发展的节奏。伴随着自动化设备和计算机技术在木材加工行业中的应用，经过不断探索自动化设备和传统手工模式的结合，进一步拓展连接节点的研究，促进了更复杂连接方式的出现（松村和村田，2005，pp. 68 ff.）。图6.2.3展示了日本住宅传统梁柱连接处的主要接头方式。

　　通过连接节点的发展可以看到，随着节点结构复杂度的增加，不仅带来了制造流程的复杂度，而且促进了连接部分和连接区域的技术升级，从而推动了整个产品体系的发展。在这种情况下，在保证设计灵活度的前提下，不断改进扩大自动化设备的应用领域，全面提升自动化技术水平，对于装配式建筑的发展，以及对于整个建筑业将起到积极的推动作用。这就引出了下一个问题，是否仅仅依靠使用自动化设备，生产大量标准化构件来提高工作效率，还是要在兼顾效率和成本的前提下，通过对生产策略和产品思路的调整来引领行业变革。

最高效率，最低成本

　　如第5章（"建筑施工中的预制技术"）所述，自动化设备在预制装配式建筑的建造中得到普遍应用。在具有相对可控的生产制造环境，和技术检测手段的预制工厂里，进行装配式构件批量化生产，不同建筑系统和个性化产品在装配式建筑领域不断涌现。虽然技术路线和实施解决的方案各不相同，但都要经过精心设计，考虑效率和成本的关系，兼顾经济效益和技术可行性，同时加强与工业化生产的关联。

　　博克和克莱因在2012的研究报告中指出，自动化施工建造技术在日本和斯堪的纳维亚半岛取得了成功。自20世

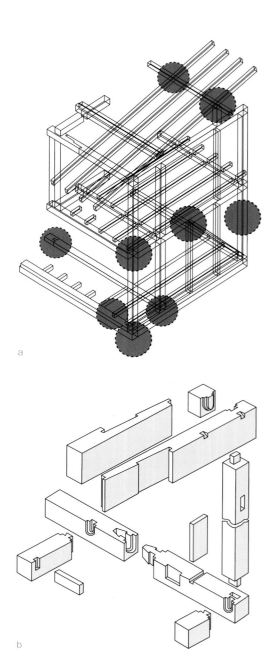

a

b

图 6.2.3
（a）日本住宅的传统木结构
（b）梁柱连接的主要节点形状
资料来源：尤塔·阿尔布斯，2015 年。根据松村和村田，2005 年

纪 80 年代开始，日本建筑业逐步推动预制构件的批量化生产，积极提高装配技术水平，预制装配技术在城市施工中具有显著的优势，不仅解决了建筑工地空间有限的问题，又避免了大型施工设备在施工中的应用。在施工时，首先完成建筑结构体系的建造，然后通过液压设备，将预制构件提升到相应位置进行装配。在建筑围护结构安装之前，已将设备线缆和管线集成到建筑立面构件中（博克和克莱因，2012）。随着装配系统研究的进一步深入，发展了装配式建筑逆向拆除系统，提高了生态环保性能。（J.S. 等，1995，p. 93）。虽然自动化设备和技术的发展，大幅提升了工作效率，但现场施工组织和建造仍需要大量前期准备工作，需要足够的技术储备和资金支持，否则会对项目实施和施工建造产生直接影响。博克和克莱因在 2012 的研究报告提到，通常预制装配式建筑逆向拆卸系统的工作，平均需要 8 天时间。 相比之下，日本鹿岛建设公司于 2008 年开发的类似系统，完成拆卸工作仅需 5 天。当然，为确保该系统能发挥最大的工作效率，建筑高度至少要达到 15 层。 由于地理条件的原因，日本是火山、地震等自然灾害频发的国家，预制装配式建筑逆向拆卸系统，为拆除地震中受损的建筑，以最快速度展开灾后重建工作，提供了可行的解决方案（博克和克莱因，2012）。但伴随着效率的提升，也将带来成本的直线上升。因此，在将先进施工技术应用于装配式建筑时，需要考虑规划策略和设计方法的适应性，以达到最大的应用和推广价值。最重要的是，通过设计和施工相关信息的不断交换，寻找效率和成本的平衡点，以便能够研发出更有价值的技术体系。

批量化定制与类型控制

自动化设备在木材、钢铁、混凝土等传统材料的预制构件生产中，应用较早，也较广泛。随着自动化设备应用范围的不断扩展，近几年砌筑砖墙也开始使用自动砌筑设备（吉尔姆沙伊特和霍夫曼，2000，p. 587）。 自动化设备的应用，也带动了建筑围护结构和一体化集成构件的生产（贝希托尔特，2010）。当然，随着装配式建筑体系日益复杂、先进的预制建造技术和新材料、新技术的推动下不断发展，势必要对现有生产策略进行调整。

装配式建筑的关键在于一体化集成，其核心是将建筑物的各子系统及部品部件，通过工厂制造、现场装配，最终集成为一个有机整体。推行装配式建筑一体化集成设计，应统筹建筑结构、机电设备、部品部件、装配施工、装饰装修等，要统筹考虑建筑各功能空间尺寸、全生命周期的空间适应性等。在设计过程中，要打破传统的专业划分界限，更加注重建筑、结构、机电各专业一体化协同配合。预制装配式建筑的批量化定制策略，是集规划设计、材料研究、技术开发、施工建造于一体的综合性设计生产策略，通过信息化管理工具完成设计、技术与工艺的整合。在这个过程中，通过信息化管理技术，实现生产装配效率的提升。近年来出现的建筑信息模型（BIM），为预制建筑批量化定制带来了新的发展契机（J.S. et al., 1995）。BIM 技术实现了预制生产及现场虚拟建造，优化整体施工组织。通过 BIM 技术搭建的协同工作平台，实现了工作流程的可视化，通过信息管理功能，明确划分工作界面，将生产过程中调和不同客户的个性需求与矛盾，从而实现批量定制的生产目标，带来显著的经济效益。

预制装配式建筑，通过提高装配速度，缩短了施工周期，这和制造业精简供应链，以较少的零配件实现最大工作效率的原则是一致的。为实现多样化和定制化，满足不同需求，要以标准化构件为基础，大力推广通用化、模数化、标准化的设计方式，将设计、生产、建造等各个环节间的衔接技术作为重点，进行一体化考虑。立足于提高生产标准化和现场装配化程度，体现部品部件工业化大生产的优势，在控制标准化构件品种和类型的前提下，大幅提升其形式功能的组合多样性。

下一节，将介绍新的数字技术在一体化集成构件生产中的应用。当然，生产方法取决于所使用的材料和工具。尽管，

一体化集成作为预制装配建筑领域的发展方向，已经非常明确，但建筑行业推进自动化生产和批量化定制的步伐依然缓慢，仍然缺乏持续推动的内生动力。对于其他行业，积极引入先进制造方法是维持行业持续增长的必然选择（Kropik, 2009）。然而，建筑业采用新技术新方法的进展却格外缓慢，除了经济效益是人们担心的一个因素外，推动自动化建造技术的创新体系，离不开创新数字技术的支撑。

数字技术的发展

贝希托尔特在 2010 年的研究中提到，"现代数字技术在施工现场的运用，存在一定的困难和应用瓶颈"。同时他也提到了"预制装配技术与计算机辅助设计／计算机辅助制造（CAD/CAM）紧密结合的重要性"（贝希托尔特，2010, p. 56）。只有通过 CAD/CAM 技术与现有建筑技术相结合，有可能实现个性化设计和工艺改进（贝希托尔特，2010, p. 56）。数字技术在自动化设备中的应用，不仅带来了制造工艺的深刻变革和制造技术的重大飞跃，更带来制造模式的革命。

上一章讨论和评估了目前在建筑业广泛应用的自动化制造工具，总结了这些技术和方法的优缺点，并概述了大规模生产和个性化产品之间的矛盾。在下一节，将通过介绍数字技术在建筑领域的应用，特别从增材制造技术（俗称 3D 打印）的应用状况、潜力及可实施性，研究大规模预制构件生产应用的可行性，以及对新材料技术、智能制造技术带来的突破。

增材制造（3D 打印）

自从 20 世纪 80 年代以来，随着计算机辅助设计的推动，增材制造技术（俗称 3D 打印）在其他行业中得到了广泛应用。3D 打印融合了计算机辅助设计、材料加工成形技术，以数字模型文件为基础，通过软件与数控系统，将专用的金属材料、非金属材料，按照挤压、烧结、熔融、光固化、喷

射等方式逐层堆积，制造出实体物品的制造技术。其技术标准，一般使用"增量制造"这一术语表达其广泛的含义。

20世纪90年代，随着参数化建模技术的出现，进一步丰富了建模手段，提高了实现复杂造型的可能性，进一步拓展了3D打印的应用范围（巴斯维尔，2010，p. 149）。近年来，随着3D打印在建筑领域中的应用，使过去受到传统方式约束，而无法实现的复杂构件的制造成为可能，为造型独特的建筑设计打开了一扇大门。

计算机辅助设计作为3D打印的基础，最初应用于机械零部件模型的快速生成，通过生成与机械制造系统兼容的STL（立体版）文件，应用于与机械加工相关的工艺流程中。计算机辅助设计作为链接产品设计和制造程序的技术手段，实现了零部件加工流程控制。3D打印技术，综合应用了CAD/CAM技术、激光技术、光化学，以及材料科学等诸多方面的科技成果，推动了包括新材料技术、智能制造技术和堆积制造技术的飞跃。通过发展3D打印，将"有助于为设计和建造动态、复杂的形式，提供强大的技术手段，并将材料、结构、形式和性能统一，成为制造和施工过程相互联系和不可分割的因素"（曼格斯，2008，p. 43）。

在3D打印过程中，通过计算机控制不断层叠的原材料，应用特定的工艺分层，生成预先设计的组件。不同工艺的主要区别，在于层叠的方法和使用的材料。3D打印最早应用于工具生产，其中最早的应用之一就是快速成型制模法。从2012年开始，3D打印建筑在全球悄然兴起，3D打印技术在建筑业中的应用是一次巨大的创新，它所引领的产业变革有望成为建筑业未来的方向。目前，在建筑构件的3D打印研究中，主要采用固化、挤出等技术手段，使用的材料有粉末、颗粒、混凝土，或砂浆等。

快速制造

早期的3D打印设备和材料，是在20世纪80年代发展起来的。采用材料分层制造技术的标准术语有：增量制造

（AM）、快速制造（RM）、快速成型（RP）和固体自由成型制造（SFF）（巴斯维尔，2010，p. 150）。美国材料与试验学会将增量制造（AM）定义为，"用三维模型数据，将材料连接起来制造物体的过程。通常是逐层制造与减量制造方法相反"。随着技术的发展，很多增量技术逐渐投入使用。在小型零部件生产方面，通常采用基于激光的工艺，如激光加工选择性激光烧结（SLS）；基于液体原料加工工艺，如立体光刻技术（SLA）。还包括挤压成型工艺，如印刷粉末粘接（3DP）、蜡热喷印刷（Thermojet）和熔融沉积快速成型（FDM）。由于使用材料和层叠的方法不同，这些方法应用的领域也不相同。受技术条件所限，上述增量技术只能在三维坐标范围内，打印尺寸为500毫米的物体，工具和设备的尺寸不能满足装配式建筑构件的生产。如果采用快速制造工艺，制造大尺寸的建筑构件，必须对现有的增量技术进行升级，使其在保持合理生产速度的前提下，增大产品尺寸（巴斯维尔，2010）。

目前，增量技术在建筑领域的应用还处于探索期，尚未大规模商业化。随着3D打印技术在精度、速度和材料质量方面的改进，为3D打印从建模过程的用途转型到制造策略，打开了新的大门。因此，需要采用先进的数字技术与制造流程紧密结合，同时借鉴航空工业中"顺序结构"的工作模式（阿尔特费尔德，2010），通过信息交互和数据传递，改变以装配生产线为代表的大规模生产方式，使产品生产向个性化、定制化转变，实现生产方式的根本变革。

当前，应用于建筑领域的3D打印技术主要有：混凝土打印、轮廓工艺和D型打印。这三种方式都是在CAD-CAM软件控制下，使用工业机器人，反复层叠材料层（如混凝土等），最终将计算机上的三维模型变为建筑实物。混凝土打印技术，是在3D打印技术的基础上发展起来，应用于混凝土施工的新技术。其主要工作原理是，将配置好的混凝土浆体通过挤出装置，在三维软件的控制下，按照预先设置好的打印程序，由喷嘴挤出进行打印，最终得到设计的混

	轮廓工艺	混凝土打印	D 型打印	"佩格纳"技术
工艺	挤压	挤压	3D 打印	3D 打印
模具使用	是（成为构件的一部分）	否	否	否
材料	砂浆材料成型 胶结材料粘接	可在室内打印的混凝土	颗粒材料（砂石粉）	沙
黏合剂	不用（湿材料挤压和回填）	不用（湿材料挤压）	氯化液体	硅酸盐水泥（在水中有活性）
喷嘴直径	15mm	9-20mm	0.15mm	1mm
喷嘴数量	1	1	6/300	不确定
层厚	13mm	6-25mm	4-6mm	不确定
加固	是	是	否	否
材料性能	测试基于 0 度层取向（力施加于打印表面的顶部）			
耐压强度	不确定	100-110MPa	235/242MPa	28.30MPa
挠曲强度	不确定	12-13 MPa	14-19 MPa	14.52 MPa
打印尺寸	>1m 三维	>1m 三维	>1m 三维	>1m 三维
前后处理	每 125mm 竖向加固； 每 125mm 高用胶凝材料回填模具	打印后加固	在沉积前滚压机用很小的力压实粉末以进行下一层。去除未使用的材料	清除未用材料
优点	光滑表面	高强度；最少打印过程；沉积与加固	高强度	
缺点	额外的模具制造； 由于分段回填间隔 1 小时，每部分之间黏结能力弱	打印框限制了打印尺寸（5.4 x 4.4. x 5.4m³）； 过程慢	过程慢； 打印框限制了打印尺寸（5.4 x 4.4. x 5.4m³）； 表面粗糙； 大量材料放置； 去除未使用的材料	

（"佩格纳"技术是纽约伦斯勒理工学院机械工程系的约瑟夫·佩格纳，研发的加法制造的 3D 打印技术，通过蒸汽固化技术加快了大型建筑构件的固体成型。——译者注）

6.2.4　从应用潜力和可实施角度等方面，分析和比较了建筑施工中常见的 3D 打印技术
资料来源：尤塔·阿尔布斯，2016 年。根据利姆等，2012 年

凝土构件。混凝土打印的过程中，在打印构件的表面上会出现台阶效应，表面粗糙不平，不仅影响美观，还可能影响精度，产生误差。为解决 3D 打印在建筑施工过程中的这些问题，美国南加州大学的比赫洛克·霍什内维斯教授提出了轮廓工艺。该工艺包括轮廓打印系统和内部填充系统两部分。其原理是，先进行外部轮廓的打印，之后向内部填充材料，形成完整的混凝土构件。比赫洛克·霍什内维斯分析了这两种方法的优缺点，指出使用计算机辅助工具，来控制轮廓工艺的表现能力，利用优越的表面成型技术，实现平滑、精确的平面和自由曲面（霍什内维斯，2001-a； 霍什内维斯，2001-b；霍什内维斯，2002）。"与其他分层制造工艺相比，轮廓工艺的主要优点是表面质量更好、制造速度更快、材料选择更广"（霍什内维斯，2004，p.6）。

　　虽然，建筑构件的重量和尺寸受到设备条件和配置的局限，但上述两种技术均使用了流质层叠材料，大大增加了设计的自由度。在制作过程中，根据构件造型特点，在需要进行结构加固的位置，预先置入固定、支撑物或支撑系统，加强建筑构件的结构体系。这些辅助手段，需要在设计阶段一并考虑（利姆，2012）。利姆等人在研究报告中，通过材料使用、工具、设备和材料性能等方面技术细节，比较了目前这几种 3D 打印技术的应用潜力。

　　图 6.2.4 展示了近几年在建筑施工中常见的 3D 打印技术。目前，有些技术已应用于实践，有些还处于研究深化阶段。这些技术，展示了 3D 打印技术在建筑领域应用的巨大潜力。在大型建筑构件生产过程中，必须针对不同的建筑材料，采用相应的分层工艺和技术手段，提高构件生产速度和技术含量。利姆等人的研究指出，由于施工条件和建造地点的不同，针对不同的 3D 打印技术，采取不同的现场制作方案。

　　比赫洛克·霍什内维斯的轮廓工艺，有两种打印方法：一种是借助吊架支撑的"龙门机器人"，完成每一层的打印任务，然后把各层叠加起来构建整个房子。但这种方法需要大量的预备场地和一个大型超级机器人。另一种是同时

图 6.2.5
（a）轮廓工艺打印墙体的水平剖面
（b）采用"龙门机器人"建造方案，可实现大尺度构件和房屋建筑施工
资料来源：（a）© 利姆等，2012 年；（b）© 轮廓制作，霍什内维斯 / 美国南加州大学

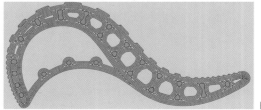

图 6.2.6
（a）混凝土打印样品，可以看到分层结构、表面处理，及预留的设备管道和配筋位置
（b）样品剖面，展示了层厚、层路径，及结构性洞口位置
资料来源：© 利姆等，2012 年

图 6.2.7 采用粉末沉积工艺，以细骨料和胶凝料为材料完成的三维构件
资料来源：© D 型打印，2015 年

使用多个移动机器人协调运作。采用移动机器人方案的优点是，便于运输、安装、并行施工和可扩展设备数量。轮廓工艺打印出来的墙是空心的，其间布置桁架状构造，这样不仅减轻了构件自重，还能在空隙处填充保温材料，成为整体的自保温墙体。同时，预留"梁"与"柱"浇筑的空间，并处理各种基础设施、管道和电气布置。据研究估算，采用轮廓工艺，完成独栋家庭住宅建筑不超过 24 小时。考虑到建筑结构和水暖电等设备的集成等因素，轮廓工艺与传统建造方法相比，可节省 50% 的项目支出（J·加特纳和 D·索卡，2014）。

图 6.2.5（a）和（b）展示了建筑构件的水平截面，通过"龙门机器人"，可以实现大体量建筑产品的生产。混凝土打印成型的建筑构件较重，可以在没有附加支撑材料的情况下，较容易实现几何形状的三维构件。考虑到打印分辨率

对于构件外观的影响，可适当降低打印的速度。水泥基浆体材料混合物的颗粒尺寸，也会对外观产生一定影响。混凝土打印，可以在构件表面打印出肋形结构，便于后期处理（利姆，2012）。图 6.2.6 中展示了英国拉夫堡大学，2012 年在混凝土打印领域的研究进展。

D 型打印是以细骨料和胶凝料为材料，通过粉末沉积原理，提高打印分辨率，完成复杂造型。D 型打印机的底部有数百个喷嘴，可喷射出氯化液体胶凝料，在胶凝料上喷撒细骨料，逐渐铸成石质固体。在每一层打印时，通过黏合物和细骨料的层叠，将涂抹胶凝料压实、抹平等工序，一次成型。建造完毕后，建筑构件比混凝土的强度更高，并且不需要加固装置。目前，这种打印机已成功地建造出内曲线、分割体、导管和中空柱等建筑结构。（利姆，2012，pp. 263 ff.）。图 6.2.7 展示了 1.6 米高的三维建筑构件。

发展展望

虽然 3D 打印技术目前还处于探索阶段，在打印材料、打印方式、打印设备、设计方法、施工工艺和标准体系等方面存在着一系列问题，但是 3D 打印技术为大规模建筑构件生产，提供了潜在的解决方案。通过上述技术细节的介绍，证实了住宅建筑在短期完成施工建造的可行性。图 6.2.4 展示了相关的加工处理要求，并针对工艺类型和材料选择列举了优缺点。

3D 打印建筑技术，具有施工速度快、工期短、施工成本低、材料利用率高、环境污染小等优点。3D 打印技术作为一种颠覆传统的建筑模式，给建筑师提供了更广阔的设计空间，丰富了建筑创作的手法，通过 CAD/CAM 控制技术和自动化设备，将复杂的几何造型以全新的形式呈现。尽管这些技术需要进一步检验，才能获得进一步实践的机会和商业推广价值，但 3D 打印技术在建筑业中的应用是一次巨大的改革创新，它所引领的产业变革有望成为建筑业未来的方向。

7. 技术转化

7. 技术转化

7.1 适用性原则

本章通过对第 6 章所述的其他工业领域制造原则的分析和研究，确定了其在预制装配式建筑领域的适用范围，及在施工建造环节的提升潜力。考虑到其他工业领域的项目阶段划分、产品类型，及交货周期等方面与建筑行业的不同，因而在设计研发、工艺流程，以及最终产品等方面存在的巨大差异，在装配式建筑领域推广与转化这些经验时，需要格外注意。

另外，考虑到建筑系统的复杂性和建筑构件、建筑部品的更新换代，因此要对建筑构件、部品的主要性能，如技术参数、制造标准、材料特性等方面进行及时、准确的评估，并在规划设计阶段，与项目参与方进行充分的信息交换。通过对预制、建造、装配等环节的整体考虑，在确保项目顺利进行的同时，也将对生态、经济、技术等各方面产生积极影响，并能创造出更多的经济附加值。随着全球化速度的日益加快，提高资源利用效率，关注可持续发展等议题，对推动装配式建筑领域的发展具有重要意义。为满足生产制造过程中日益严格的节能环保要求，材料性能的有效发挥及提高使用效率，变得至关重要。

图 7.1 显示了全球资源消耗的概况。其中工业、交通运输和建筑业是资源消耗的重要行业，建筑业占资源消耗总量的 50%（节能产业研究报告，2009）。因此，采取针对性的策略来改变这种状况，已迫在眉睫。

适用性策略分析

正如第六章"制造和装配原则"一节中所述，随着自动化设备在建筑业的逐步应用，推动了建造活动的调整与改变，随着传统建造方式和自动化制造的相互融合，取长补短的发展，带动了生产工艺的优化和建造技术的进步。在这方面，安德烈索斯和佩雷斯－普拉特（2000）明确指出，要统筹调配建造活动的所有资源，协调使用设计建造人员、自动化

设备、工具物料等，要将建造活动进行分解，并合理分配，发挥各生产要素的优势。自动化设备执行相对"低级别"的生产任务，确保构件、部品、组件等产品的精确。同时，转变设计建造人员的传统角色和工作内容，聚焦到设计研发、生产计划制定、生产流程监控、装配建造协调管理等工作内容上（安德烈索斯和佩雷斯·普拉特，2000，p. 6）。

长期以来，由于建筑业生产效率低下，建造流程复杂、冗长，制约了在信息化时代的发展。为推动现代建筑业的发展，必须针对行业弊端，分析和评估规划设计方案，实施标准化建造策略，最大限度地提高工作效率和资源利用率。

在建筑项目全周期过程中，项目能否顺利实施，取决于时间、成本、质量与范围的控制程度。因此，必须在项目开始阶段，明确项目的分工与职责，制定项目的规范和标准，加强项目的协调和沟通，建立信息反馈机制，并根据项目进展状况，对设计和施工环节进行监控和调整，使其满足建筑功能、材料利用、经济收益等多方面的要求。

此外，不能忽视"软性因素"对于建筑项目的影响。所谓的"软性因素"，是指不同的建筑师对于建筑的理解和体验的差异，以及设计思路的不同。从某种程度上来讲，建筑产品的定制化需求，及建筑表现方式的多样性，催生了"个性化"设计的出现。虽然，个性化、多样化的设计建造，制约了"标准化"的生产制造流程，但"个性化"与"标准化"却并不矛盾。图 7.2 展示了影响设计建造的诸多要素。如何将这些要素，与建筑业未来的发展趋势相结合，使其发挥最大功效？这就凸显了项目架构（项目计划编制）的重要性，处理好"个性化"与"标准化"的关系，制定与之相匹配的设计建造方案，确保项目的顺利实施。

因此，寻找"标准化"和"个性化"两者之间的平衡点非常重要。"标准化"不等于单一化，标准化的构件、组件、部品，标准化的模数，标准化的节点，意味着可以以最少的资源，最少的时间，完成最高效的工作。"个性化"不等于自由化，在个性化中存在着不可缺少的标准化。只有在标准

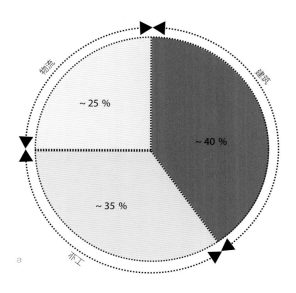

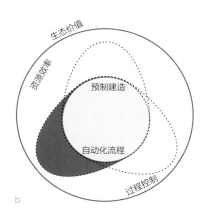
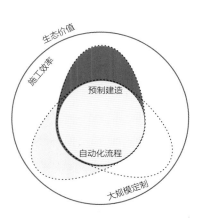
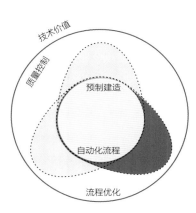

图 7.1　全球资源消耗图表

（a）资源消耗重要行业示意图；（b）在未来发展规划中与生态、经济和技术指标相关的重要因素。

资料来源：（a）尤塔·阿尔布斯，2015 年。根据：节能产业研究，2009 年；（b）尤塔·阿尔布斯

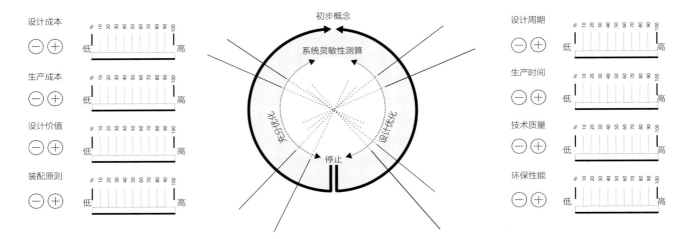

图 7.2　影响设计和建造的重要参数

资料来源：尤塔·阿尔布斯，2016 年

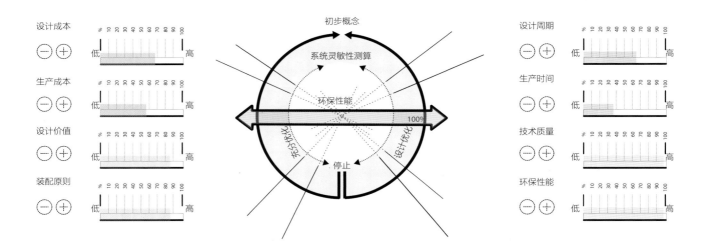

图 7.3　以生态性能为例，展示了与项目实施相关的多种因素。其中，技术性能、材料利用率、可回收性等因素在项目中的排序，将会对项目架构和工作流程产生影响。

资料来源：尤塔·阿尔布斯，2016 年

化的基础上,将标准产品组合拼装,形成多种形式、多种效果,这就形成了多样化和个性化。因此,可以说,"个性化"是呈现的结果和形式,"标准化"是实现的方法和途径。事实上,标准化程度越高,对推动个性化越有利。因此,要针对不同的项目,在开始阶段,制定完善的项目层级架构,明确划分设计建造各阶段的工作内容,推进"标准化"的贯彻执行。

项目架构体现了项目特点,也明确了项目执行过程中,对于节能环保、经济效益等方面的关注。项目架构应围绕这些关注点:确定项目任务、安排项目进度、资金、人员等方面,从各方面保证项目在执行过程中的效率和效益。

在项目架构中,要借鉴工程经济学原理,以项目和流程的评估为核心,以提高项目价值为目的,力求"在项目全生命周期中,以最低成本,实现项目所有功能,同时满足安全可靠和高质量等要求"(ASTM 国际)。图 7.4 展示了在工程经济学原理的指导下,通过改进项目组织模式、建造方法和材料应用,取得了较好的成果。优化项目架构,会对项目实施产生积极的影响,从而推动设计建造的顺利开展,并提高建造技术水平。

图 7.3 展示了项目实施过程中互相关联、相互影响的重要因素。其中,技术性能、材料利用率和可循环回收利用等方面的因素在项目中的排序,将会对设计规划、施工建造的时间、成本等项目架构和工作流程产生影响。因此,在设计规划阶段,要考虑生产制造和装配建造因素。一方面,强化生产制造控制,将对施工成本、产品质量和资源利用率产生

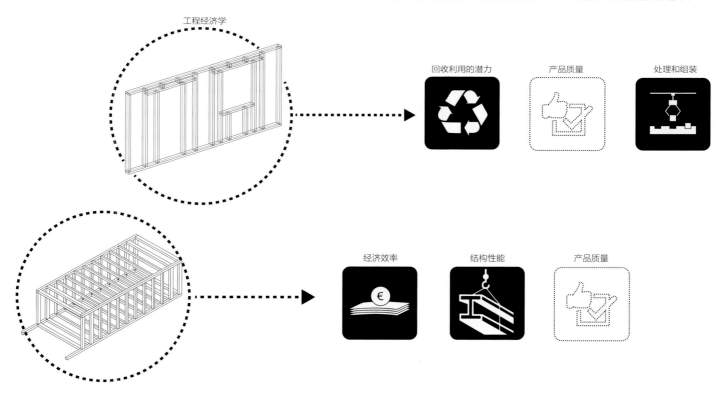

图 7.4　在工程经济学原理的基础上,通过项目组织架构、建造方法和材料应用,取得了较好的成果。

资料来源: 尤塔·阿尔布斯,2016 年

影响，杜绝浪费。另一方面，提高自动化水平，将会优化工作流程。然而，由于项目情况不同，自动化水平的改善、提高需要逐步进行。这对于推动批量定制生产，增加产品种类，提高产品质量，具有重要意义。

与产品制造和生产组织相关的因素

正如在 6.2.1.1 节（"自动化水平提升效果"）中所讨论的，生产组织方式和制造方法直接影响最终产品。在以成本效益为导向的"建筑产品"生产过程中，大批量同种类产品的生产，在降低成本的同时，也导致了比较严重的产品均值化现象（吉尔姆沙伊德和霍夫曼，2000 年，p. 586）。第 6.2.1 节（"自动化建造技术"）介绍了通过应用自动化新技术，提高产品多样性的方法，强调了新技术应用对于建筑业的重要意义。例如，工业机器人可以完成打磨、抛光、切割等一系列木材加工操作，3D 打印技术可使用液体或固体等打印材料进行零部件制作。在过去的一个世纪里，随着装配式建筑的技术进步，不仅丰富了构件、组件、部品产品种类，同时也促进了一体化集成建造技术研究的深入（贝希托尔特，2010）。

尽管由于"建筑产品"复杂程度增加，以及批量定制化，会对某些环节的工作效率产生影响，但随着自动化建造技术和数字技术的应用，带来了工作流程的系统化提升，以及整体效率的提升。因此，为确保经济高效的生产制造，系统化工作流程非常关键（吉尔姆沙伊德和霍夫曼，2000 年，p. 589）。因此，在项目进度管理中，将项目开工到产品交付全过程的生产任务，在整体生产流程中明确划分，并要求严格执行。图 7.5 展示了项目前期阶段的重要步骤及整体流程。（阿尔贝斯，2001）。线性的工作流程，展现了高效快捷的项目进度。随着项目逐步深化，出现的调整和变更，将增加工作流程的复杂度，会对项目进度的连续性产生影响（吉尔姆沙伊德和霍夫曼，2000，p. 589）。如图左侧所示，当工作流程偏离了原本预定的进度管理，需要进行相应的调整。

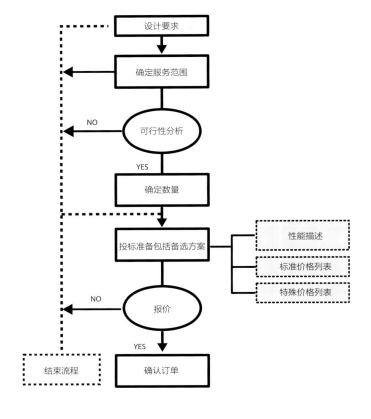

图 7.5 项目前期阶段的整体流程，其中的重要步骤将影响项目进展。
资料来源：尤塔·阿尔布斯，2016 年。根据阿尔贝斯，2001 年

因此，在项目进度管理中，所有参与方都要通过彼此关联的协议，相互约束。项目进度决定了工作流程、生产策略、物料供应等环节，也决定了项目的运行情况（阿尔贝斯，2001）。图 7.6 展示了在项目进程中，项目计划、进度管理、生产效率和客户需求之间的关系。

当建筑材料和生产方法确定之后，相应的产品类型、工作流程也就成型。将构件、部品的生产环节，在工作流程中进行拆分，按照生产计划分解为不同尺度和步骤的零部件生产任务。工作流程中的任何改动，都必须遵守项目进度关于

项目组织与管理

    建筑行业是劳动密集型和资本密集型行业。长期以来，生产效率低下，经常由于出现不可预料的情况，而导致工期滞后，对整个项目进程造成影响。在项目进度管理中，引入信息化技术，保证工作流程中信息及时传递，对提升工作效率和管理协同效率，保证生产进程顺畅，至关重要。（克劳斯·克罗诺；芬格豪斯公司，2014）。因此，提高工作流程的自动化水平，有助于提高生产效率，确保质量标准的贯彻实施。

    为了取得经济效益的最大化，在项目投资决策中，要对每个项目的可行性、技术的先进合理性，以及投资收益率进行评估。（J.S. 等，1995，p. 93）同时，了解项目架构、项目进度管理及相应的工作流程。通过对生产制造设备、操作管理系统的评估，保证在规定的生产周期内完成项目计划。

    因此，将项目任务分配到由自动化设备主导的工作流程中，在项目实施过程中逐步调整，使人工劳动和自动化生产的比重，达到最佳的生产配置，以提高工作效率。与其他行业情况类似，每个环节都要经过反复推敲和调整，才能达到最佳效果。图 7.7 展示了基于计算机辅助设计和计算机应用程序控制的设计制造流程。

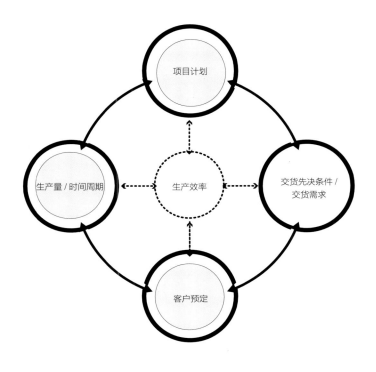

图 7.6　项目进程中，项目计划、进度管理、生产效率和客户需求之间的关系
资料来源：尤塔·阿尔布斯，2016 年。根据阿尔贝斯，2001 年

与先进设备和技术应用相关的因素

    建筑材料和建筑项目的设计建造，总是相互推动、相互促进的。建筑项目的成功实施，离不开建筑材料及相关构件、部品等的合理运用，而设计建造技术的发展，又对建筑材料提出了更高的要求。建筑材料是建筑项目存在的本体，和项目位置有密切联系。受项目所在地环境、气候、生态、经济等多重因素的影响，建筑材料及相关构件、部品的选择，应遵循节能环保、性能最优的原则，重点选择功能复合型和资源节约型建筑材料。这些材料，具有低能耗、多功能、可循环再利用等特征，集可持续发展、资源有效利用、清洁生产

生产周期的规定（阿尔贝斯，2001）。随着装配式建筑的发展，零部件的生产制造也日趋复杂。为避免出现不必要的误差和疏漏，耽搁项目进度，必须重视设计和生产环节（吉尔姆沙伊德和霍夫曼，2000，p. 586）。因此，使用数字化辅助设计工具，在实现复杂造型设计的同时，也改善了工作流程。通过将参数化辅助设计工具生成的设计数据，传输到自动化生产设备，提高了零部件制造精度，保证了项目顺利进行（J.S. 等，1995，p. 100）。

等综合效益于一体，是未来建筑材料应用领域的发展趋势。随着装配式建筑的发展，对建筑材料的生产工艺，对生产设备的改造升级，以及相关构配件生产工艺提出了新的要求。当今，随着数字技术和自动化设备在建筑领域的普及使用，以及人工智能、大数据、工业化机器人在建筑领域应用的逐步增多，功能复合型、资源节约型建筑材料及相关构配件的生产变得越来越简单，装配式建筑所需的集成组件、集成部品的生产，及一体化集成设计生产技术也逐渐成熟。图 7.8 展示了在数字化辅助程序控制下的 6 轴工业机器人进行木材构件生产。

先进设备及技术的适用性

自动化设备，不仅在构配件生产中得到广泛应用，也在装配式建筑施工建造中得到逐渐普及。特别在建筑主体结构和外围护结构的施工过程中，随着自动化设备的使用，提高了施工建造的集成化、智能化水平（尤塔·阿尔布斯，2015）。因此，装配式建筑的施工建造方案，必须确保在现有技术水平的基础上，提高施工建造的信息化程度和自动化水平，为后期的技术进步拓展空间。通过对建筑材料及相关构件、组件、部品等部件研究的深入，特别是预制构件和构件连接部分的研究，将提升零部件的设计生产水平，从而推动集成构件、部件以及一体化集成系统的发展，极大改善现有的施工建造工艺，从而带动预制装配式建筑的发展。

然而，目前建筑业的生产水平仍然较低，大量人工劳动制约了施工现场自动化水平的提升（克劳斯·克罗诺；芬格豪斯公司，2005）。在数字技术蓬勃发展的今天，基于计算机辅助软件和海量数据信息，以及自动化设备的装配式建筑"数字化"产业链，将工厂生产与施工现场实时连接，通过智能交互，实现工厂和现场一体化，以及全产业链的协同，最终将建造过程提升到工业级精细化水平，并非遥不可及。预制行业的设备制造商和运营服务商，已经为行业的发展创

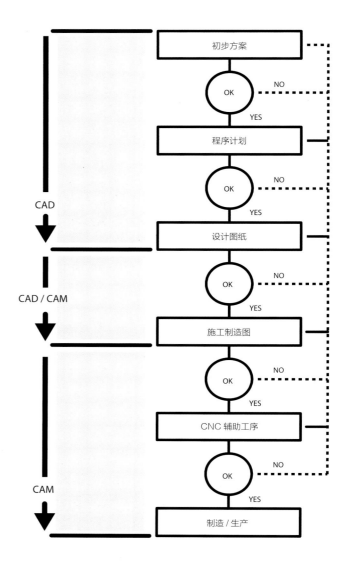

图 7.7　基于计算机辅助设计和计算机应用程序控制的设计制造流程
资料来源：尤塔·阿尔布斯，2016 年。根据阿尔贝斯，2001 年

图 7.8　工业机器人及自动化设备，在数字化辅助设计程序控制下进行木构件生产

资料来源：© 斯图加特大学计算设计研究所

造了良好的外部环境。在大数据驱动下的人工智能，实现虚拟建筑和智能制造相结合，将推动装配式建筑向现代工业化、自动化方向发展。图 7.8 展示了工业机器人及自动化设备，在数字化辅助设计程序控制下，进行木材构件生产，代表了装配式建筑的发展的方向。

当然，在装配式建筑设计、建造过程中，离不开一些劳动密集型的工序。一般来说，墙体抹灰、绝缘处理、板材安装和系统集成等，属于非自动化的工作环节，都需要人工劳动配合完成（图 7.9）。以墙体抹灰为例，虽然墙体底部涂层的处理，可以使用垂直运行的自动喷涂抹灰设备完成，但第二道涂层或面层的处理，几乎需要完全手工操作。

在此背景下，要处理好自动化和非自动化工作环节的关系，在推进自动化标准流程和使用标准化产品的同时，兼顾个性化。自动化工作环节，可以实现与产业链体系的无缝对接。自动化标准流程和自动化设备，对于降低成本，提高生产率，具有重要意义。由于装配式住宅属于典型的定制化项目，根据需要选用功能复合型构件、部件和相应的定制化产品，满足不同使用者的需求，来增加设计的多样性。这就需要采取类似于制造业的成组技术，其内在的产品是建立在标准化基础之上，但外在的表现形式则可能表现出明显的定制化特征。通过零部件的标准接口和模块化的构件，增强产品的灵活性和组合性，确保一体化集成设计和定制化生产策略的实施。图 7.10 展示了门式机器人生产定制木质桁架梁的过程。从设计到制造策略的制定，包括 BIM 技术的应用，都是为了解决标准化和定制化的问题，这些都和自动化标准流程紧密联系。可以说，标准化是定制化的存在前提，定制化是标准化的发展方向。

7 轴门式工业机器人，展示了强大的建筑构件和部件的生产能力。除了可以生产墙板、屋面板、外墙系统等传统建筑构件外，还可以生产集成建筑模块、框架组合结构模块等集成化建筑产品。与普通的 6 轴工业机器人相比，7 轴门式工业机器人可生产尺寸为 48 米 x5.60 米 x1.40 米超大型建

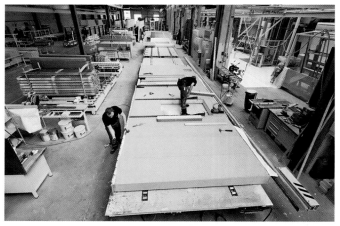

图 7.9　德国芬格预制构件厂的工作人员安装预制外墙构件的支撑板
资料来源：© 芬格豪斯公司

图 7.10　7 轴门式工业机器人进行木质桁架梁的定制生产
资料来源：© 埃内公司，2015 年

筑构件（埃斯帕兹姆公司，2015）。

在建筑构件、组件的生产制造中，使用工业机器人可替代工人，完成单调而又繁重的重复性工作。随着数字技术与工业机器人的结合，实现了设计和制造环节的深度融合，满足了数字化柔性制造的需求。为应对日益复杂的建造要求和客户的不同需求，使用工业机器人可以将标准化系统和组件集成到定制化生产流程中，推动了多品种、小批量生产和定制化生产的顺利开展。

虽然，工业机器人和自动化设备的应用，拓展了自动化工作范围，在建筑结构和建筑外围护结构，仍存在着自动化提升的空间，但机电设备系统和内部装修，仍属于劳动密集型的非自动化工作范畴（尤塔·阿尔布斯，2015）。为逐步提高自动化应用范围，进一步提高工作效率，在设计建造中必须考虑构件、组件、部品的系统化解决方案。吉尔姆沙伊德和霍夫曼（2000）指出，在构件、部件及子系统的制造过程中，随着集成化程度的提高，会出现越来越多的定制化和批量定制化生产，同时会缩减传统生产方式的规模（吉尔姆沙伊德和霍夫曼，2000，p. 588）。

在上一章节的航空工业设计、生产流程中，提到了制造方法与项目预算之间的相互关系，强调了将制造方法和成本纳入设计规划，以及生产流程中的重要性。装配式建筑行业也要在建筑设计概念、建造方案实施阶段，进行一系列的定量与定性评估。定性评估与设计相关的各种因素，提高对项目工艺流程的控制，提升制造工艺的潜力。定量评估，旨在分析劳动强度和工作效率之间的关系，准确估算成本。特别在评估资金投入时，需要充分考虑施工建造阶段自动化设备的应用情况，避免造成工程造价失控。需要说明一点，自动化生产的初始投资、投入和生产运营过程中实际支出和消耗，必须与技术革新和产品多样性增加所带来的预期收益相平衡。

与施工建造相关的因素

如前文所述，计算机辅助设计和 BIM 技术的发展，提高了设计规划能力和解决复杂系统性问题的潜力。曼格斯在 2013 年，介绍了过去 20 年间，从传统的组装生产线向数字化柔性制造的转变。他指出，随着第一代计算机数控设备，如 CNC 机床、CNC 锯和 CNC 细木工机械的使用，带来了建筑业工作效率的提升。当今，随着数字技术和自动化设备的发展与应用，深化了工业机器人的应用领域，不仅提高了生产效率，也带来了生产方式的变化。传统的项目计划模式、工作流程、建造模式，随着工业机器人的应用而发生转变，围绕着自动化工作环节进行了调整。（曼格斯，2013，p. 29）。图 7.11 展示了多轴工业机器人进行木构件制造的状况。工业机器人会根据计算机预先设定的工作程序，直接将产品信息传输到操作终端，经过一系列复杂的生产工序将构件加工成型。通过这个实例，展示了多轴工业机器人超强的制造能力。

当然，工业机器人在大多数建筑项目中还没有得到应用。虽然，不同类型建筑项目的建筑体系、建造流程相差不大，但建筑规模却各不相同。自动化设备的应用，要根据建筑项目的不同情况进行调整。对于传统住宅项目而言，受到建筑体量的限制，制约了自动化设备的应用潜力，不能发挥其应有的作用（尤塔·阿尔布斯，2015）。因此，在建筑规模较小的项目中，建议沿用传统的项目计划模式、工作流程和建造模式。

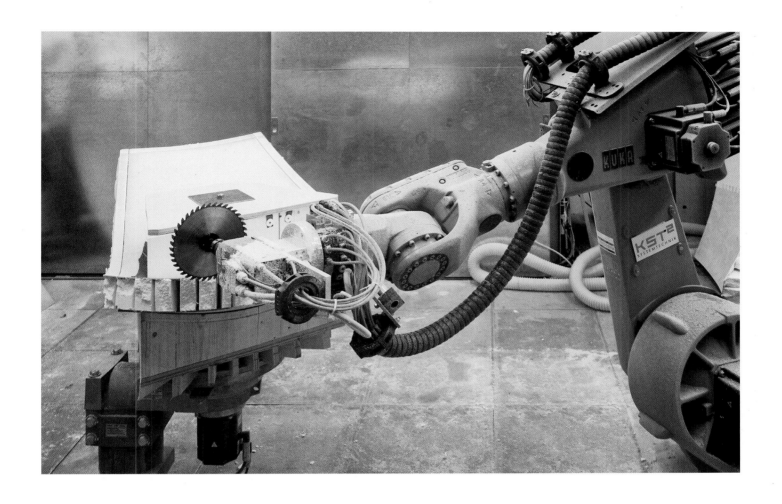

图 7.11 装有圆锯片的 6 轴库卡工业机器人（KR 125/2）对预制木材构件的边缘进行修整

资料来源：© 斯图加特大学计算设计研究所

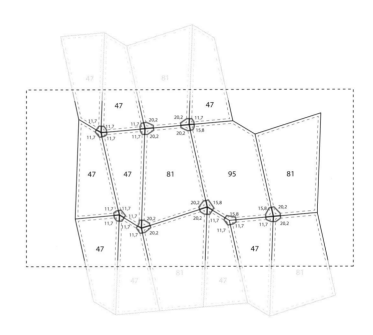

图 7.12 通过标准化接口和系统化构件生产模式，有助于提高生产效率，增加产品类型
资料来源:（a）尤塔·阿尔布斯，2016 年;（b）卡兹拉赫切夫，2014 年。© 斯图加特大学建筑结构研究所

在施工过程中，由于不同工种进场顺序不同，以及施工工序的交接与转换，会对施工的连续性产生影响。通常，项目建设会有大量的参与者，在工作交接环节出现错误的情况时有发生，不仅造成了不必要的工作延迟，导致整体工作效率低下，也使施工过程中出现潜在的工程缺陷。第六章介绍了汽车行业和其他工业制造行业，通过推动零部件标准化生产，完善零部件制造、构件拼装，及整体装配等工作流程，避免了这一问题的出现，提高了生产效率和经济效益。

由于汽车行业产品需求的差异化，以及最终产品的多样性特点，因此，在汽车制造业中，积极推动基于流水线制造

工艺的规模化定制生产。通过产品和工艺流程重组，将产品定制生产转化，或部分转化为零部件的批量生产，从而迅速向顾客提供低成本、高质量的定制产品，因此得到了稳定的经济回报（西格特; 工业生产与工厂研究所，2015）。规模化定制的核心，是产品的多样化和定制化，通过增加个性化定制产品的规模化生产，从而降低成本。由于汽车工业和建筑行业所使用的部件的数量、类型有很大的不同。因而需要不断摸索切实可行的技术措施与解决方案。

除了生产策略的调整外，通过零部件组装体系和构件系统的建立，对零部件族群、产品系列进行分类，针对产品

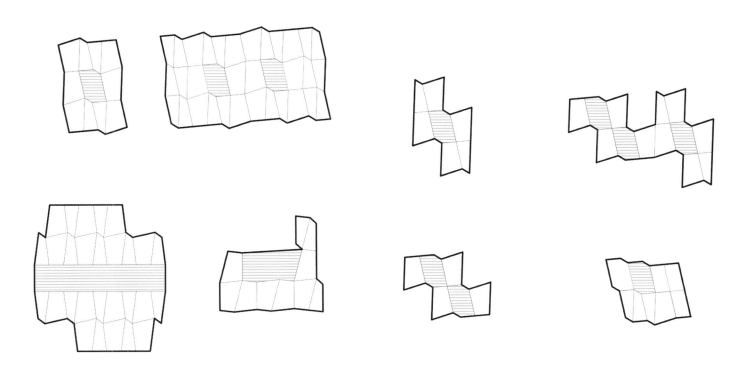

图 7.13　基于预制板的应用研究，为多层装配式建筑施工建造提供了更大的空间
资料来源：卡兹拉赫切夫等，2014 年。© 斯图加特大学建筑结构研究所

相似性、通用性的特点，采用标准化、系列化的方法降低产品制造的复杂程度。这里介绍适用于多层装配式建筑体系的预制板应用实例，展现了应用零部件组装体系，及预制板专用构件系统，在设计建造过程中的重要意义（图 7.12 和图 7.13）。预制板的标准产品是长 8 米的直线型预制板，其他造型的预制板及预制板专用构件，都是在标准产品的基础上进行的二次开发。预制板及预制板专用构件，除满足结构和功能要求外，标准接口和系列化生产方式，不仅丰富了产品类型，同时也增加了设计的灵活性。

　　通过对预制板及预制板专用构件结构系统和造型关系的

研究，将标准尺寸的预制板，根据不同参数和造型原则进行相应的调整，形成相应的预制板产品系列，以满足施工建造的需要。图 7.14 展示了预制板设计、生产的简要过程。首先将标准产品进行几何造型设计，同时根据结构和连接方式进行优化，最后确定预制板的尺寸及组合方式。对标准产品的调整，涉及连接部位的系统化调整，因此在进行调整时，考虑采用拼接组装策略，以提高生产效率。

7. 技术转化

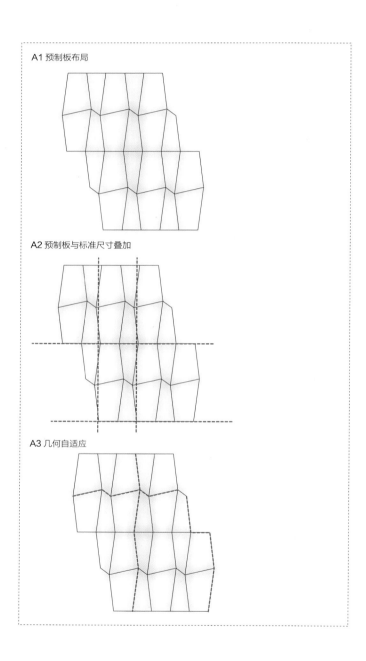

A1 预制板布局

A2 预制板与标准尺寸叠加

A3 几何自适应

图 7.14

（A1-A3）在标准尺寸的基础上，调整预制板几何造型，增加多层装配式建筑结构的多样性。

资料来源：卡兹拉赫切夫等，2014 年。© 斯图加特大学建筑结构研究所

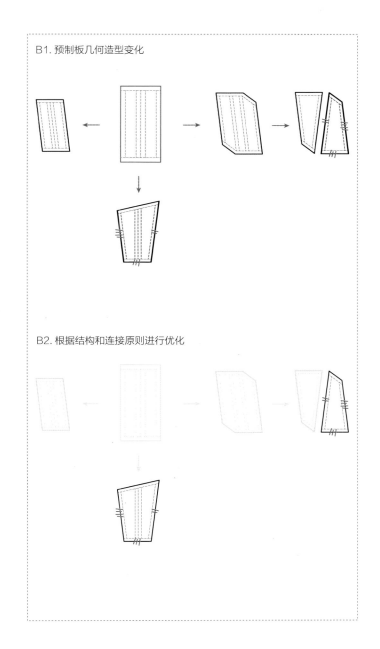

B1. 预制板几何造型变化

B2. 根据结构和连接原则进行优化

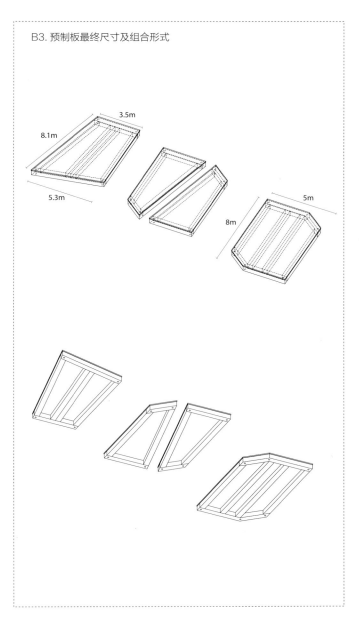

B3. 预制板最终尺寸及组合形式

图 7.14

（B1）预制结构的几何造型和结构组合的定义；（B2）连接原则的定义；（B3）材料的尺寸

资料来源：卡兹拉赫切夫等，2014 年。© 斯图加特大学建筑结构研究所

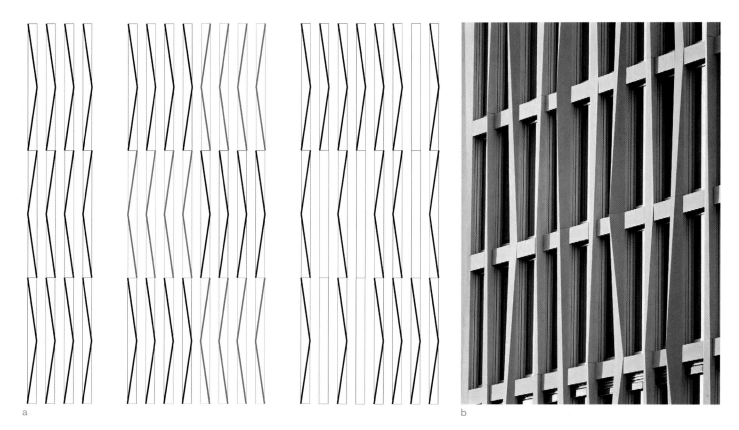

图 7.15 "Tour Total"项目建筑外围护结构
（a）几何造型变化；（b）预制构件安装
资料来源：（a）巴科·莱宾格，2013 年；（b）© 弗尔斯特，J.

设计流程的开发

以标准产品为基础，整合产业链相关产品和要素，完成复杂终端产品的生产策略，已经在其他工业领域得到了广泛应用。这种策略，既能解决市场多样性需求与大规模生产之间的矛盾，又能保证生产企业在成本和效率方面的优势。装配式建筑，通过零部件、构件、部件等不同的产品分类体系，将这些标准产品通过模数协调，在工厂组合成外围护部品、内装部品、设备部品、相关配套部品等子系统，作为系统集成和技术配套的重要组成部分，在建筑体系中应用。对生产技术和产品体系化分类的深入了解，为设计流程的开发提供必要的基础。因此，必须在明确制造方法，评估制造流程复杂程度的基础上，考虑建筑结构、围护结构，以及技术系统之间的相互关联、互相制约的复杂性。正如在 6.1.6 章节（"项目一体化的设计开发"）中所描述的那样，施托赫等人强调"在装配生产中，有效的大规模定制的原则之一是，在不同的终端产品中使用通用模块。"（施托赫等，2011，p. 187）。因此，要在概念设计阶段引入构件／部品系统化设计思路（如部件目录等），积极提高制造效率和装配技术水平。

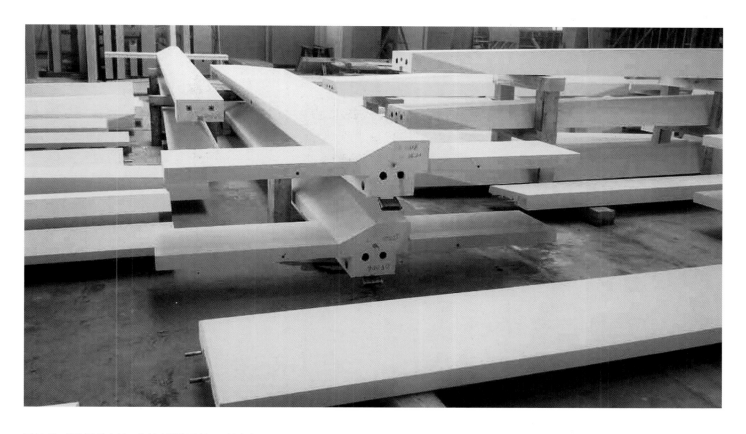

图 7.16　预制构件在位于施托克城的预制工厂的仓库
资料来源：巴科·莱宾格，2013 年

　　为增加设计的自由度，提高工作效率，在一定数量建筑部品的基础上，建立部品目录，通过标准模数和相关参数，控制产品体系的复杂度。在标准化原则的基础上，使用通用模块变形组合为可定制的最终产品，从而推动复杂几何造型解决方案的出现，增加建筑产品的多样性。这些简化的几何造型和通用模块变形，不仅能改变建筑设计和结构体系过于单调的情况，也能降低制造成本，促进简化设计产品的开发和设计流程管理。

　　柏林市中心的 17 层办公建筑"Tour Total"项目的成功实施，将上述思路和方法进行了精彩的阐述和展现。该项目通过参数化辅助设计手段，在数量有限的标准产品基础上，通过预制构件的设计变形，实现了建筑外围护结构几何造型的变化。项目实施过程中，在保证设计灵活度的基础上，将几何造型设计原则在建筑构件生产体系中应用，提高了整体工作效率（巴科·莱宾格建筑师事务所，2013）。当然，数量庞大、造型各异的预制构件，也为项目的实施增添了难度。该项目共使用了 200 种不同造型，总计 1395 个混凝土预制构件。这对以标准产品为基础，整合产业链相关产品，完

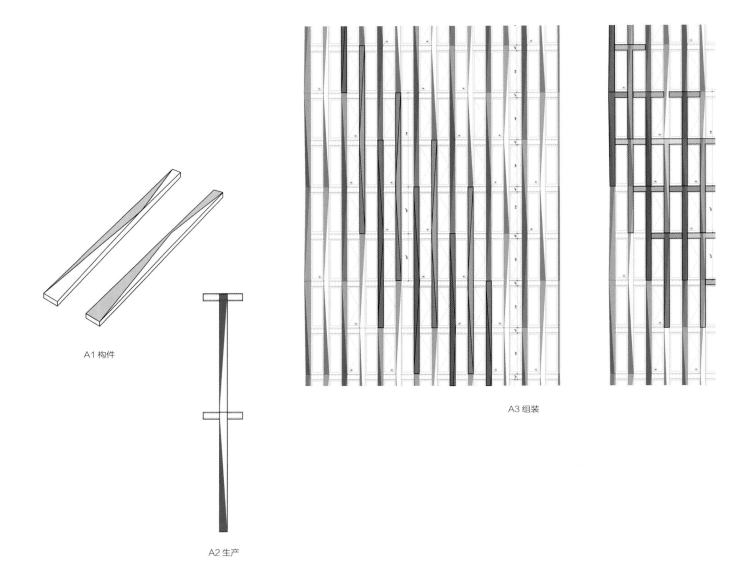

A1 构件

A2 生产

A3 组装

图 7.17 预制构件的制造装配过程
（A1）确定 K 型预制构件及其衍生构件的造型
（A2）制造平行横梁连接构件及垂直 K 型预制构件
（A3）构件组装并完成整体装配
资料来源：巴科·莱宾格，2013 年

成复杂终端产品的生产流程管理和成本控制策略带来挑战。图 7.15（a）展示了建筑外围护结构的几何造型变化，图 7.15（b）展示了建造完成后的建筑外立面效果。图 7.16 展示了预制工厂的生产和库存状况。

图 7.17 展示了预制构件设计生产过程，不仅介绍了标准构件及其他衍生构件的设计原则和制造要点，而且还介绍了构件组装和整体装配思路。建筑外围护结构的波状造型，是通过这些构件叠加组合而成，形态各异的混凝土预制构件，也可以根据设计需要组合出不同的立面效果，丰富了建筑的表现力（巴科·莱宾格建筑师事务所，2013）。在该项目实施的过程中，规划设计与制造装配同步进行，提高了生产制造的效率。但由于受到制造和装配工艺的限制，导致模板重复使用率较低，只是在有限的范围内被回收利用，增加了部分项目支出。

自动化技术提高生态和经济潜力

如前文所述，预制装配和自动化程度的提升，推动了建筑业的发展，但传统的施工模式和建造流程，制约了现代建筑技术的应用。

提高生产流程的自动化程度和数字技术应用水平，对于优化工艺流程，提高施工质量至关重要。与其他行业的情况类似，在项目期限明确的情况下，按照工作进度安排时间表，在规定的项目周期内完成各项工作。因此，将传统制造方式转变为一体化集成设计、生产的工作模式，将大大提高建造效率和经济效益。在这方面，也符合精益生产方式所倡导的，以客户需求为导向，集约化资源利用，以最少的工作创造价值的生产原则。

精益生产以产品制造工序为线索，以整个大生产系统为优化目标，以精益的生产信息化系统、精益的产线规划设计、精益的自动化设备配置为支撑，通过工具自动化，工序自动化，产线自动化，工厂自动化等措施，保证精益生产方法的贯彻执行。因此，在生产过程中，通过不同层次自动化水平

的提升，实现生产的全面精益自动化，对于减少浪费，提高生产效率具有重要意义。

施托赫和利姆在研究中提出，简化建造流程，节约建筑材料和建造时间，减少劳动力和施工设施的投入等举措（施托赫和利姆，1999，p. 128）。其目标在于，通过加强自动化生产的投入，减少生产过程中的无益浪费，为终端消费者创造更多经济价值，以促进经济和生态方面的改善。

图 7.18 由两张示意图组成，分别是装配式建筑流程图和汽车制造业的生产周期各要素分析图。这两张图展示了不同行业从合同签署到最终产品交付的整体流程和重要因素。对于汽车制造业来说，遵守项目时间表至关重要，以避免成本和支出的增加。装配式建筑领域也不例外，也要严格遵守合同规定的生产周期和交货期限。汽车制造业的生产周期，是根据生产线自动化程度决定的，制造商要根据与客户签订的协议，严格地组织生产，并遵守协议规定，按时交货（阿尔贝斯，2001）。其中，也包括管理和组织供应链，协调各级分包商和供应商。一旦违约，或不能在规定时间完成，会对项目的经济收益产生巨大影响。尽管，目前装配式建筑行业的自动化程度有待提高，相信在引入精益生产方式，合理安排生产流程，逐步提升自动化工作环节比重的过程中，会对预制装配行业的发展起到积极的推动作用（克劳斯·克罗诺；芬格豪斯公司，2014）。

7. 技术转化

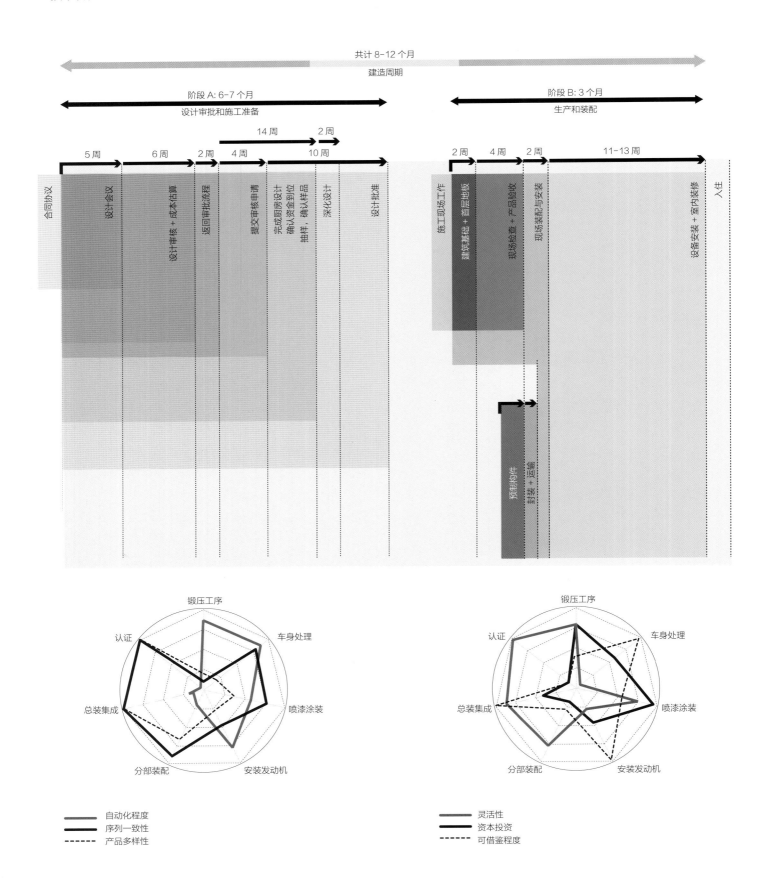

共计 8-12 个月
建造周期

阶段 A: 6-7 个月
设计审批和施工准备

阶段 B: 3 个月
生产和装配

14 周
2 周

5 周　6 周　2 周　4 周　10 周

合同协议

设计会议

设计审核 + 成本估算

返回审批流程

提交审核申请

完成厨房设计
确认资金到位
抽样，确认样品

深化设计

设计批准

2 周　4 周　2 周　11-13 周

施工现场工作

建筑基础 + 首层地板

现场检查 + 产品验收

现场装配与安装

设备安装 + 室内装修

入住

预制构件

封装 + 运输

锻压工序

认证　　　　车身处理

总装集成　　　　喷漆涂装

分部装配　　安装发动机

—— 自动化程度
—— 序列一致性
----- 产品多样性

锻压工序

认证　　　　车身处理

总装集成　　　　喷漆涂装

分部装配　　安装发动机

—— 灵活性
—— 资本投资
----- 可借鉴程度

图 7.18　上图：　装配式建筑项目流程图，包括了项目组织和施工建造等各阶段。下图：汽车制造业的生产周期各要素分析图，根据自动化程度、资金投入、生产灵活性等不同要素，将生产组织次序进行排列

资料来源：尤塔·阿尔布斯，2014 年。根据克劳斯·克罗诺，芬格豪斯公司，2014 年；克罗皮克，马丁，2009 年

技术能力优化

　　自动化设备的使用，对于提升制造水平有着积极的推动作用。随着 CAD/CAM 技术和集成化制造技术的推广和应用，不仅改善了建筑构件、部品的性能，也丰富了施工建造手段。一体化设计策略创新的生产制造方法，提升了高复杂建筑项目的可建造性，也对施工建造方式及施工规范的制定产生影响。考虑到这一点，施工现场的工序变得不再像以前那么重要，这将对施工现场所需的机械设备和工作模式产生影响。当把装配式建筑的大量工作前置，在不受气候条件和周边环境影响的预制工厂完成，不管预制工厂的工作流程是人工劳作，还是自动化设备完成。在确定施工建造流程开始时，对现场工序或非现场工序的界定，也会影响对其优点和缺点的评估。

循环再生能力

　　如前文所述，非现场建造和预制技术，改善了施工过程的管理，以精益建造为基础的装配式建筑，以工程质量和效益为基础，以实现资源节约型、环境友好型的发展为目标。这不仅能够节约能源、资源，还能改善废弃物管理，减少建筑垃圾和环境污染，带来生态环境的提升。实施"设计—分解"策略，对于提升装配式建筑的可持续发展，及生态环保的建筑理念，有着重要意义。装配式建筑的组成是轻质构件，在生产、使用和拆除过程中对环境影响较小，房屋拆除后，分解为不同类型的回收材料。将这些材料再返回到加工生产链中，提高了构件的循环回收利用率，维持了产品生命周期的平衡。图 7.19 展示了适用于欠发达地区的从设计到分解的概念。该建筑系统，通过引入梁柱钢结构体系和轻型墙板，为热带地区提供了低成本的住宅解决方案。

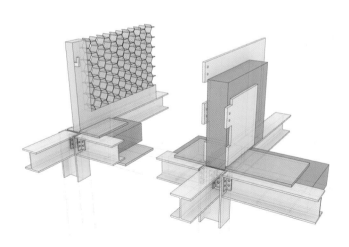

图 7.19　"设计—分解"策略提高预制构件的循环利用率

资料来源：斯拉布尼科，2015 年。© 斯图加特大学建筑结构研究所

7.2 施工建造优化措施

目前的施工建造依然沿用传统方式，需要耗费大量的人力。阿尔布斯等人，通过对于装配式住宅建筑类型的研究，提出了经济适用的综合解决方案。其研究思路是，以预制程度为基础，将建筑主体结构、建筑围护结构、技术服务系统、室内装修等组成部分，进行有针对性的研究。由于装配式建筑的材料选择、技术体系和围护结构方案，因项目类型不同而各异，采用的预制加工思路也有所不同，因此，在研究中将经济可行性作为评估装配式建筑的重要指标。当然，在中高层预制装配式住宅项目中，建筑质量和审美外观也影响了项目的选择。

为了便于进行比较和评估，对现场工序和非现场工序、项目成本和工作周期等信息进行搜集和汇总，建立相应的数据库。图 7.20 通过不同的切入点，对成本分布和工作周期等信息进行了汇总。图 7.21 展示了不同项目阶段的预制装配率。

通过对预制程度和施工方法的比较，将装配式建筑归纳为 10 项指标，包括材料的选择和施工方法的选择等。同时，区分了模块化和单元化结构系统，材料选择包括预制混凝土、木材、钢材，或轻钢结构。模块化建筑系统的最大预制程度，可以达到 80%-90% 不等。当然，对于个别建筑而言，预制程度或许更高。一般来说，建筑围护结构，作为具有较高预制程度的建筑部分，装配率可以达到 60% 左右，建筑结构比例大约 50%，技术服务系统和内部装修的应用相对有限。即使技术服务系统占 40%，室内装修占 50%，但大多数工程还是以传统的建造方式在现场施工，这对于建筑项目的工期和时间管理会有较大影响。

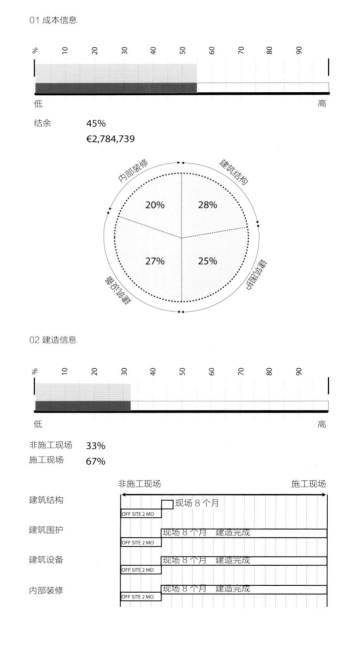

图 7.20　根据（a）成本分布和（b）工作周期对施工地区分类

资料来源：尤塔·阿尔布斯，2016 年。根据阿尔布斯，朵默尔，德莱克斯，2015 年

03 预制程度

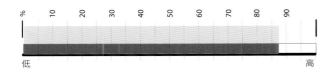

低　　　　　　　　　　　　　　　　　　　　　　　　高

施工现场　　**10%–15%**
非施工现场　**85%–90%**

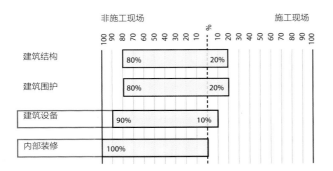

图 7.21　不同项目阶段的预制装配率

资料来源：尤塔·阿尔布斯，2016 年。根据阿尔布斯，朵默尔，德莱克斯，2015 年

相关优化措施

　　经分析研究，通过推动下列施工优化措施的实施，将进一步推动装配式建筑的发展：

- 提高预制率（同时推动批量定制）
- 推动精益建造（减少浪费，包括劳动力、材料、存储空间等）
- 加强对施工过程控制
- 引进先进的施工技术（优化构件制造和加强装配环节）
- 考虑预制构件智能制造策略
- 推进连接部位设计研发，降低连接部位故障率
- 增加构件、部品体系的多样性，提高标准化连接和构件多样化

8. 结论与展望

8. 结论与展望

8.1 结论评估

本章总结相关的研究成果，确定了预制技术和自动化技术，在住宅建筑中应用的潜在策略，同时需要进一步改善和提高施工建造环节。为满足建筑和施工部门不断增长的需求，推动建筑行业发展，应该以建筑工业化为手段，以技术提升为导向，通过规划统筹引领，推动装配式建筑的持续发展。这项研究目的，也是通过展示系统化设计优势，强调制造与建造相互关联的重要性。建筑项目的成功实施，离不开规划设计的指引，以及协调处理与项目实施密切的各种因素，如建筑结构、技术服务系统、材料性能、建筑美学、生态环保等，真正做到一体化设计与自动化建造相结合，推动制造和施工融合发展。

改变设计与建造

前两章介绍了工业领域中先进生产工艺和技术转化的可能性，为确保装配式住宅建筑的发展，提出了改变现行设计、建造流程的思路。如前文所述的工业化预制建造方法，在装配式住宅建筑领域，具有技术转化的潜力和价值。为制定切实可行的实施策略，要把其他工业领域生产方式对预制装配行业的影响进行分析。

系统化的预制装配生产具有显著优势。尽管，目前自动化程度较低，且局限于批量生产（附录表 9.1），但通过改变生产组织模式，保证生产活动及相关工作顺利开展。与汽车、造船和航空工业的制造环境相比较，流程管理为设计和生产的顺利开展提供了保障。通过严格的产品监管和质量控制体系，保证了产品质量和产品性能的稳定性。同时，及时高效的信息反馈机制，也提高了生产效率，并能创造更多的产品附加值。

其他工业领域的自动化生产和智能制造的经验，也会促进预制构件行业的发展。正如第 6 章和第 7 章所概述，随着现代科技的发展，人与机器、机器与机器之间的交互合作，将带来制造领域的创新革命。通过人工智能与机器人的紧密结合，实现任务智能分配，能获得最佳的产品性能。图 8.1 展示了装配式建筑工业化建造流程的组织结构，突出了提高自动化水平和工作效率的领域。

适用于多层住宅项目的原则

住宅建筑的发展和演变，受到政治、经济、文化等多重因素的影响，很大程度上与所在的国家和地区的经济社会发展水平同步。在过去的一个世纪里，全球人口增长对城市发展产生重大影响，带来了城市扩张、人口迁移、农村人口减少等一系列社会发展问题。（德国联邦人口研究办公室，2013）城市化率提高和人口聚集引发的住宅短缺现象，以及人均居住面积增加带来的住宅改善需求，各国政府通过制定相关政策，进行调控和积极应对。建筑行业也要把握住这个机会，积极寻找对策，提高住宅建筑质量，降低建造成本。

推广工业化建造方式，加快建造速度，提高建筑密度，已成为建筑行业应对住宅问题的共识。这项研究工作的重要目标之一就是，在保证设计多样性的基础上，通过系统化的设计建造方法，充分挖掘工业化建造和制造行业的潜力。根据项目架构和实施方案，通过建筑类型学的分析方法，对建筑类型、建筑材料、建造方式进行评估，明确生态、经济和技术发展目标，从而推动建造方式的创新和建筑技术的革新。

图 8.2 展示了依据建筑材料的生态性能、经济可行性和技术质量等多方面指标，所评估的结果。这些评估是基于黑戈尔等人设定的典型结构部件的参数进行的。其中，选用的建筑材料分别是结构钢（S235 / 960）、木材（KVH），和

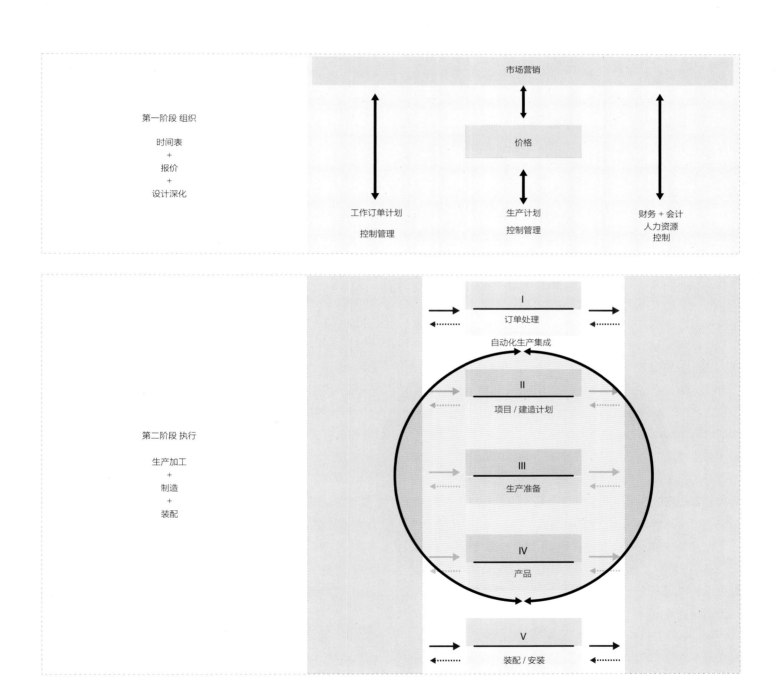

图 8.1 工业化建造流程的组织结构，突出了提高自动化水平和工作效率的领域

资料来源：尤塔·阿尔布斯，2016 年。根据阿尔贝斯，2001 年

混凝土（C30 / 37）等。通过上述评估，进一步明确建筑材料的潜在应用范围，有助于选择适用的施工方法。

随着人们对于可持续性发展和资源利用率关注度的日益增强，节能环保建筑材料的应用技术研究也日益深入。技术进步带来了建筑性能的提升，也进一步提高了建筑构件和建筑品质。前面的章节，介绍了以木材为主要建筑材料的先进建造方法，重点关注了木材在住宅建筑中的应用。随着木材应用研究的进一步发展，木材和其他材料复合应用领域也在不断扩展，不仅提升居住舒适性，也进一步提高了建筑性能。例如，木－混凝土复合构件的研究，进一步提升了建筑隔音性能和防火性能。当然，复合材料的回收利用会对节能环保，以及材料循环使用产生一定影响。但随着木材应用技术的不断发展，以及木材在住宅建筑使用比例的提高，将为住户提供绿色环保、面向未来的建筑解决方案。

混凝土因其坚固耐用且用途广泛，在许多建筑领域中得到应用。制作混凝土的原料来源广泛、制作简单、成本低廉，不仅适合中、低建筑层应用，也适合高层建筑。但在混凝土生产过程中会对生态环境造成一定影响，因此有必要评估混凝土构件在施工过程中的应用范围，并与其他建筑材料的建造方案进行比较。生态因素，在未来评估施工方案的潜能时尤其重要。在这方面，木材建造方案比混凝土建造方案节能环保，可以降低对周边环境的破坏。

钢结构住宅，在欧洲有巨大的市场潜力和潜在商机。前面的章节，介绍了钢结构体系住宅的应用情况，提出了基于构件组合概念的高层建筑应用方案。虽然，钢材在加工制造环节会耗费大量能源，污染环境，但钢材具有较高的回收利用价值，因此具备推广应用潜力。在温度和湿度恒定，气候适宜的条件下，钢结构性能稳定，可作为中低层、低成本住宅的解决方案。但与木材或混凝土结构相比，钢构件需要大量的加固和维护工作，才能作为安全耐用的建筑构件应用，这也是钢材在住宅领域应用的缺陷。

类型学研究与方法论

从建筑行业创新发展的层面上来讲，建筑类型学以及相关方法论的研究，凸显了装配式建筑发展的重要性。系统化的装配式住宅建筑体系的发展，是对传统建造方式的变革，需要对相关的技术方案和工业化建造方法进行分类，评估这些方法的优点和缺点，同时，针对不同建筑材料（木材、钢或混凝土等）研发相应的建筑系统。

在这一背景下，方法论的研究成果作为学术研究工作的一部分，引入到装配式建筑系统研究中，奠定了以材料研究为基础，以单元化和模块化结构为支撑的研究策略。通过对装配式建筑发展历程中不同时期建筑类型的分析和研究，进一步发展满足未来发展需求、面向未来的建筑解决方案。这将涉及建筑体系的调整，其中，包括日益增长的建筑潜力、生态环保要素的优化，以及"拆卸－设计"可循环利用原则的拓展。

本书研究重点，是预制技术和自动化建造技术，在住宅建筑中的应用及建筑类型学的发展。通过建筑材料分类，讨论不同建筑体系对于材料的性能和适用范围的要求，研究系统化建造过程中的优缺点，从而为建筑类型学和方法论的发展制定适当的系统规范。在这方面，瓦西斯曼和格罗皮乌斯的"通用板建筑系统"的研究，推动了单元化建筑体系的发展。该研究通过设计不同角度的三维连接方式，建立相应的构件系统，增强了结构和设计的灵活性，同时提高了零部件生产制造的多样性。因此，该方法与当今和未来住宅建筑的

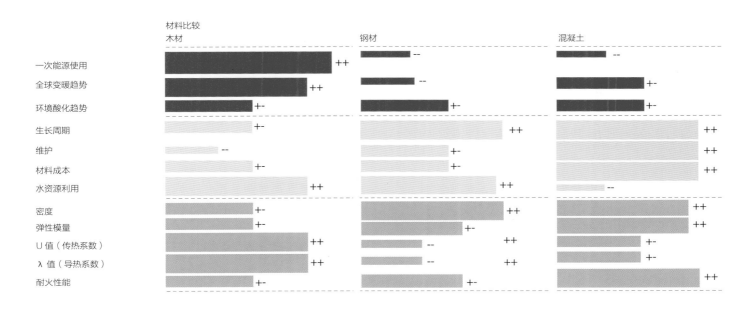

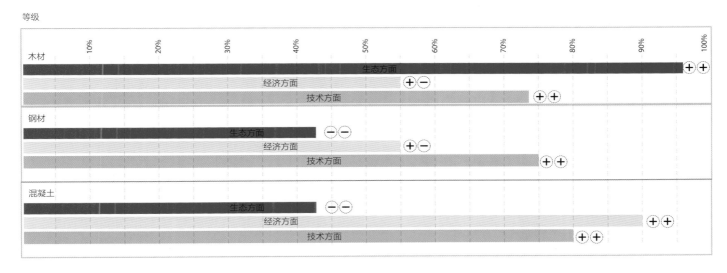

图 8.2　根据生态性能、经济可行性和技术质量对施工材料进行评估，以确定实施区域和施工方法

资料来源：尤塔·阿尔布斯，2016 年。资料和数据依据黑戈尔，2005 年

应用相一致，突出了多功能集成建筑构件的实用性，以及生产和装配的相关优势。图 8.3 展示了该设计的发展情况，概述了定义标准、参数规范和执行方法。

以木材为建筑材料的住宅建筑的优势是显而易见的，为住宅建筑的发展提供了更多的选择和潜在应用范围。在全球资源消耗日益加剧的背景下（第 7.1 节），设计和建造流程的可持续性发展，对建筑行业提出了新的挑战。木结构住宅建筑体系，在初级能源和再生能源利用方面具有显著优势，各国建筑行业纷纷展开相应的研究工作。美国 SOM 公司 2013 年完成的一座 30 层木结构高层建筑项目，不仅刷新了木结构应用的高度纪录，也突破了木材应用的结构极限。

施工过程的整体评价，也是非常有必要的。不仅需要评估资源消耗、制造效率、废弃物排放等生态因素，同时也需要评估建造方案、使用功能、结构类型、建筑材料选用等经济因素。因此，本研究分析和评估了适用于装配式住宅建筑的建筑材料的优缺点，并根据生态性能、经济可行性和技术质量，对钢、轻钢框架和预制混凝土建筑体系进行了评估，将有代表性的建造方法和适用的技术，应用到住宅建筑领域。

当今的预制建造技术

由于建筑材料和建造方式各不相同，预制装配式建筑，必须提高资源利用率和整体生产效率，通过灵活、快速反应的产业链来实现多样化、定制化，以满足日益增长的需求。在 20 世纪 60 年代和 70 年代，使用预制混凝土大板技术，建造了大规模的标准化住宅区，导致城市面貌千篇一律，丧失了所在城市应有的特色。随着混凝土预制技术的发展，要

避免类似情况的再次出现，因此，在保证混凝土构件定制化生产的前提下，增加建筑造型的多样性。在第五章介绍的苏黎世 Triemli 区住宅项目和西班牙圣库加特学生公寓项目中，建筑围护结构的预制构件进行了定制化的设计和制造，既提高了预制装配效率，又在没有大幅增加建造成本的前提下，丰富了建筑表现形式。因此，将装配式建筑分解为预制构件系统及相应的子系统，将大幅度提高造型设计的灵活度和自由度。一方面通过构件相似性原则，扩展构件种类，提高构件产品的丰富性，另一方面通过确定标准构件尺寸体系，提高生产效率。在第七章介绍的"Tour Total"项目的建筑围护结构设计和适用性研发过程中，对构件设计转化方法进行了深入的探讨。这些设计转化方法及原则，在第四章"通用板建筑系统"、"水晶华盖"屋面系统，及第五章"生命周期一号"（LCT One）等项目中，都得到了不同程度的验证，实现了预制建造集成技术不同层次的应用。

对于模块化预制建造技术的发展，在第五章介绍的"THW 学校公寓"和"积水海慕"等项目中，引入基于可变模块单元的建筑系统，通过调整模块的尺寸和结构，增加模块应用范围。在运输和装配的过程中，也必须考虑预制各模块间的尺寸关系，提高建筑的整体稳定性。

在预制建造技术研究的过程中，也评估了其他行业的相关策略，强调了确定预制构件、集成构件系统，对于推动施工建造发展的重要性。然而，先进制造技术的潜力尚未展现，或在预制装配建筑行业尚未得到充分应用。正如第五章"建筑施工中预制技术"得出的结论，目前，预制建造技术的主要优势体现在过程经济中，得益于严格的工艺流程和技术措施，可以在节省时间和成本的同时，提高产品质量和资源利用效率。

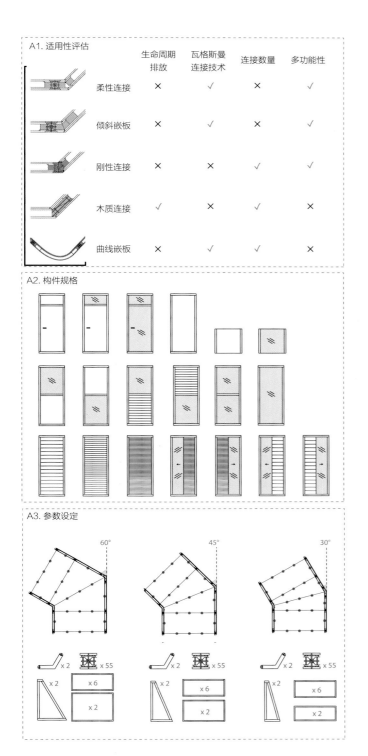

A1. 适用性评估

	生命周期排放	瓦格斯曼连接技术	连接数量	多功能性
柔性连接	×	√	×	√
倾斜嵌板	×	√	×	√
刚性连接	×	×	√	√
木质连接	√	×	√	×
曲线嵌板	×	√	√	×

A2. 构件规格

A3. 参数设定

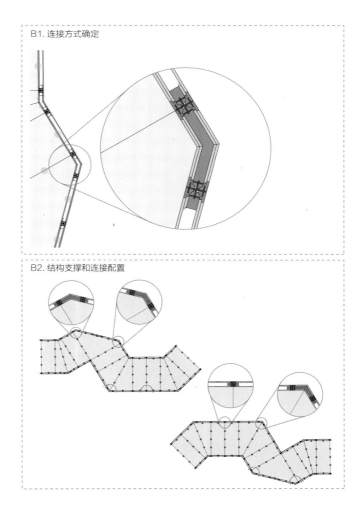

B1. 连接方式确定

B2. 结构支撑和连接配置

图 8.3　在满足零部件生产需求的基础上，开发具有结构灵活性的建筑系统

资料来源：尤塔·阿尔布斯，2016 年。根据贝萨卢和布鲁尼亚罗 2014 年

施工过程技术转化情况

通过对其他工业领域生产状况的研究，将成功经验以技术转化的方式，应用于施工建造过程，将促进装配式建筑的发展。尽管，建筑业和其他工业领域，在自动化应用程度、工作流程管理等方面存在显著差异，但是在生产制造过程的方法评估、调整及转化等策略是一致的。正如第六章"工业领域制造原则"提到的，高度自动化的生产设施，和高效的项目组织及流畅的生产流程，是提升生产力水平的保证。产业链网络，在生产流程中的作用非常重要。管理供应链网络，实现与生产流程的无缝衔接，将有助于提高生产效率。因此，将其他工业领域的策略转移到设计、建造过程中，推动建筑构件及构件系统的标准化工作，将提升建造效率，确保产品质量。在精益生产方法的推广，以及建立供应链网络方面，建筑业发展相较于其他工业领域相对滞后，这也阻碍了新技术和自动化设备的应用。随着数字技术和智能制造技术的逐步发展，建筑业自动化水平提升带来的优势将逐步显现。第六章"先进施工技术"一节中，提出将先进施工技术应用于装配式建筑时，需要考虑规划策略和设计方法的适应性。通过信息管理系统，实现批量化定制和品种控制的生产目标，同时通过设计和施工信息的不断交换，寻找效率和成本的平衡点。图8.4展示了住宅项目实施过程中的重要原则，介绍了相应的规划设计步骤和建造流程。图中将生产和装配环节作为施工建造的主要内容进行介绍。首先，按照建筑结构、建筑围护结构、设备系统等子系统进行分类研究，通过对制约施工建造标准的因素，如建筑层高、建筑布局、标准尺寸等进行评估，在保证建筑承重体系稳定和设计灵活性的基础上，使用预制混凝土、木材和钢材等预制构件和集成组件，满足不同建筑高度对于建造成本和时间周期的要求。批量化生产的预制构件，以及基于标准化体系的预制建筑模块，将进一步提高装配效率，提高预制装配工作的技术含量，改善施工现场装配流程。无论采取何种预制构件或建筑模块，这些产品均应具备较高的使用灵活性，可以在尺寸、重量和技术性能标准化的基础上，进行较低成本的批量化定制生产。当然，要针对不同设计方法和建造策略进行相应的调整。

材料的选择，也和施工建造过程中技术应用的程度密不可分。受技术条件和生态环保等因素的制约，材料的选择对于现行的技术标准也提出了新的要求。例如，木材预制构件，在中低层住宅建筑中应用较为广泛。近年来，高层住宅建筑主要采用以混凝土为主的预制构件，也使用部分钢材、木材等预制构件。在这种情况下，现行的防火、隔音等技术标准需要根据情况进行相应的修订，制定符合组合材料特点的技术标准。

施工建造过程中，通过内部信息反馈体系，将需要调整和改善的生产信息传递到相应的生产制造部门，在改进自动化建造工艺的同时，提升生产效率和产品质量。在这方面，批量化定制生产，符合装配式建筑对于快速制造和提升生产效率的要求。考虑到自动化建造工艺的发展，应以提升质量、降低成本、提高效率为根本目标。聚焦定制化生产流程，应用物联网技术，在生产设备自动化的基础上，通过生产过程中的智能控制，最大限度地提高生产灵活性和产品性能。图8.4展示了住宅项目实施过程中的重要原则。这些原则，对于设计生产环节的相关因素进行了分类和评估，其目的在于提高建造效率和增加建筑灵活度。

在施工过程中，应用其他工业领域的成熟经验，会改

A1 建筑材料

	低增长	中低增长	中高增长	高增长

混凝土框架

混凝土预制墙板

混凝土预制模块单元

木框架

木墙板

木模块

钢框架

钢墙板

钢模块

A1 建筑材料

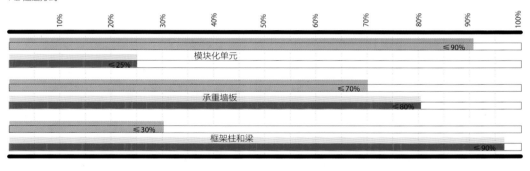

A2 建造方式

10% 20% 30% 40% 50% 60% 70% 80% 90% 100%

≤90%

模块化单元

≤25%

≤70%

承重墙板

≤80%

≤30%

框架柱和梁

≤90%

A1. 体系结构灵活性 ▮▮▮▮   建造效率 ▨▨▨▨

A3 生产制造

10% 20% 30% 40% 50% 60% 70% 80% 90% 100%

≤10%–100% 多阶段生产

序列化生产 ≤100%

A3.1 自动化程度

10% 20% 30% 40% 50% 60% 70% 80% 90% 100%

多阶段生产 ≤100%

≤5% 序列化生产

A3.2 生产灵活度

图 8.4 住宅项目实施过程中的重要因素和设计建造原则,以确保经济可行性、生态性能和项目技术水平

资料来源:尤塔·阿尔布斯,2016 年

变设计和建造之间的数字技术缺乏连续性，以及供应链欠
缺整合的现状。同时，也将对项目的组织架构和物流运输，
产生积极影响。在汽车、造船和航空工业中，通过数字技
术开展虚拟设计和模拟生产，改变了传统的设计生产模式。
如第六章和第七章所述，随着数字技术和智能制造设备在
建筑业中的应用，带来了建筑业的技术变革。特别是以数
字技术为基础，集成设计、建造、运输等项目全过程的数
字信息模型，和虚拟建造技术的发展，促进了设计与施工
管理一体化的发展。随着过去 30 年间建筑业自动化水平
的提升，工业制造使用的数控机床在建筑业得到了广泛应
用；随着工业生产自动化和智能化水平的提高，生产系统
的集成能力不断增强，能完成超大型建筑构件和部品的生
产。因此，根据设计和建造的需要，通过先进的数字技术，
将不同的设计软件和自动化生产设备进行连接，通过及时
有效的数据交换，保证了设计和制造的紧密联系。虽然，
目前在设计施工一体化过程中，缺乏连贯性的问题仍有待
解决，但已经极大地改善了原有的设计生产模式，提高了
设计变更的灵活性和设计制造的信息交流体系。因此，建
筑设计的自由度、技术的适用性，与制造过程的有效性之
间的相互影响，是非常重要的，需要通过不断研究、评估
和调试，以期达到最佳使用效果。

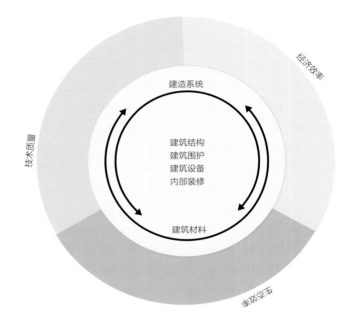

图 8.5　建筑面积与效率参数对住宅建筑可持续设计的依赖性
资料来源：尤塔·阿尔布斯，2016 年

一体化技术方案

第六章介绍了在住宅建筑中，预制工艺和自动化设备的应用前景。为了发挥预制技术的优势，需要针对不同类型的住宅建筑，使用不同的建筑材料，制定相应的建造方案。对于住宅建筑的一体化设计建造来讲，按照建筑集成、结构支撑、机电配套、协同设计的思路，整合建筑材料和建造方式，统一空间基准规则、标准化模数协调规则、标准化接口规则，将建筑、结构、机电等子系统有机统一，既保证每个子系统各自独立又集成整合，实现以建筑系统为基础，与结构系统、机电系统和室内装修的一体化预制装配。在这种情况下，必须连贯地考虑从设计概念到实施的全过程，以确保整体性和连贯性。

实施原则及可行性

为满足设计、生产、装配一体化的目标，必须明确以下实施原则，以便为装配式住宅建设项目的顺利实施，提供必要的技术支持和与之相应的管理模式，确保一体化技术方案实施的可行性：

- 整体建筑设计，确保建筑方案从设计到建造的连贯性；
- 优化标准化设计，利于自动化、规模化生产，确保制造和装配的最佳工艺流程；
- 优化节点设计，研发标准化连接节点，减少连接故障，提高装配效率；
- 集成组件制造，提高系统集成水平，研发、设计相协调的装配技术
- 创新技术体系，研发利于生产和装配的结构设计技术体系，增加设计自由度和建筑表现力；
- 控制建造过程，提高产品质量和工作效率，消除浪费，降低库存；
- 精益生产方式，以"零浪费"和"低消耗"为目标，消除包括人工、物料、能源、库存、生产、物流、装配等所有环节的增值活动，达到降低成本、缩短生产

周期的生产目标；

综上所述，在装配式住宅建筑领域，推行一体化设计建造，应遵循上述原则，将住宅建设全过程的规划设计、生产装配、施工建造等环节，联结为一个完整的产业系统，实现住宅设计建造全产业链整合控制的项目管理模式。在现代设计方法、信息技术和先进制造技术的支持下，根据客户的个性化需求，进行定制化设计，满足不同区域不同层次人群的需求。

8.2 装配式住宅展望

随着时代和科技的发展，装配式住宅发展势必呈现出多样化的趋势。为了最大限度发挥预制装配系统的优势，需要进一步研究与住宅建筑紧密相关的建筑、结构、机电等子系统的技术体系。同时借鉴其他工业领域的经验，开展与子系统相关的部品体系研究，及配套技术的研发，推进集成技术创新，形成"一体化设计 + 工厂制造 + 现场装配"的全新建筑形式。

系统性集成与模块化

装配式住宅的发展离不开建筑、结构、机电等子系统的技术支持。虽然，预制工艺和自动化设备的应用，带来了建筑材料和建造方法的进步，但装配式住宅的发展是系统工作，需要全专业、一体化设计、系统性集成作为支撑。在装配式住宅的发展道路上，模块化发展思路代表了建筑工业化的发展方向。标准化装配式模块是高度预制化的产品，兼具了系统、构件、材料三种要素，具有一体化设计建造的优势。随着集成技术的不断发展，以及技术体系的逐渐成熟，标准化装配式模块必将在装配式住宅领域得到广泛应用。在第五章介绍的西班牙圣库加特学生公寓项目和 THW 学校公寓项目，是预制混凝土模块和预制木材模块，在居住类建筑的应用实例。标准化装配式模块，具有预制生产、物流运输、吊装安装等一系列便捷高效的特点，因而适合在不具备现场施工条件的区域开展施工建造活动。虽然，这些项目在工厂预制环节节约了时间和成本，但在建筑基础、核心筒、设备系统的处理方面，仍然沿用了常规的建造方法，这对整体工艺流程和工作效率的提升产生了影响。因此，系统化集成和模块化，作为装配式住宅进一步深入研究的方向，仍然有很多技术环节需要提升。

8.3 发展目标与前景

住宅建筑的一体化设计建造，将改变现行的施工建造方式。但目前装配式建筑技术系统相对封闭，其重点是标准化构件生产，配合标准设计、快速施工。缺点在于结构形式有限、设计缺乏灵活性，也没有推广模数化。未来装配式建筑的技术发展趋势，将逐渐从封闭体系向开放体系转变，转变的过程必将通过现代化信息交换平台，实现全产业链信息化的管理与应用。信息技术的发展，将直接推动智能制造、智能建造在装配式建筑领域的普及，从而大量减少人工劳动，大幅提高建造效率。

装配式建筑的发展，离不开新材料和新技术的突破。单一建筑材料的物理性能制约了构件和部品的应用，因此要积极拓宽以复合木混凝土结构，复合轻钢结构、钢 / 塑结构等为代表的新型混合构件的应用领域，提升构件质量，从而提高装配式建筑的品质。为实现结构系统的灵活性和设计的自由度，需要积极发展现浇和预制装配相结合的"多功能"联结体系，提高构件利用率，提高装配构件与建筑质量的一致性。在未来装配式建筑发展过程中，需要系统性的考虑设计方法、材料选择及建造方式。装配式建筑从设计、预制、运输、装配到报废处理的整个住宅生命周期中，对环境的影响最小，资源效率最高，使得装配式构件体系朝着安全、环保、节能和可持续发展方向发展。

图 8.6
（上）多轴门式机器人在进行大型桁架梁的自动化制造；
（下）在预制外墙构件上安装玻璃
资料来源：芬格豪斯公司

9. 附录

9. 附录

术语

机构、协会和立法机构

Allgemeine bauaufsichtliche Zulassungen: 德国国家技术认证

BMUB (Bundesministerium für Umwelt, Naturschutz, Bau und Reaktorsicherheit): 德国联邦、自然保护及核能安全部

BDF (Bundesverband Deutscher Fertigbau e.V.): 德国联邦预制装配式建筑协会

BKI (Baukosteninformationszentrum): 德国建筑造价信息中心

Baupreis-Index: 建筑成本指数

C30/37: 混凝土强度30/37

DIBt (Deutsches Institut für Bautechnik): 德国建筑技术研究所

DIN (Deutsches Institut für Normung e.V.): 德国标准化研究所

DIN 1052 (Entwurf, Berechnung und Bemessung von Holzbauwerken): 木结构设计–总则及相关规范

DIN 4074 (Sortierung von Holz nach Tragfähigkeit): 按照强度分类的建筑木材

DIN 4226 (Gesteinskörnungen für Beton und Mörtel): 混凝土和砂浆的骨料

DIN 68364 (Kennwerte von Holzarten – Rohdichte, Elastizitätsmodul und Festigkeiten): 木材种类特性—密度、弹性模量及强度

DIN 68800-2:2012-02 (Holzschutz – Teil 2: Vorbeugende bauliche Maßnahmen im Hochbau): 木材防腐。第2部分：建筑预防性施工措施

DIN EN 197 (Zement – Teil 1: Zusammensetzung, Anforderungen und Konformitätskriterien von Normalzement): Cement – Part 1: 水泥。第1部分：成分、规范及普通水泥的合格标准

DIN EN 844 (Rund- und Schnittholz – Terminologie): 圆木和锯材–术语

DIN EN 1995-1-2 (Bemessung und Konstruktion von Holzbauten – Teil 1-2: 木结构设计和施工。第1-2部分：总则–结构防火设计

DIN EN 13501-2 (Klassifizierung von Bauprodukten und Bauarten zu ihrem Brandverhalten – Teil 2): 按照防火性能分类的建筑产品和建筑类型–第二部分

DIN EN 13986 (Holzwerkstoffe zur Verwendung im Bauwesen – Eigenschaften, Bewertung der Konformität und Kennzeichnung): 建筑木材–特性、标准评价及标识

DIN EN ISO 1461 (Durch Feuerverzinken auf Stahl aufgebrachte Zinküberzüge (Stückverzinken) – Anforderungen und Prüfungen): 热浸镀锌涂层钢铁制品–规范和试验方法

DIN EN ISO 12944-5 (Beschichtungsstoffe – Korrosionsschutz von Stahlbauten durch Beschichtungssysteme – Teil 5: Beschichtungssysteme): 涂层材料–腐蚀防护涂料系统的钢结构第5部分:防护涂料系统

DIN V 18599 (Energetische Bewertung von Gebäuden – Berechnung des Nutz-, End- und Primärenergiebedarfs für Heizung, Kühlung, Lüftung, Trinkwarmwasser und Beleuchtung): 建筑物能源评估–取暖、制冷、通风以及生活热水和照明所消耗的能源，以及最终和一次能源需求。

EN 15804 (Nachhaltigkeit von Bauwerken – Umweltproduktdeklarationen – Grundregeln für die Produktkategorie Bauprodukte): 建筑物的可持续性——环保产品标示——建筑产品分类的基本规则

EnEV 2009/2014 (Energieeinsparverordnung 2009/2014): 2009/2014节能规定

EIS: 后续服务

F 30/60/90: 耐火等级30/60/90 (按照DIN标准划分)

GFA: 总建筑面积

GIA: 室内建筑面积

GWP: 全球变暖趋势

ITL: 轻型结构研究所

KfW: 复兴信贷银行

MDO: 多学科设计优化

NFA: 净建筑面积

NIA: 净室内面积

OEM: 原始设备制造商

QDF (Qualitätsgemeinschaft Deutscher Fertigbau): 德国预制房屋质量标准

REI 30/60/90: 耐火等级30/60/90 (按照EN标准划分)

Statistisches Bundesamt (Destatis): 德国联邦统计局

TPS: 丰田生产系统

WBS 70 (Wohnungsbauserie 70): 基于建筑系统的预制板

WHH GT 18, PS2, M10: 基于建筑系统的预制板

材料列表

CLT: 交叉层压木
GLT: 胶合层压木
NLT: 钉接层压木
RC: 钢筋混凝土
PSL: 平行木片胶合木
S235/S960: 结构钢235/296 (按照EN 10025进行划分，没有确定屈服强度)

应用程序和工具

BIM: 建筑信息模型
CAM: 计算机辅助制造
CAD: 计算机辅助设计
CNC: 计算机数控技术

参考文献

图书

Achterberg, G. and Janik, E. (1979), *Bautechnische und bau-wirtschaftliche Untersuchungen an den Versuchs- und Vergleichsbauten Metastadt*, Hannover, IFB.

Albers, K.-J. (2001), *Moderner Holzhausbau in Fertigbauweise: Aktuelle Werkstoffe, Entwurfsplanung, Konstruktionen, Bauphysik und Haustechnik im Holzbau, Vorteile bei Vorfertigung und Montage*, Kissing, WEKA Media.

Albrecht, S., Rüter, S., Welling, J., Knauf, M., Mantau, U., Braune, A., Baitz, M., Weimar, H., Sörgel, S., Kreissig, J., Deimling, J. and Hellwig, S. (2008), *Ökologische Potenziale durch Holznutzung gezielt fördern: [BMBF-Förderschwerpunkt nachhaltige Waldwirtschaft; Erschließung von Wertschöpfungspotenzialen entlang der Forst- und Holzkette; Verbundprojekt: ÖkoPot; Endbericht; Kritische Prüfung (Critical Review) gemäß DIN ISO 14040 / 14044]*, vTI.

Altfeld, H.-H. (2010), *Commercial Aircraft Projects: Managing the Development of Highly Complex Products*, Farnham, Surrey, England, Burlington, VT, Ashgate Publishing.

Andritsos, F. and Perez-Prat, J. (2000), *State-of-the-Art Report on the Automation and Integration of Production Processes in Shipbuilding*, European Commission, Joint Research Centre, ISIS.

Barkhausen, G. (1891), *Constructions-Elemente in Eisen*, 2nd edn, Darmstadt, Arn. Bergsträsser.

Beim, A., Vibæk, K. S. and Nielsen, J. (2010), *Three Ways of Assembling a House*, Copenhagen, Royal Danish Academy of Fine Arts.

Benevolo, L. (1983), *Die Geschichte der Stadt*, Frankfurt, New York, Campus Verl.

Bergdoll, B., Christensen, P. and Broadhurst, R. (2008), *Home Delivery: Fabricating the Modern Dwelling*, New York, Museum of Modern Art.

Berthiaume, F. and Morgan, J. (2010), *Methods in Bioengineering: 3D Tissue Engineering*, Artech House.

Bock, T. and Linner, T. (2015), *Robot-Oriented Design: Design and Management Tools for the Deployment of Automation and Robotics in Construction*, New York, NY, Cambridge University Press.

Braun, S. (2010), *Intelligent Produzieren: Liber Amicorum*, Berlin, Heidelberg, Springer.

Bunin, A. W. (1961), *Geschichte des russischen Städtebaus bis zum 19. Jahrhundert*, Berlin, Henschel.

Cheret, P., Grohe, G., Müller, A., Schwaner, K., Winter, K. and Zeitter, H. (2000), *Informationsdienst Holz*, Düsseldorf, Arbeitsgemeinschaft Holz e.V.

Cheret, P. (2014), *Handbuch und Planungshilfe: Urbaner Holzbau: Chancen und Potenziale für die Stadt*, Berlin, DOM publishers.

Cheret, P. (2015), *Handbuch und Planungshilfe: Baukonstruktion und Bauphysik*, 2nd edn, Berlin, DOM publishers.

Clayssen, D. (1983), *Jean Prouvé: L'idée Constructive*, Paris, Dunod.

Corser, R. (2012), *Fabricating Architecture: Selected Readings in Digital Design and Manufacturing*, Chronicle Books.

Dederich, L. (2006), *Die Europäische Normung von Holzwerkstoffen für das Bauwesen*, Informationsdienst Holz spezial, Bonn, Holzabsatzfonds.

Dietrich, R. J. (1974), *Metastadt - ein Stadtbausystem: Realisationsstand 1974*, Munich.

Einea, A. (1992), *Structural and Thermal Efficiency of Precast Concrete Sandwich Panel Systems*, University of Nebraska - Lincoln.

Friemert, C. (1984), *Die Gläserne Arche: Kristallpalast London 1851 und 1854*, Munich, Prestel.

Haller, F. (1988), *Bauen und Forschen: Dokumentation der Ausstellung*, Solothurn, Kunstmuseum Solothurn.

Krausse, J. and Lichtenstein, C. (1999), *Your Private Sky: R. Buckminster Fuller; The Art of Design Science*, Baden, Lars Müller.

Giedion, S. (1965), *Raum, Zeit, Architektur: Die Entstehung einer Neuen Tradition*, Ravensburg, Maier.

Gilmore, J. H. and Pine, B. J. (2000), *Markets of One: Creating Customer-Unique Value through Mass Customization*, Boston, Harvard Business School Press.

Ginsberg, W. R. (2011), *Freedom of Information Act (FOIA): Background and Policy Options for the 112th Congress*, Congressional Research Service.

Girmscheid, G. and Scheublin, F. (2010), *New Perspective in Industrialisation in Construction: A State-of-the-Art Report*, Zurich, ETH, Institut für Bauplanung und Baubetrieb.

Green, M. C. and Karsh, J. E. (2012), *The Case for Tall Wood Buildings: How Mass Timber Offers a Safe, Economical, and Environmentally Friendly Alternative for Tall Building Structures*, British Columbia, MgbARCHITECTURE + DESIGN.

Gunther, M. (1994), *The House that Roone Built: The Inside Story of ABC News*, Boston, Little, Brown.

Haller, F. (1974), *Midi: Ein Offenes System für Mehrgeschossige Bauten mit Integrierter Medieninstallation*, Münsingen, Bern, USM Bausysteme Haller.

Hannemann, C. (1996), *Die Platte Industrialisierter Wohnungsbau in der DDR*, Wiesbaden, Vieweg+Teubner Verlag.

Hegger, M. (2005), *Baustoff Atlas*, Basel, Birkhäuser.

Hegger, M., Fuchs, M., Stark, T. and Zeumer, M. (2007), *Energie Atlas: Nachhaltige Architektur*, Munich, Institut für Internationale Architekur-Dokumentation.

Herbert, G. (1984), *The Dream of the Factory-Made House: Walter Gropius and Konrad Wachsmann*, Cambridge, Mass., London, MIT Press.

Herzog, T. and Mangiarotti, A. (1998), *Bausysteme von Angelo Mangiarotti = Construction systems by Angelo Mangiarotti = Sistemi costruttivi di Angelo Mangiarotti*, Munich, Technische Universität München, Fakultät für Architektur, Lehrstuhl für Entwerfen und Baukonstruktion II.

Herzog, T., Natterer, J., Schweitzer, R., Volz, M. and Winter, W. (2003), *Holzbau Atlas*, 4th edn, Basel, Birkhäuser – Verlag für Architektur.

Hix, J. (1974), *The Glasshouse*, London, Phaidon.

Junghanns, K. (1994), *Das Haus für alle: Zur Geschichte der Vorfertigung in Deutschland*, Berlin, Ernst & Sohn Verlag.

Keil, H. and Wilde, C. (2000), *Leidenschaft: Schiffbau: Geschichte und Zukunft im Modell: Begleitbuch zur Expo am Meer*, Hamburg, Koehler.

Kieran, S. and Timberlake, J. (2004), *Refabricating Architecture: How Manufacturing Methodologies Are Poised to Transform Building Construction*, New York, McGraw-Hill.

Koh, H. S. (2015), *From Reading Text to Re-Designing It: Ebook Design Insights from a Mixed Methods User Study of Active Reading*, Bloomington, Indiana, Indiana University; ProQuest, UMI Dissertations Publishing.

Krippner, R. (1999), *Der Systemgedanke in der Architektur: Bausysteme aus Stahlbeton von Angelo Mangiarotti*, Berlin, Ernst & Sohn.

Kropik, M. (2009), *Produktionsleitsysteme in der Automobilfertigung*, Berlin, Heidelberg, Springer-Verlag.

Langenberg, S., Reinicke, T., Bussenius, E., Wirth, A., Spieker, H. and Ebnöther, Y. (2013), *Das Marburger Bausystem*, Sulgen, Niggli.

Linner, T. (2013), *Automated and Robotic Construction: Integrated Automated Construction Sites*, Munich, Universitätsbibliothek der TU München.

May, E. and Klotz, H. (1986), *Ernst May und das Neue Frankfurt 1925 - 1930*, Berlin, Ernst.

Meyer-Bohe, W. (1967), *Vorfertigung: Atlas der Systeme*, Essen, Classen.

Mouland, M. (2000), *The Complete Idiot's Guide to Camping and Hiking*, 2nd edn, New York, NY, Alpha Books.

Naboni, R. and Paoletti, I. (2015), *Advanced Customization in Architectural Design and Construction*, Cham, Springer.

Neder, F. (2008), *Fuller Houses: R. Buckminster Fuller's Dymaxion Dwellings and Other Domestic Adventures*; translated from the French by Elsa Lam, Baden, Lars Müller Publishers.

Nicolai, B. and Schwartz, F. J. (2000), *Jahrbuch des Deutschen Werkbundes 1913: Die Kunst in Industrie und Handel: Wege und Ziele in Zusammenhang von Industrie/Handwerk und Kunst*, Berlin, Gebr. Mann.

Olearius, A. (1959), *Moskowitische und Persische Reise*, Berlin, Rütten & Loening.

Olearius, A. and Haberland, D. (1986), *Moskowitische und persische Reise: Die holsteinische Gesandtschaft beim Schah 1633 - 1639*, Stuttgart, Thienemann Edition Erdmann.

Pawley, M. (1990), *Buckminster Fuller*, London, Trefoil Publications.

Paxton, J., Fox, C. and McKean, J. (1994), *Crystal Palace*, London, Phaidon Press.

Peck, M. (2013), *Atlas moderner Betonbau: Konstruktion, Material, Nachhaltigkeit*, Munich, Institut für internationale Architektur-Dokumentation.

Peters, N. (2006), *Jean Prouvé: 1901 - 1984 ; die Dynamik der Schöpfung*, Hong Kong, Cologne, London, Los Angeles, Madrid, Paris, Tokyo, Taschen.

Peterson, F. W. (1992), *Homes in the Heartland: Balloon Frame Farmhouses of the Upper Midwest*, U of Minnesota Press.

Pine, B. J. (1984), *Maßgeschneiderte Massenfertigung: Neue Dimensionen im Wettbewerb*, Vienna, Wirtschaftsverl. Ueberreuter.

Pine, B. J. (1991), *Paradigm Shift: From Mass Production to Mass Customization*, Cambridge, MA, Sloan School of Management, Massachusetts Institute of Technology.

Pine, B. J. (1993), *Mass Customization: The New Frontier in Business Competition*, Boston Mass., Harvard Business School Press.

Prochiner, F. (2006), *Homes 24: Zukunftsorientierte Fertigungs- und Montagekonzepte im industriellen Wohnungsbau*, PhD dissertation submitted to Technische Uiversität München.

Prouvé, J. and Huber, B. (1971), *Jean Prouvé: Une architecture par l'industrie: Architektur aus der Fabrik: Industrial Architecture*, Zurich, Les Éditions d'Architecture Artemis.

Ragon, M. (1971), *Histoire mondiale de l'architecture et de l'urbanisme modernes*, Tournai, Casterman.

Rhomberg, H. (2015), *Bauen 4.0: Vom Ego- zum Lego-Prinzip*, Hohenems, Bucher.

Safdie, M. and Kohn, W. (1996), *Moshe Safdie*, London, Acad. Ed.

Safdie, M. and Wolin, J. (1974), *For Everyone a Garden*, Cambridge, Mass., London, MIT Press.

Schaumburg-Müller, R. J. (2010), *Three Ways of Assembling a House*, Copenhagen, The Royal Danish Academy of Fine Arts, School of Architecture.

Schmid, T. and Testa, C. (1969), *Systems Building*, Zurich, Artemis.

Schmitt, K. W. (1966), *Mehrgeschossiger Wohnbau: Multi-Storey Housing*, Stuttgart, Hatje.

Seidlein, P. C. v. and Schulz, C. (2001), *Skelettbau: Konzepte für eine strukturelle Architektur: Projekte 1981-1996*, Munich, Callwey.

Smith, E. A. T., Shulman, J., Goessel, P., Loughrey, S. and Loughrey, P. (2009), *Case Study Houses*, 25th edn, Hong Kong, Los Angeles, Taschen.

Smith, L. W. and Wood, L. W. (1964), *History of Yard Lumber Size Standards*, S.l., US Dept of Agriculture.

Staib, G., Dörrhöfer, A. and Rosenthal, M. (2012), *Elemente + Systeme: Modulares Bauen: Entwurf, Konstruktion, neue Technologien*, Berlin, De Gruyter.

Steele, J., Eames, C. and Eames, R. (1994), *Eames House: Charles and Ray Eames*, London, Phaidon.

Sulzer, P. (1995), *Jean Prouve: Complete works. Vol 1: 1917-1933*, Berlin, Wasmuth.

Sulzer, P. (1999), *Jean Prouvé: Oeuvre complète / Complete Works: Volume 2: 1934-1944*, Birkhäuser.

Sulzer, P. and Sulzer-Kleinemeier, E. (1999-2008), *Jean Prouvé: Oeuvre complète / Complete Works*, Basel, Boston, Birkhäuser.

Taschen, B. and Entenza, J. (2014), *Arts & Architecture 1945-1949*, Cologne, Taschen.

Tichelmann, K. U. and Pfau, K. J. (2000), *Entwicklungswandel Wohnungsbau: Neue Gebäudekonzepte in Trocken- und Leichtbauweise*, Wiesbaden, Vieweg+Teubner Verlag.

Vibæk, K. S. (2011) *System Structures in Architecture: Constituent Elements of a Contemporary Industrialised Architecture*, PhD thesis submitted to The Royal Danish Academy of Fine Arts, Schools of Architecture, Design and Conservation.

Wachsmann, K. (1959), *Wendepunkt im Bauen*, Wiesbaden, Krausskopf-Verlag.

Wachsmann, K. (1989), *Wendepunkt im Bauen,* Stuttgart, Dt. Verl.-Anst.

Wachsmann, K. and Burton, T. E. (1961), *The Turning Point of Building: Structure and Design*, translated by Thomas E. Burton, New York, Reinhold Pub. Corp.

Wachsmann, K. and Grüning, M. (2001), *Der Wachsmann-Report: Auskünfte eines Architekten*, Basel, Boston, Berlin,

Birkhäuser.

Wagner, M., Homann, K., Kieren, M. and Scarpa, L. (1985), *Martin Wagner, 1885-1957: Wohnungsbau und Weltstadtplanung: die Rationalisierung des Glücks: Ausstellung der Akademie der Künste 10. November 1985 bis 5. Januar 1986*, Berlin, Akademie der Künste.

White, R. B. (1965), *Prefabrication: a History of its Development in Great Britain*, London, H.M.S.O. for the ministry of technology, Building research station.

Witthöft, H. J. (2005), *Meyer Werft: Innovativer Schiffbau aus Papenburg: 210 Jahre Erfolg beim Bau von Schiffen*, Hamburg, Koehler.

Womack, J. P., Jones, D. T. and Roos, D. (2007), *The Machine that Changed the World: The Story of Lean Production – Toyota's Secret Weapon in the Global Car Wars that Is Now Revolutionizing World Industry*, London, Simon & Schuster.

Zhang, J. (2012), ICLEM 2012: *Logistics for Sustained Economic Development – Technology and Management for Efficiency*, American Society of Civil Engineers.

图书，编写

27th International Symposium on Automation and Robotics in Construction.

Brell-Cokcan, S., ed. (2013), *RobArch 2012: Robotic Fabrication in Architecture, Art and Design*, Vienna, Springer.

Cheret, P., Schwaner, K. and Seidel, A., eds. (2014), *Urbaner Holzbau: Handbuch und Planungshilfe: Chancen und Potenziale für die Stadt*, Berlin, DOM Publishers.

Corser, R., ed. (2010), *Fabricating Architecture: Selected Readings in Digital Design and Manufacturing*, New York, NY, Princeton Architectural Press.

Girmscheid, G. and Scheublin, F., eds. (2010), *New Perspective in Industrialisation in Construction: A State-of-the-Art Report*, Zurich, ETH, Institut für Bauplanung und Baubetrieb.

Ince, C. and Johnson, L., eds. (2015), *The World of Charles and Ray Eames*, London, Thames & Hudson Ltd in association with Barbican Art Gallery.

Braun, S., Maier, W., Zirkelbach, S., eds. (2010), *Intelligent Produzieren: Liber Amicorum*, Springer.

Kind-Barkauskas, F., Kauhsen, B., Polónyi, S. and Brandt, J., eds. (2009), *Beton Atlas: Entwerfen mit Stahlbeton im Hochbau*, Institut für internationale Architektur-Dokumentation GmbH & Co. KG.

Piroozfar, P. A. E. and Piller, F. T., eds. (2013), *Mass Customisation and Personalisation in Architecture and Construction*, London, New York, Routledge Taylor & Francis Group.

Poppy, W. and Bock, T., eds. (1998), *Automation and Robotics – Today's Reality in Construction: Proceedings of the 15th International Symposium on Automation and Robotics in Construction (ISARC)*, Munich, ISARC.

Rhomberg, H., ed. (2015), *Bauen 4.0: Vom Ego- zum Lego-Prinzip*, Hohenems, Bucher GmbH & Co. Druck Verlag Netzwerk.

Roberto Naboni and Ingrid Paoletti, eds. (2015), *Advanced Customization in Architectural Design and Construction*, Springer.

作品集

Kuhlmann, W. (2006), *Zahlentafeln für den Baubetrieb: Mit 62 Beispielen*, 7th edn, Wiesbaden, Teubner.

会议论文集

(2010) *27th International Symposium on Automation*.

(1986) *CIB 5th International Symposium on the Use of Computers for Environmental Engineering Related to Buildings*.

Hauser, G., Lützkendorf, T. and Eßig, N., eds. (2013), *sb13munich Implementing Sustainability: Barriers and Chances*, available at: http://www.sb13-munich.com.

(2006) *The 23rd International Symposium of Automation and Robotics in Construction*.

贡献

Aish, R. (1986), 'Building Modeling: The Key to Integrated Construction CAD', CIB 5th International Symposium on the Use of Computers for Environmental Engineering Related to Buildings, pp. 7–9.

Bechthold, M. (2010), 'A Continuous Challenge in Custom Construction', in Girmscheid, G. and Scheublin, F. (eds), *New*

Perspective in Industrialisation in Construction: A State-of-the-Art Report, Zurich, ETH, Institut für Bauplanung und Baubetrieb, pp. 53–65.

Berger, M., 'Revolutionärer Einsatz Agiler Fertigungssysteme in der Großserienproduktion', in *Intelligent Produzieren. Liber Amicorum*, pp. 21–31.

Bock, T., Linner, T., Eibisch, N. and Lauer, W. (2010), 'Fusion of Product and Automated-Replicative Production in Construction', 27th International Symposium on Automation.

Buswell, R. A., Gibb, A. G. F., Austin, S. A. and Thorpe, T. (2010), 'Applying Future Industrialised Processes to Construction', in Girmscheid, G. and Scheublin, F. (eds), *New Perspective in Industrialisation in Construction: A State-of-the-Art Report*, Zurich, ETH, Institut für Bauplanung und Baubetrieb, pp. 149–159.

Cheret, P. and Schwaner, K. (2014), 'Holzbausysteme - eine Übersicht', in Cheret, P., Schwaner, K. and Seidel, A. (eds), *Urbaner Holzbau: Handbuch und Planungshilfe: Chancen und Potenziale für die Stadt*, Berlin, DOM Publishers, pp. 115–130.

Dederich, L. (2014), 'Mehrgeschossiger Holzbau - gestern und heute', in Cheret, P., Schwaner, K. and Seidel, A. (eds), *Urbaner Holzbau: Handbuch und Planungshilfe: Chancen und Potenziale für die Stadt*, Berlin, DOM Publishers, pp. 38–44.

Furuse, J. and Katano, M. (2006), 'Structuring of Sekisui Heim Automated Parts Pickup System (HAPPS) to Process Individual Floor Plans', The 23rd International Symposium of Automation and Robotics in Construction, pp. 352–356.

Menges, A. (2010), 'Instrumental Geometry', in Corser, R. (ed), *Fabricating Architecture: Selected Readings in Digital Design and Manufacturing*, New York, NY, Princeton Architectural Press.

Menges, A. (2013), 'Morphospaces of Robotic Fabrication', in Brell-Cokcan, S. (ed), *RobArch 2012: Robotic Fabrication in Architecture, Art and Design*; Vienna, Springer, pp. 28–47.

网络文件

Airbus Group (2016), 'Airbus Exceeds Targets in 2015 – Delivers the Most Aircraft Ever', Airbus Group, available at: http://www.airbus.com/presscentre/pressreleases/press-release-detail/detail/airbus-exceeds-targets-in-2015-delivers-the-most-aircraft-ever/ (Accessed 18 January 2016).

ASTM International ASTM E1699 - 14, 'Standard Practice for Performing Value Engineering (VE)/Value Analysis (VA) of Projects, Products and Processes', American Society for Testing and Materials, available at: http://compass.astm.org/EDIT/html_annot.cgi?E1699+14.

ASTM International ASTM F2792 - 12a, 'Standard Terminology for Additive Manufacturing Technologies', American Society for Testing and Materials, available at: http://www.astm.org/FULL_TEXT/F2792/HTML/F2792.htm.

bauforumstahl, 'Brandschutz: Grundlagen und Bemessung', bauforumstahl, available at: https://www.bauforumstahl.de/brandschutz-grundlagen-und-bemessung (Accessed 15 July 2015).

bauforumstahl, 'Korrosionsschutz: Beschichtung', bauforumstahl, available at: https://www.bauforumstahl.de/korrosionsschutz-beschichtung (Accessed 15 July 2015).

BDF Bundesverband Deutscher Fertigbau (2014), 'Planungssicherheit: Preis und Einzugstermin Stehen Fest', BDF Bundesverband Deutscher Fertigbau, available at: http://www.fertigbau.de/ratgeber/10-gute-gruende-fuer-ein-fertighaus/fuer-jedes-portemonnaie.html (Accessed 08.2014).

BDF Bundesverband Deutscher Fertigbau (2014), 'Wirtschaftliche Lage der Deutschen Fertigbauindustrie: 2004 - 2013', BDF Bundesverband Deutscher Fertigbau, available at: http://www.fertigbau.de/bdf/unsere-branche/daten-fakten/2012.html (Accessed 08.2014).

BDF Bundesverband Deutscher Fertigbau (2015), 'Wirtschaftliche Lage der Deutschen Fertigbauindustrie: 2005 - 2015', BDF Bundesverband Deutscher Fertigbau, available at: http://www.fertigbau.de/bdf/unsere-branche/daten-fakten/2012.html (Accessed 09.2015).

Bundesministerium für Ernährung und Landwirtschaft (2016), 'Bundeswaldinventur: Unser Wald - nutzen und bewahren', Bundesministerium für Ernährung und Landwirtschaft (Accessed 03.2016).

Bundesverband Deutscher Fertigbau e.V. (2013),

'Nachhaltigkeit, Holz ist ein dauerhafter Energiespeicher', Bad Honnef, BDF Bundesverband Deutscher Fertigbau, available at: http://www.fertighauswelt.de/holzfertigbauweise/oekologie.html (Accessed 13 September 2013).

espazium AG (2015), TEC21, 'Erne-Portalroboter: Tradition gepaart mit Hightech', espazium AG, available at: https://www.espazium.ch/erneportalroboter-tradition-gepaart-mit-hightech.

Fertighaus.de, 'Definition von Bausatzhaus und Mitbauhaus', available at: http://www.fertighaus.de/nxs/7178///fertighaus/schablone1/Definition-von-Bausatzhaus-und-Mitbauhaus (Accessed 9 January 2016).

Fertighausscout (2011), 'Energie sparen mit Effizienzhäusern', available at: http://www.bautipps.de/news/energie-sparen-mit-effizienzhaeusern.

Forschung für die energieeffiziente Industrie (2009), 'Energienutzung: Verteilung des Endenergieverbrauchs in Deutschland', Bundesministerium für Wirtschaft und Energie, available at: http://eneff-industrie.info/quickinfos/zweitequick/verteilung-des-endenergieverbrauchs-in-deutschland/.

Forum Nachhaltiges Bauen (2014), 'Baustoffe: Ökobilanz Stahl', Forum Nachhaltiges Bauen, available at: http://nachhaltiges-bauen.de/baustoffe/Stahl (Accessed 20 August 2014).

Galerie Patrick Seguin (2016), 'Jean Prouvé Architecture', Galerie Patrick Seguin, available at: http://www.patrickseguin.com/en/designers/architect-jean-prouve/available-houses-jean-prouve/.

J. Gartner and D. Sowka (2014), 'Contour Crafting als Zukunft der Bauindustrie? – Update: US Navy fördert CC', 3Druck.com (Accessed 07/2015).

Kanban Consult, 'Das Toyota-Produktionssystem', Kanban Consult GmbH, available at: http://www.kanbanconsult.de/strategie.htm (Accessed 13 April 2016).

Stahl-Zentrum, 'Roheisen- und Rohstahlerzeugung', Stahl-Zentrum, available at: http://www.stahl-online.de/index.php/themen/stahltechnologie/stahlerzeugung/ (Accessed 24 August 2015).

The Skyscraper Center, 'T30 Hotel', The Skyscraper Center, available at: http://www.skyscrapercenter.com/changsha/t30-tower-hotel/14432 (Accessed 31 August 2015).

United Nations (2013), 'World Population Prospects: The 2012 Revision: Highlights and Advance Tables', New York, United Nations (Working Paper No. ESA/P/WP.228.).

Universität Hamburg, Universität Stuttgart, knauf consulting, PE International (2011), 'ÖkoPot - Planungshilfe Außenwand: Ökologischer Vergleich verschiedener Außenwandsysteme', Bundesministerium für Bildung und Forschung, available at: http://projekt.knauf-consulting.de/oekopot.

Weckenmann Anlagentechnik GmbH & CO. KG (2014), 'Automatisierung in der Betonfertigung' [Online], Dormettingen, Weckenmann Anlagentechnik GmbH & CO. KG, available at: https://weckenmann.com/de/produkte/anlagen/umlauf-fertigung (Accessed 09.2014).

采访资料

Bulmer, Jan; proHolz Schwarzwald, unpublished interview conducted by Jutta Albus in March 2016.

Müller, Franziska; von Ballmoos Krucker Architekten, unpublished interview conducted by Jutta Albus on 7 February 2013.

Mozek, Peter and Arcudi, Pantaleo; Element AG Schweiz, unpublished interview conducted by Jutta Albus in September 2015.

Kaufmann, Christian; Kaufmann Bausysteme AT, unpublished interview conducted by Jutta Albus in September 2014.

Siegert, Jörg; Institut für Industrielle Fertigung und Fabrikbetrieb (IFF), unpublished interview conducted by Jutta Albus in December 2015.

Forster, Ulrich; CREE GmbH, unpublished interview conducted by Jutta Albus on 13 September 2013.

Cronau, Klaus; Finger Haus GmbH, unpublished interview conducted by Jutta Albus on 14 May 2014.

Guth, Jerome; Arcelor Mittal Europe, unpublished interview conducted by Jutta Albus in 2012.

Guth, Jerome; Arcelor Mittal Europe, unpublished interview conducted by Jutta Albus in 2013.

Krug, Tim; Meyer-Werft GmbH & Co. KG, unpublished interview conducted by Jutta Albus on 22 May 2013.

Rudolph, Hermann; Rudolph Baustoffwerk GmbH, unpublished interview conducted by Jutta Albus on 28 October 2015.

Herzog, Lars; Airbus Group, unpublished interview conducted by Jutta Albus in April 2014.

Stefan Behling, unpublished interview conducted by Jutta Albus in August 2012.

Tichelmann, Karsten Ulrich; Institut für Trocken- und Leichtbau (ITL), unpublished interview conducted by Jutta Albus in 2013.

Pfau, Jochen; Institut für Trocken- und Leichtbau (ITL), unpublished interview conducted by Jutta Albus, 24 September 2014.

杂志文章

Allen, S. (1995), 'Architektur in Bewegung - entwerfen am Computer: Designing on the Computer', Arch+, vol. 128.

Barlow, J., Childerhouse, P., Gan, D., Hong-Minh, S., Naim, M. and Ozaki, R. (2003), 'Choice and Delivery in Housebuilding: Lessons from Japan for UK Housebuilders', Building Research & Information, vol. 31, 31(2), pp. 134–145.

Batz, R. (1929), 'Stahlhäuser und Stahlhaus-Siedlungen bei Düsseldorf', Zentralblatt der Bauverwaltung., vol. 26, no. 49.

Bock, T. (1998), 'Robotik im Bauwesen (2): Das Dach wird zuerst gebaut - Automatisierte und roboterisierte Bausysteme', Detail, vol. 6, pp. 9–16.

Bock, T. and Klein, S. (2012), 'Abrissbirne adé: automatisierter Rückbau von Gebäuden: Baurobotik/Hightech',

Informationen Bau-Rationalisierung, vol. 41, 5/6, pp. 16–17, available at: http://d-nb.info/024734527.

Borchardt, A. and Schwerm, D. (2000), 'Modernes Bauen mit Betonfertigteilen: Stand und Entwicklungstendenzen im Hochbau', Beton- und Stahlbetonbau, vol. 95, no. 10, pp. 592–596.

Dietrich, R. J. (1971), 'Metastadt-Bausystem', Kunst und Kirche, edited by Präsidium des Evangelischen Kirchenbautages in conjunction with the Institut für Kirchenbau und kirchliche Kunst der Gegenwart at the Philipps-Universität Marburg.

Einea, A., Salmon, David C., Fogarasi, Gyula J., Culp, Todd D. and Tadros, M. K. (1991), 'State-of-the-Art of Precast Concrete Sandwich Panels', PCI JOURNAL, pp. 78–98.

Girmscheid, G. and Hofmann, E. (2000), 'Industrielles Bauen – Fertigungstechnologie oder Managementkonzept?', Bauingenieur, vol. 75, no. 9, pp. 586–592.

Hall, R. W. and Yamada, Y. (1993), 'Sekisui's Three-Day House', Target, vol. 9, no. 4, pp. 6–11.

J.S., Böhm, F., Loebel, W. and Poppy, W. (1995), 'Bauautomatisierung und Robotik (Poppy) IM - Computer Integrated Manufacturing', ARCH+ Designing on the Computer, vol. 128.

Jerry Patchell (2002), 'Linking Production and Consumption: The Coevolution of Interaction Systems in the Japanese House Industry', Annals of the Association of American Geographers, vol. 92, no. 2, pp. 284–301.

Kaufui V. Wong and Aldo Hernandez (2012), 'A Review of Additive Manufacturing', ISRN Mechanical Engineering, vol. 2012, Article ID 208760.

Khoshnevis, B. (2004), 'Automated Construction by Contour Crafting: Related Robotics and Information Technologies', Journal of Automation in Construction, vol. 13, no. 1, pp. 5–19.

Lim, S., Buswell, R. A., Le, T. T., Austin, S. A., Gibb, A. G. F. and Thorpe, T. (2012), 'Developments in Construction-Scale Additive Manufacturing Processes', Automation in

Construction, vol. 21, pp. 262–268.

Linner, T. and Bock, T. (2012) 'Evolution of Large-Scale Industrialisation and Service Innovation in Japanese Prefabrication Industry', Construction Innovation: Information, Process, Management, vol. 12, no. 2, pp. 156–178.

Matsumura, Y. and Murata, K. (February 2005), 'Analysis of Precut Industry in Japan', ORIGINALS • ORIGINALARBEITEN, Volume 63, 10.1007/s00107-004-0528-4, pp. 68–72.

Menges, A. (2008), 'ManufacturingPerformance', Architectural Design, vol. 10.1002, no. 640, pp. 42–47.

Natterer, J., Burger, N. and Müller, A. (2000), 'Holzrippendächer in Brettstapelbauweise-Raumerlebnis durch filigrane Tragwerke', Bautechnik, vol. 77, no. 11, pp. 783–792.

Rais-Rohani, M. and Dean, E. B. (1996), 'Toward Manufacturing and Cost Considerations in Multidisciplinary Aircraft Design', A96-27060, pp. 2602-2012.

Rotsch, M. M. (1970), '[Review of:] Condit, Carl W.: American Building: Materials and Techniques from the Beginning of the Colonnial settlements to the Present. Chicago, 1968', Journal of the Society of Architectural Historians / Society of Architectural Historians.

Sinn, R. (2012), 'Hybridsystem für den mehrgeschossigen Holzbau: Der LifeCycle Tower in Dornbirn / AT', DBZ Deutsche Bauzeitschrift, vol. 12.

Storch, R. L. and Lim, S. (1999), 'Improving Flow to Achieve Lean Manufacturing in Shipbuilding', Production Planning & Control, vol. 10, no. 2, pp. 127-137.

Storch, R. L., Lim, S. and Kwon, C.M. (2011), 'Impact of Customization on Delivery Schedules', Journal of Ship Production and Design, Vol. 27, no. 4, pp. 186–193.

Tichelmann, K. U. and Volkwein, J. (2006), 'Gebäude in Stahl-Leichtbauweise: Building with Light-Steel Frame Construction', Detail, 7/8, pp. 826–834.

W.A.Thanoon, Lee Wah Peng, Mohd Razali Abdul Kadir, Mohd Saleh Jaafar and (2003), 'The Essential Characteristics of Industrial Building System', Conference Proceedings, pp. 283–292.

Zangerl, M., Kaufmann, H. and Hein, C. (2010), 'LifeCycle Tower: Energieeffizientes Holzhochhaus mit bis zu 20 Geschossen in Systembauweise', vol. 86, p. 52.

讲座

Bulmer, J., 'Vom Baum zum Haus: Trends in der Wertschöpfungskette'.

报告和灰色文献

Albus, J., Drexler, H. and Doemer, K. (2015), 'Vergleichende Untersuchung Vorgefertigter Konstruktionssysteme: Studie im Auftrag der IBA Thüringen'.

Albus, J. and Institut für Baukonstruktion - Lehrstuhl 2, Universität Stuttgart (2012), 'Future Living II', University of Stuttgart.

Albus, J. and Institut für Baukonstruktion - Lehrstuhl 2, Universität Stuttgart (2015), 'Building Systems: ITECH Master Seminar'.

Albus, J., Penner, K. and Institut für Baukonstruktion - Lehrstuhl 2, Universität Stuttgart (2013/14), 'Building Systems Off-Grid: ITECH Master'.

Barkow Leibinger Architekten (2013), 'Tour Total', Berlin.

Bauen Mit Stahl (2004), 'Brandschutz Arbeitshilfe 61.0 Bauaufsichtliche Bestimmungen, Bauen Mit Stahl, Brandschutz Arbeitshilfe 05', available at: https://www.bau-forumstahl.de/upload/documents/brandschutz/arbeitshilfen/BA_61_0.pdf (Accessed 13 March 2016).

Bauen Mit Stahl (2004), 'Brandschutz Arbeitshilfe 61.2 Die neue Industriebaurichtlinie, Bauen Mit Stahl, Brandschutz Arbeitshilfe 05', available at: https://www.bauforumstahl.de/upload/documents/brandschutz/arbeitshilfen/BA_61_2.pdf (Accessed 13 March 2016).

Bauen Mit Stahl (2001), '1 Korrosionsschutz - Schutz + Farbe,

Bauen Mit Stahl, Stahlbau Arbeitshilfe 11', available at: www.bauen-mit-stahl.de (Accessed 28 July 2015).

Bauen Mit Stahl (2001), '1.3 Korrosionsschutz - Beschichtungsstoffe, Bauen Mit Stahl, Stahlbau Arbeitshilfe 11', available at: www.bauen-mit-stahl.de (Accessed 28 July 2015).

Bauen Mit Stahl (2001), '1.4 Korrosionsschutz - Feuerverzinken, Bauen Mit Stahl, Stahlbau Arbeitshilfe 11', available at: www.bauen-mit-stahl.de (Accessed 28 July 2015).

Broad Sustainable Building (2012), 'T30A Tower Hotel Technical Briefing, Broad Sustainable Building'.

Bundesamt für Bevölkerungsforschung (2013), 'Wohnflächenzunahme pro-Kopf erreicht mit 45m² neuen Höchstwert'.

Bundesamt für Migration und Flüchtlinge (2015), 'Prognoseschreiben zur Zahl der im Verteilsystem EASY registrierten Personen nach §44 Abs. AsylVfG, AZ 415-5849-01', available at: https://www.bamf.de/SharedDocs/Meldungen/DE/2015/20150819-BM-zur-Asylprognose.html.

Bundesverband Deutscher Fertigbau e.V., 'Wirtschaftliche Lage der deutschen Fertigbauindustrie: 2004 - 2013'.

Führer, W. and Röser, C., 'Sekisui Fertighäuser: Seminar "Innovativer Stahlbau"', RWTH Aachen.

Girmscheid, G. 'Industrielles Bauen', ETH Zurich.

Hermann Kaufmann ZT GmbH, 'Life Cycle Tower One'.

Institut Feuerverzinken GmbH, Sjörgen, L. and Cook, M., 'Verzinken ist nicht Verzinken, Feuerverzinken Spezial 42', available at: www.feuerverzinken.com (Accessed 28 July 2015).

Institut für Baukonstruktion - Lehrstuhl 2, Universität Stuttgart (2012), 'beton: material und bauteil'.

Lenze, V. and Luig, K. T., 'Stahl im Wohnungsbau: Innovativ und wirtschaftlich', Stahl-Informations-Zentrum <Düsseldorf>, Dokumentation / Stahl-Informations-Zentrum <Düsseldorf>.

MarketsandMarkets (2015), 'Precast/Prefabricated Construction Market by Product Type (Floors & Roofs, Walls, Columns & Beams, Others), Construction Type (Modular, Manufactured, Others), End-Use Sector (Residential, Non-Residential, Infrastructure, Others), Region: - Trends & Forecast to 2020 BC 3650', available at: marketsandmarkets.com (Accessed 10 December 2015).

McGraw-Hill Construction (2011), 'Prefabrication and Modularization: Increasing Productivity in the Construction Industry', Smart Market Report, McGraw-Hill Construction Research & Analytics, Smart Market Report.

P+S Werften GmbH, 'Passion Shipbuilding'.

Selbach, D. (2011), 'Capital Project', Porsche Consulting, Lean Cuisine 10.

Stahlinstitut VDEh and Wirtschaftsvereinigung Stahl (2013), 'Beitrag der Stahlindustrie zu Nachhaltigkeit, Ressourcen- und Energieeffizienz', Wirtschaftsvereinigung Stahl.

Statistisches Bundesamt Destatis (2014), 'Bauen und Wohnen: Baufertigstellungen von Wohn- und Nicht-Wohngebäuden (Neubau) nach überwiegend verwendetem Baustoff', Bauen und Wohnen 5311203137004.

Statistisches Bundesamt Destatis (2013), 'Produktionsindex Bauhauptgewerbe', available at: https://www.destatis.de/DE/ZahlenFakten/Indikatoren/Konjunkturindikatoren/Baugewerbe/kpi118.html.

suttner Massivholzelemente GmbH, 'Handbuch für die Dübelholzbauweise', available at: http://www.holz-suttner.de/images/pdf/Handbuch_Duebelholzbauweise.pdf (Accessed 4 September 2014).

Tichelmann, K. U. and Volkwein, J. (2002), 'Häuser in Stahl-Leichtbauweise', Stahl-Informations-Zentrum (Düsseldorf), Dokumentation / Stahl-Informations-Zentrum <Düsseldorf> 560.

Wiggering, H., Fischer, J.U., Penn-Bressel, G., Eckelmann, W. and Ekardt, F. (2009), 'Flächenverbrauch einschränken – jetzt handeln: Empfehlungen der Kommission Bodenschutz beim Umweltbundesamt', available at: http://www.umwelt-bundesamt.de/boden-undaltlasten/kbu/index.htm.

特刊

Förster, L. v., ed. (1836-1918), Allgemeine Bauzeitung <Wien>: Mit Abbildungen; österreichische Vierteljahrschrift für den öffentlichen Baudienst [online], Vienna.

论文

Nelson, M. I. (2011), *Re-imagining the Maison Tropicale: A 21st Century Prefabricated Building System Inspired by Jean Prouvé*, Massachusetts Institute of Technology.

9. 附录

年份	新建装配式住宅的建筑许可	建筑许可总和	一个或二个卧室的公寓	三及三个以上卧室的公寓
1997	28,651	39,451	30,830	8,310
1998	31,879	39,415	34,471	4,736
1999	32,491	39,562	35,064	3,887
2000	24,690	29,889	26,516	3,368
2001	20,732	25,650	22,296	3,080
2002	21,140	25,320	22,805	2,354
2003	23,053	27,149	24,766	2,319
2004	19,929	23,661	21,381	2,046
2005	19,065	22,569	20,249	2,220
2006	19,198	2,237	20,516	1,456
2007	12,964	15,810	13,842	1,408
2008	12,307	14,415	13,132	1,107
2009	12,229	15,500	12,952	1,851
2010	13,305	16,275	14,055	1,386
2011	15,711	18,943	16,444	1,738
2012	15,136	18,468	15,883	1,939

表 9.1
建筑许可——装配式住宅完工
资料来源：德国联邦预制装配式建筑协会，2014 年

年份	钢材		钢筋混凝土		砖		石材		木材		其他材料
2000	65	0.03%	11,123	5.04%	92,345	41.82%	88,933	40.28%	26,198	11.87%	2,133
2001	27	0.02%	9,281	5.22%	73,621	41.41%	72,838	40.97%	20,239	11.38%	1,763
2002	16	0.01%	8,282	5.02%	68,466	41.54%	66,223	40.17%	20,220	12.27%	1,631
2003	7	0.00%	8,912	5.63%	63,596	40.20%	64,745	40.93%	19,285	12.19%	1,647
2004	8	0.00%	10,567	6.20%	66,061	38.77%	71,636	42.04%	20,659	12.12%	1,469
2005	6	0.00%	9,110	6.42%	55,704	39.23%	61,517	43.32%	17,957	12.65%	1,310
2006	3	0.00%	8,939	6.11%	55,410	37.87%	61,881	42.30%	18,641	12.74%	1,429
2007	3	0.00%	8,187	6.81%	45,179	37.57%	49,956	41.55%	15,680	13.04%	1,234
2008	4	0.00%	6,353	6.73%	34,437	36.47%	39,899	42.26%	12,715	13.47%	1,007
2009	5	0.01%	5,520	6.68%	28,861	34.94%	35,650	43.16%	11,600	14.04%	959
2010	63	0.07%	5,376	6.37%	29,246	34.68%	14,764	17.51%	12,407	14.71%	22,484
2011	8	0.01%	6,800	7.04%	32,896	34.07%	31,003	32.11%	14,452	14.97%	11,390
2012	12	0.01%	7,327	7.27%	33,195	32.93%	39,337	39.02%	15,031	14.91%	5,914
2013	12	0.01%	7,458	7.22%	33,565	32.48%	42,317	40.95%	16,275	15.75%	3,704

表 9.2
历年来住宅建筑使用建筑材料清单
资料来源：Destatis，2015 年

9. 附录

No	工业部门	自动化程度（%）

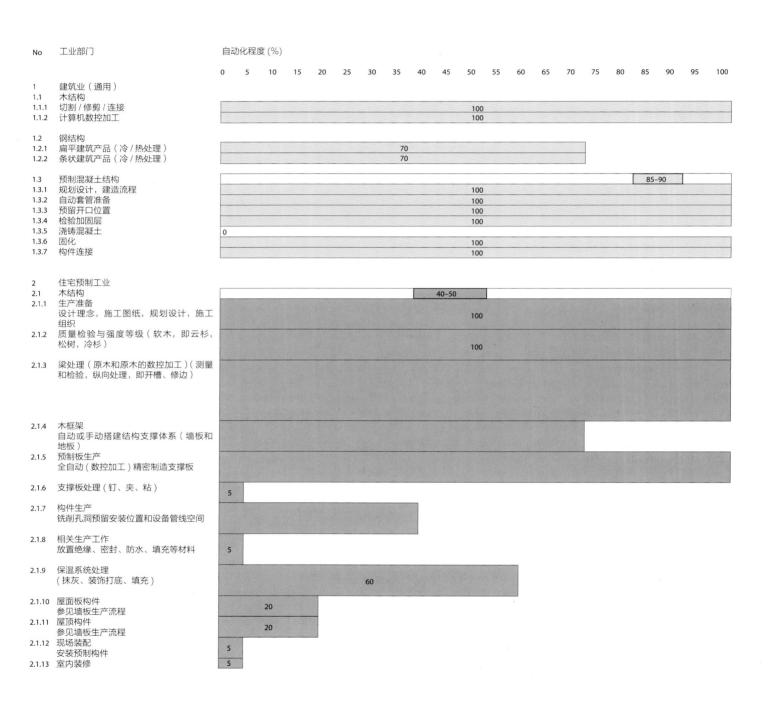

表 9.3
依据生产过程自动化程度和行业部门
资料来源：访谈资料（赫尔佐格 2015 年，科欧瑙 2014 年）

No	工业部门	自动化程度 (%)

0　5　10　15　20　25　30　35　40　45　50　55　60　65　70　75　80　85　90　95　100

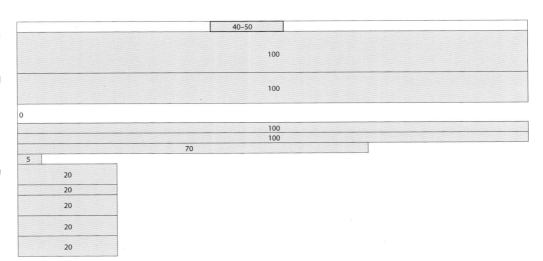

- 2.2　钢结构（模块化系统）　**40-50**
- 2.2.1　生产准备，设计方案，施工图，生产规划与组织（即 APEX 系统）（生产计划系统）　100
- 2.2.2　设计与建造协调（即 HAPPS 系统（相应传感器系统）　100
- 2.2.3　构件订单与构件交付，定位　0
- 2.2.4　生产墙板及屋面板　100
- 2.2.5　组装模块单元与屋面板　100
- 2.2.6　组装建筑围护结构　70
- 2.2.7　室内装饰　5
- 2.2.8　安装设备系统，安装设备管线及电力供应系统　20
- 2.2.9　物流运输；预安装单元的现场交付　20
- 2.2.10　现场安装；预制构件和系统管道连接　20
- 2.2.11　现场安装预制屋顶构件　20
- 2.2.12　气密性与渗漏测试和检验　20

- 3　船舶工业　**30-40**
- 3.1　钢板切割　Plate processing 100
- 3.2　制造甲板　40
- 3.3　分段装配　40
- 3.4　模块处理　40
- 3.5　组装模块　20
- 3.6　生产舱室及卫生设备　Cabin/sanitary pods 70
- 3.7　进入船坞进行高温作业（焊接、切割），以及喷涂等工序　10
- 3.8　船坞外装修、清洁、验收报告　0

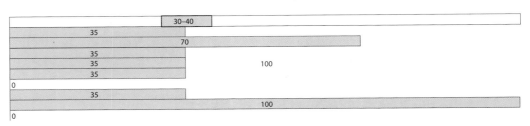

- 4　航空工业　**30-40**
- 4.1　机身部分　35
- 4.2　地板网格　70
- 4.3　机翼部分　35
- 4.4　驾驶舱部分　35
- 4.5　机尾部分　35
- 4.6　安装与接线　0
- 4.7　客舱及座位　35
- 4.8　卫生厨房单元　100
- 4.9　室内装修　0

100

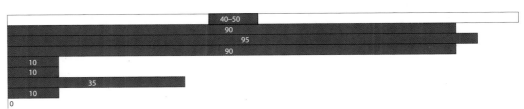

- 5　汽车工业　**40-50**
- 5.1　锻压工序　90
- 5.2　车身处理　95
- 5.3　喷漆涂装　90
- 5.4　分部装配（预装模块）　10
- 5.5　组装工序（安装轴、发动机等）　10
- 5.6　总装集成　35
- 5.7　认证　10
- 5.8　交付　0

致谢

本书介绍的相关内容是 2011 年底至 2016 年，我在德国斯图加特大学建筑结构研究所工作期间的相关研究成果。该项研究的顺利完成得益于研究所独特的工作氛围，以及学术科研与工业制造深度融合，建立的基础研究网络，当然最为重要的是，我的家人、同事和朋友们一路上对我的不断支持和帮助。

在本书的写作过程中伴随着我的每一个人，都是非常重要的。首先，本书架构和内容编排得到了斯蒂芬·贝林教授的指导，我要向他表达我由衷的感激。特别是他不断提出创新的思想和想法，推动我不断前进。在他的专业指导和悉心帮助下，使我的研究有了完整的、整体性的框架，奠定了坚实的基础。

在写作进程中，阿希姆·蒙格斯教授是我重要的指导老师，我要衷心感谢他宝贵的建议和持续的支持。得益于他的指导，确定了研究结构，对本书的构思和定稿起到了关键作用。尤其是方法论，以及关于先进制造方法的深刻评论，对本书的跨学科研究作出了重大贡献。在本书成书过程中，我要感谢彼得·切雷特教授，感谢他分享在住宅建造和系统化建造方法方面的卓越知识。他除了向我传授木结构建筑系统方面的专业知识以外，还向我介绍了目前工业制造领域所采用先进生产技术。

我要感谢彼得·赛格多年来的支持，并感谢他提供了"思想发酵"所必要的工作场所和基础设施。我要感谢研究所的所有同事，他们营造了愉快的工作环境和非常积极的氛围。特别感谢英格·科伦德在翻译和编辑上的贡献以及她卓越的组织才能。

我要感谢下列公司和建筑同行们的宝贵支持：欧洲安赛乐·米塔尔公司（卢森堡/卢森堡）的杰罗姆·古斯，芬格豪斯公司（弗兰肯伯格/德国）的克劳斯·克罗瑙，Cocoon 公司（巴塞尔/瑞士）的维尔纳·内普勒，康波克特哈比特公司（巴塞罗那/西班牙）的帕科·孔德，埃雷门特公司（费尔特海姆/瑞士）的彼得·莫切克，鲁道夫建筑材料公司（魏勒-锡默贝格/德国）的赫尔曼·鲁道夫，空中客车公司（汉堡/德国）的拉尔斯·赫尔佐格，迈耶-沃尔夫夫特（帕彭堡/德国）的蒂姆·克鲁格，还有 ERNE 木结构公司（斯坦/瑞士）和 CREE 公司（多恩比恩/奥地利）提供了大量的支持，帮助我对工业化生产有了深刻的了解，掌握了工业化建造方法的要领。

同时我还要感谢卡斯滕·提谢尔曼教授和约亨·弗劳尔教授，他们对于轻型建筑系统和装配式住宅的应用提供了宝贵的意见。另外我还要特别感谢巴登符腾堡州联邦建筑协会的伊娃·哈姆博和冯·巴尔莫斯·克鲁克建筑师事务所（苏黎世/瑞士）和巴科·莱宾格建筑师事务所（柏林/德国）的建筑师、和赫尔曼·考夫曼建筑师事务所（施瓦察赫/奥地利），他们分享了有关案例研究项目的施工过程的项目数据和相关信息。

我要感谢汉斯·德雷克斯勒，克劳斯·多默尔和 IBA 图宾根的团队在我们"装配式住宅舒适性结构体系及经济性建造"研究项目中给予的重要支持和交流合作。

感谢我所有学生，他们浓厚的兴趣推动了研究的不断拓展，并为学术研究的实施提供了基础。特别感谢斯蒂芬·帕罗夫图像处理工作和宝贵支持，也要感谢匹阿·格恩沃尔特为文本编辑所作的努力。

我要对我的家人和朋友表示最深切的感谢。我的母亲和父亲，我的祖母和伟大的姑姑，以及我的姐妹及其家人提供了不断的支持和帮助，使这项工作的持续进行并最终完成。还有我的好朋友们在这一路陪伴着我，对我的工作始终保持兴趣并持续关注，营造了特别有利的环境。我要感谢他们每一个人交织的网络使我顺利完成这项工作。

尤塔·阿尔布斯
斯图加特，2016 年 6 月

预制工序前的材料准备：激光焊接钢筋（上图）；在模板自动生产线浇铸混凝土（下图）

资料来源：鲁道夫混凝土公司，2015 年

译后记

过去的几十年，全球人口不断增长，城市化进程加快，建设与资源、环境的矛盾日益突出，寻找节能、环保、高品质而又承担得起的住宅解决方案，使社会平稳有序发展，成为各国政府所面临的社会问题。基于此背景，德国尤塔·阿尔布斯教授和菲利普·莫伊泽教授共同编写了这套书。由于我目前在德国柏林工业大学从事相关领域的研究工作，因而很荣幸承担了这本书的翻译工作。

本套书第一卷"工艺流程及技术方案"梳理、分析了装配式建筑的发展和现状，研究、评估了适用于住宅建筑领域的装配建筑体系。在详尽阐述不同建筑材料、建筑结构、建筑体系的节能环保性能的同时，对于建筑方法、施工工艺、组织管理等方面进行了详细介绍，指出预制装配技术和自动化建造方法是提升住宅建筑品质，实现绿色建造的有效途径。值得注意是，本书通过对于汽车、船舶、航空等工业领域的生产制造、工艺流程、管理模式的研究，审视了建筑业借鉴这些行业的制造策略，以及整合优化、统筹利用的可行性。指出了要采用工业化生产和管理模式，整合设计、生产、施工、运营等产业链，使建筑业从分散、落后的手工业生产方式，跨越到以现代技术为基础的社会化大工业生产方式，实现建筑业的转型升级。本套书第二卷"建筑与类型"以装配式住宅建筑品质的讨论为引子，回顾了装配式建造历史和理论，通过建筑类型学与设计参数的梳理，对于装配式住宅的代际更迭，和建筑设计重要参数进行了研究，同时针对不同建筑类型的建造技术基础进行了分门别类的介绍。书中展示的 15 个不同建筑类型的最新建筑案例，涵盖了木、钢、混凝土三大材料类型，以及不同的结构体系，展现了当今世界装配式建筑最高发展水平。

建筑业作为传统的劳动力密集型行业。在人类社会进入工业化、信息化时代，绿色低碳、节能环保、可持续发展成为现代建筑发展主旋律的今天，当我们掩书伏案，静思反省时，我们不禁会问，未来将如何建造？本套书尝试着给出答案：预制装配式建造方式是未来建筑工业化的发展趋势。建筑业要走工业化、信息化融合发展的道路，必须建立跨学科、多专业的研究支撑体系，通过"一体化集成"和"批量化定制"策略，积极采用"3D 打印技术"等颠覆传统的新型建造模式，加强信息技术与规划设计、施工建造的结合，实现建筑业的高质量发展。

那么，未来将如何居住？这套书预测了未来住宅建筑的发展趋势，为未来建筑的设计指明了方向：随着家庭组成结构的变化及数字化信息化时代的来临，极简主义的小尺度住宅将有可能成为未来典型的住宅模式；随着生产技术的逐步完善，装配式住宅领域正经历一场划时代的革命，将带来整个建筑体系的变革，21 世纪的住宅世界，将不再追求数量而是质量，人性化的设计和建造，使人与住宅、环境深度融合，将是对未来建筑品质的要求。

这套书是两位作者在装配式建筑领域多年专业研究和实践活动的结晶，也是对西方发达国家预制装配式建筑经验的总结，对城市建设和建筑行业的从业者具有一定的指导作用，对于处于城市化进程中的发展中国家的城市建设和建筑行业的从业者更具有借鉴价值和指导意义。希望这套书可以抛砖引玉，为找寻装配式建筑发展方向的各位同仁，提供一些思考和借鉴。在此我要感谢在翻译过程中为我提供各种帮助的家人和朋友，特别感谢许溶烈院士长期以来对我的关心和指导，由于本人水平有限，错漏缺点在所难免，希望读者批评指正。

高喆
2019 年 8 月

尤塔·阿尔布斯

1976 年出生于巴特维尔东根，在德国斯图加特大学获得建筑学博士学位。研究领域是预制装配、自动化建造，以及与资源高效利用相关的建造技术研究。目前作为多特蒙德大学建筑学院青年教授，在建筑设计以及建筑技术领域从事研究和教学工作。她的一个主要关注点是从战略层面，提高我们建筑环境的可持续发展，同时提供高质量的建筑设计。

在开始学术生涯之前，尤塔·阿尔布斯曾在纽约的 Goshow 建筑师事务所、伦敦的汉密尔顿及合伙人建筑师事务所，以及苏黎世和纽约的圣地亚哥·卡拉特拉瓦建筑师事务所工作过。在卡拉特拉瓦建筑师事务所工作期间，她曾负责一些著名的项目，如纽约的世界贸易中心交通枢纽，芝加哥的芝加哥螺旋塔和罗马的体育城。

目前的工作重点侧重于施工阶段的自动化建造，以及先进技术在住宅建筑中的应用。同时特别关注可持续建筑技术的发展。尤塔·阿尔布斯在期刊和会议上曾多次发表文章，并在哥伦比亚大学、康奈尔大学和美国注册建筑师协会女建筑师分会等著名机构发表演讲。

尤塔·阿尔布斯一直致力于确定和寻找所有拥有这些数字和图像版权的持有者，然而并不能百分之百如愿，因此，希望那些拥有这些数字或图像版权的机构或个人与作者联系。